MATLAB
程序设计

向万里　安美清　编著

李引珍　主审

化学工业出版社

·北京·

《MATLAB 程序设计》主要以 MATLAB R2014a 为平台，介绍 MATLAB 基础入门、MATLAB 基本运算、MATLAB 绘图、MATLAB 程序设计、M 文件、数据分析、符号计算及图形用户界面(GUI)等内容。通过精心选择、安排学习内容，循序渐进介绍 MATLAB 有关操作和程序设计技能，并通过大量的例题和习题，重点培养良好编程风格习惯、程序设计及算法设计思维能力。

《MATLAB 程序设计》是一本适合管理类、非信号控制类本科生和研究生学习的教材，也是具有通识特色的 MATLAB 教材，可作为高等学校学生相关课程的教材或教学参考书，也可以作为教学和科研工作人员的学习用书和参考用书。

图书在版编目（CIP）数据

MATLAB 程序设计 / 向万里，安美清编著. —北京：化学工业出版社，2017.9（2023.7 重印）

ISBN 978-7-122-30286-1

Ⅰ. ①M… Ⅱ. ①向… ②安… Ⅲ. ①Matlab 软件-程序设计 Ⅳ. ①TP317

中国版本图书馆 CIP 数据核字（2017）第 174260 号

责任编辑：王淑燕　　　　装帧设计：刘丽华

责任校对：王素芹

出版发行：化学工业出版社（北京市东城区青年湖南街 13 号　邮政编码 100011）

印　　装：北京科印技术咨询服务有限公司数码印刷分部

787mm×1092mm　1/16　印张 13　字数 316 千字　2023 年 7 月北京第 1 版第 4 次印刷

购书咨询：010-64518888　　　　售后服务：010-64518899

网　　址：http://www.cip.com.cn

凡购买本书，如有缺损质量问题，本社销售中心负责调换。

定　价：49.00 元

前言
FOREWORD

计算机作为一种现代化的工具，具有广泛的应用前景，尤其是 MATLAB 这种易学易用而且功能强大的软件系统，更是诸多学界、业界人士的首选。

时下，MATLAB 书籍浩如烟海，但往往厚而全，知识点过多，或者涉及自动控制、信号、系统辨识等专业知识，专业性过强，教、学内容难以取舍，教、学起伏较大，不太适合于偏重算法设计、数据分析、运筹优化等非信号控制类(诸如交通工程、物流管理)学生学习，故编写一本不涉及过多专业知识、过多数学知识的通识类教材，大有必要。此类教材也适合大学生或初学者学习。

本书在内容选材上，尽量考虑知识点在日常学习、工作中的使用频率，而且结合帮助文档，培养学生查阅、自学更多知识点的习惯和能力。

有关三大程序设计结构：顺序结构、选择结构、循环结构，扩大了范例学习的内容，设计了较多的例题和习题，培养和训练学生的程序设计及算法设计思维能力。

书中不断强调执行 help 和 doc 来查看文档信息，促使读者养成良好的自学习惯。同时，为了养成良好编程风格习惯，也在例题的代码中不断进行了展示和强调。

本书由兰州交通大学向万里和安美清编著。其中安美清编著了第 2 章、第 3 章、第 7 章，其余章节均由向万里编著并统稿。硕士研究生崔乃丹、余娇娇、卞广雨以及大学生陈东海、寇晓彤等同学参与了资料收集等方面的工作。此外，兰州交通大学博士生导师李引珍教授作为主审，在百忙之中仔细审阅书稿，并提出宝贵意见。在此表示感谢！

本书在编写过程中参阅了部分专家学者的专著、教材及网站等相关资料，在参考文献中已列出，在此致以深深的谢意！

因作者水平有限，书中恐有不当及疏漏之处，恳请诸位专家、读者批评指正。

作者于兰州天佑园

2017-05-07

目录

CONTENTS

第 4 章 MATLAB 程序设计/ 91

第 5 章 M 文件/ 121

第 8 章 GUI 编程/ 178

参考文献/ 198

第1章 MATLAB 基础入门

纸上得来终觉浅，绝知此事要躬行。

——陆游（1125～1210 年），南宋

1.1 MATLAB 概述

MATLAB 是"Matrix Laboratory"的缩写，意为矩阵实验室。20 世纪 80 年代，美国新墨西哥大学的 Cleve Moler 教授在讲授线性代数课程时，发现诸如 C 语言、Fortran 等高级语言在处理特征值计算等问题时极为不便，为减轻学生编程负担，便用 Fortran 语言编写了线性代数软件包和特征值计算软件包。1984 年，Jack Little 和 Cleve Moler 合伙成立了 MathWorks 公司，正式推出了 MATLAB，并在拉斯维加斯举行的《IEEE 决策与控制会议》上推出了使用 C 语言编写的面向 MS-DOS 操作系统的 MATLAB 1.0。此后，MATLAB 获得了广泛的认可和迅猛的发展，尤其是自 2006 年以后以每年发布至少两个版本的速度不断更新升级，具体为每年的 3 月和 9 月左右，MathWorks 公司会推出 MATLAB 的 a 版本和 b 版本。

与其他高级语言相比，其他程序设计语言往往一次只能操作一个数据，而 MATLAB 主要是在整个数组或矩阵上实施操作，具有较高的并行性，此外，MATLAB 具有非常强大的科学计算、图形绘制、GUI 开发等功能，同时提供了丰富的各专业领域工具箱，而且，学习曲线相对较低。总而言之，自从 MATLAB 商业化以来，MATLAB 已经成为国际上最为流行的科学与工程计算软件之一，受到了学生、教师、工程师等各行各业人士的青睐。

1.2 MATLAB 安装及启动

在安装 MALTAB 软件系统之前，需要结合学习、工作用途及现有电脑的硬件、软件配置，选择合适的 MATLAB 版本。

1.2.1 MATLAB 版本选择

考虑到 MATLAB 更新版本有更好的新特性、新功能的引入，所以一般选择较新较高的版本进行学习，同时鉴于最新发布的版本难免有个别功能不稳定等问题，这里选择 MATLAB R2014a 为例进行介绍。

1.2.2 MATLAB 安装

有了 MATLAB 的安装包以后，就可以着手在自己的电脑上进行安装了。这里以 MATLAB 在 Windows 操作系统上安装为例，对系统安装的主要步骤进行简要的说明。

① 双击安装包根目录中的安装启动文件“setup.exe”，弹出如图 1-1 所示的“MathWorks 安装程序”对话框。

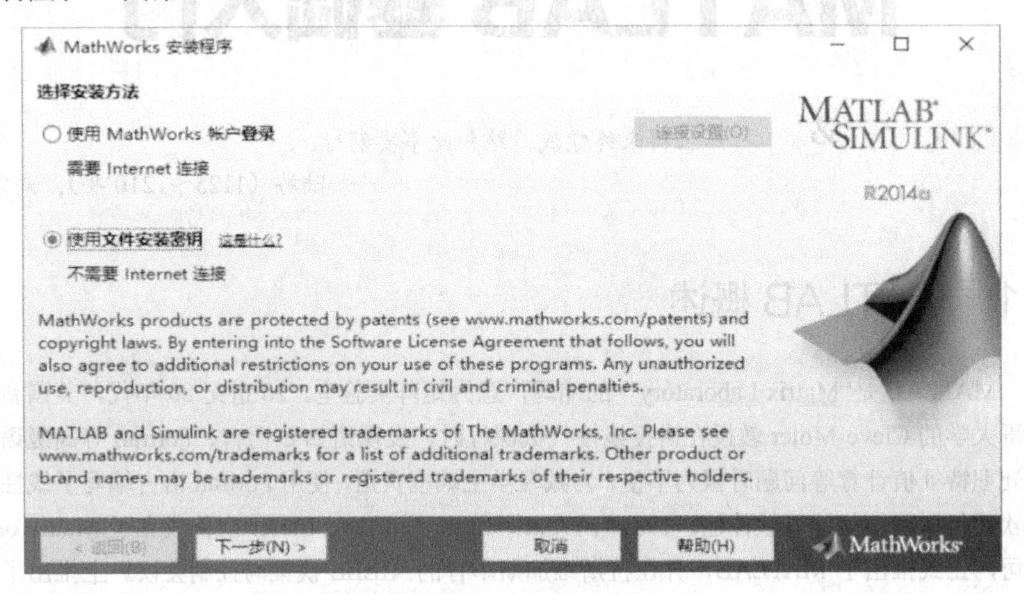

图 1-1 “MathWorks 安装程序”对话框

选择图 1-1 中的“使用文件安装密钥”单选按钮（一般都是用本地拥有的文件密钥完成对 MATLAB 的注册），并单击“下一步”按钮。

② 在弹出如图 1-2 所示的“许可协议”对话框后，点击“是(Y)”单选按钮，按钮“下一步”才会由灰色不可用状态变成可用状态，然后单击“下一步”按钮，继续安装工作。

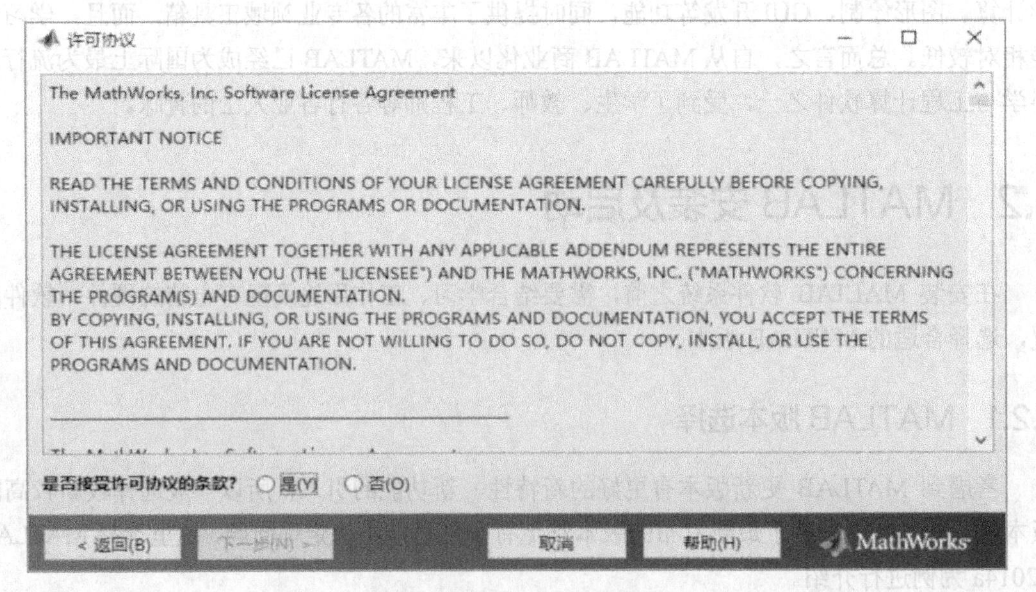

图 1-2 “许可协议”对话框

③ 随后弹出如图1-3所示的“文件安装密钥”对话框，首先，单击“我已有我的许可证的文件安装密钥”单选按钮，然后在空白的文本框里输入安装序列号，最后，单击“下一步”按钮。

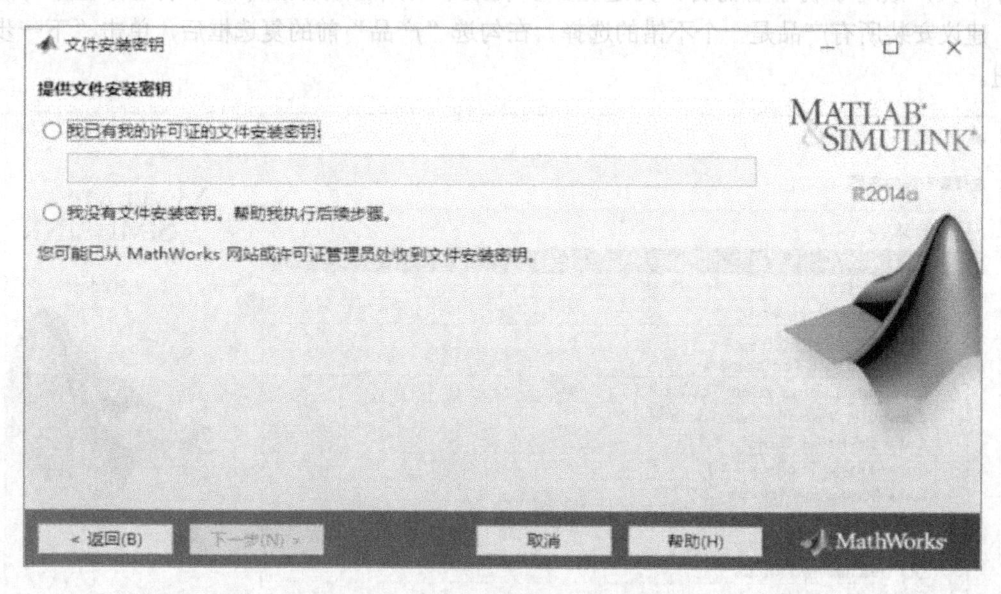

图1-3 “文件安装密钥”对话框

④ 在密钥合法的情形下，会弹出如图1-4所示的“文件夹选择”对话框，即选择将MATLAB系统软件安装到系统中的哪一个硬盘分区上，系统默认的路径如图1-4中文本框里显示的那样，但是，一般建议将非操作系统软件安装到非系统盘（系统盘一般指“C:\”）。即通过单击“浏览”按钮选择其他硬盘分区（如：D:\）的文件夹，也可以直接在文本框中输入安装路径，如“D:\Program Files\MATLAB\R2014a”。如果用户指定的文件夹（或路径）不存在，则系统会自动创建相应的文件夹。然后，单击“下一步”按钮。

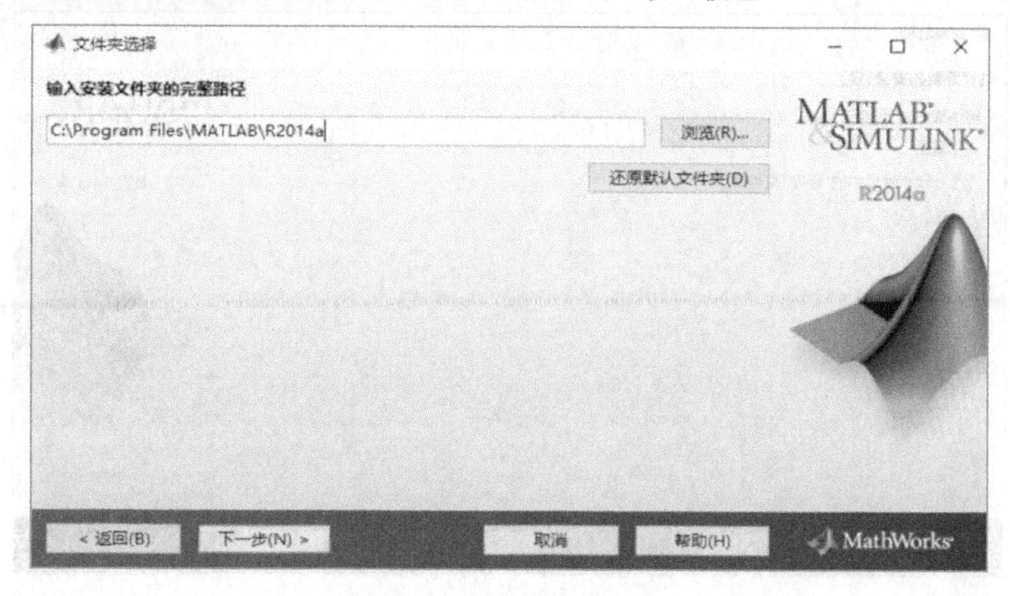

图1-4 “文件夹选择”对话框

⑤ 弹出如图 1-5 所示的“产品选择”对话框。考虑到普通计算机硬件的配置（硬盘大小、CPU、内存等）在时下已经相当不错，选择全部安装所有产品对于操作系统性能的影响并不是非常大，故对于初学者而言，为避免少安装某个工具箱或者组件而导致运行程序时的困惑，建议安装所有产品是一个不错的选择。在勾选“产品”前的复选框后，单击“下一步”按钮。

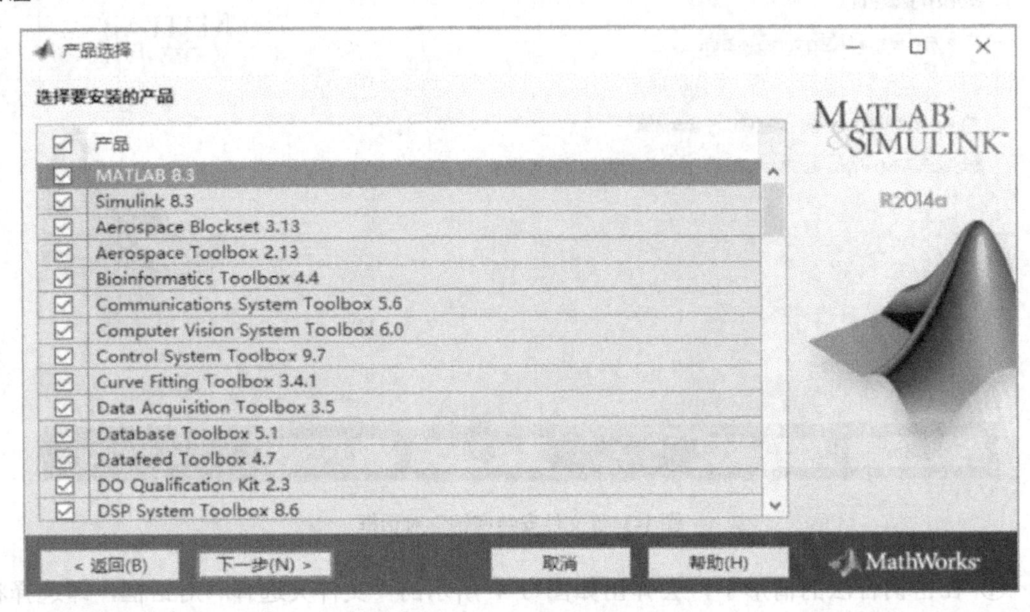

图 1-5 “产品选择”对话框

⑥ 弹出如图 1-6 所示的“安装选项”对话框，主要是选择 MATLAB 快捷启动方式的布置位置。一般而言，为方便启动 MATLAB，建议将图 1-6 中两个“复选框”都选中。并单击“下一步”按钮。

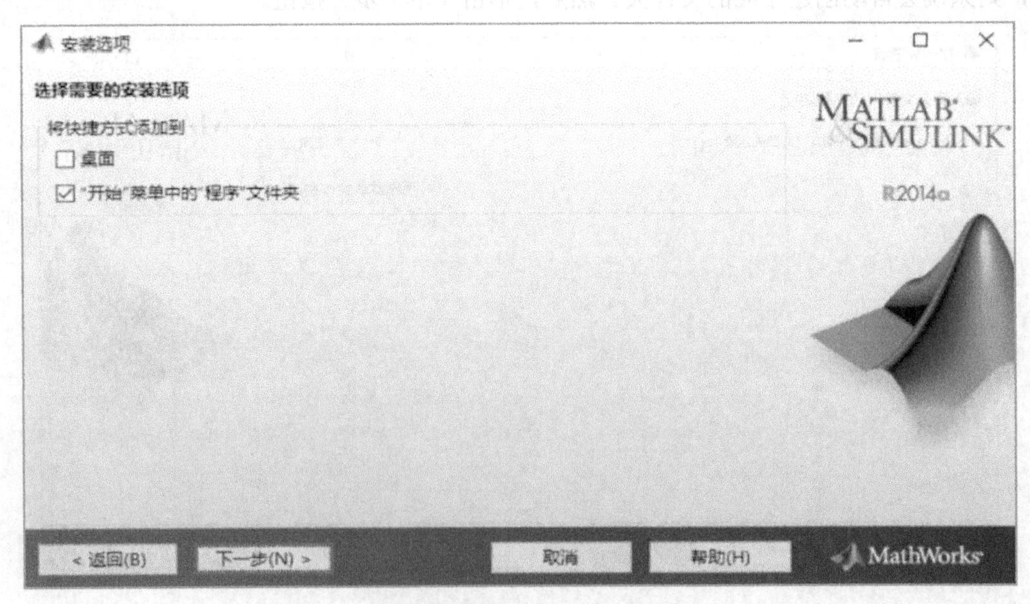

图 1-6 “安装选项”对话框

⑦ 弹出如图1-7所示的“确认”对话框，并单击“安装”按钮。

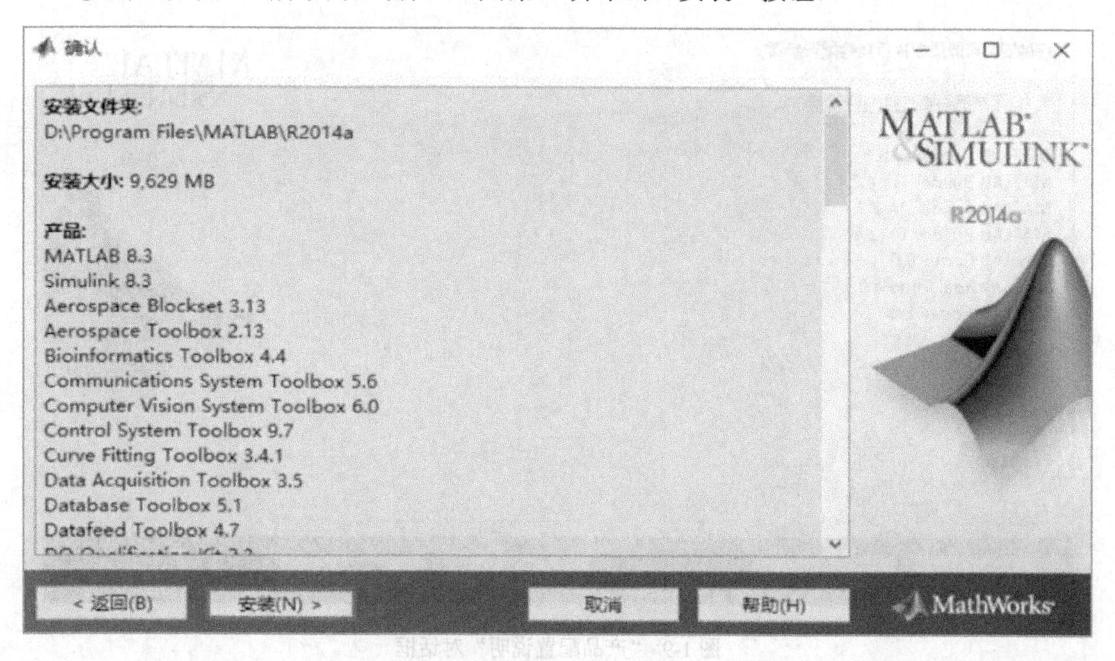

图1-7 “确认”对话框

⑧ 弹出如图1-8所示的“安装进度”对话框，此后，安装工作正式开始，完成整个安装过程大概需要40分钟左右的时间（机器的硬件配置会不同程度地影响安装速度）。

图1-8 “安装进度”对话框

⑨ 在安装即将结束时，会弹出如图1-9所示的“产品配置说明”对话框，然后，单击“下一步”按钮。

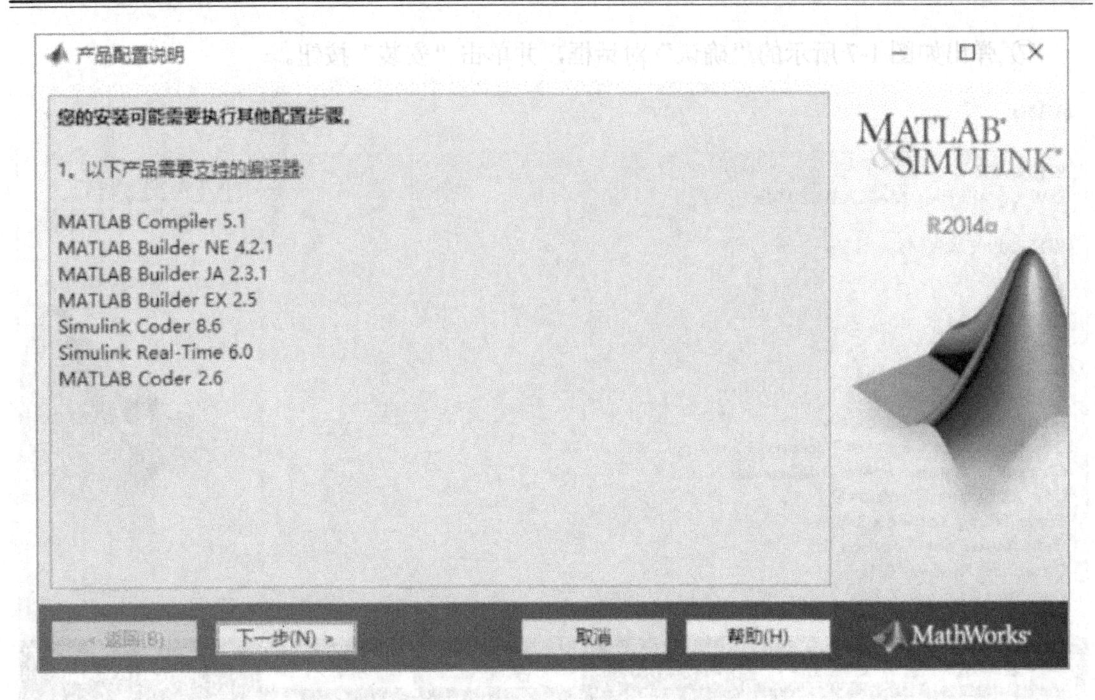

图 1-9 “产品配置说明”对话框

⑩ 随后，弹出如图 1-10 所示的“安装完毕”对话框。选中“激活 MATLAB”前的复选框，并单击“下一步”按钮。

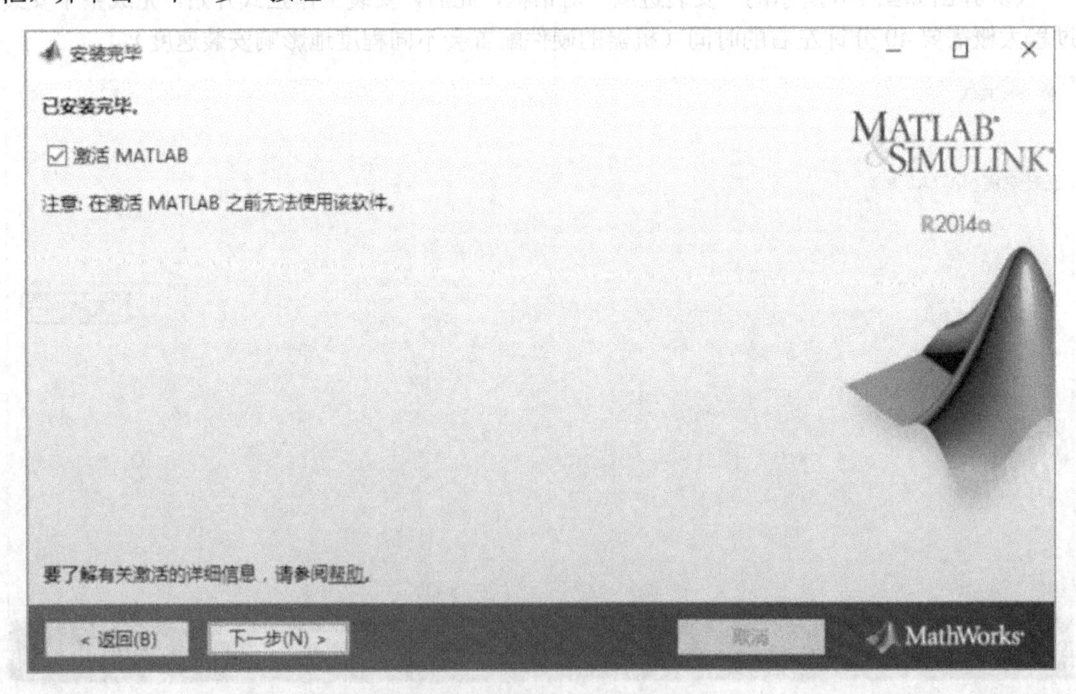

图 1-10 “安装完毕”对话框

⑪ 弹出如图 1-11 所示的“MathWorks 软件激活”对话框，单击“不使用 Internet 手动激活”单选按钮（第 2 个单选按钮），并单击“下一步”按钮。

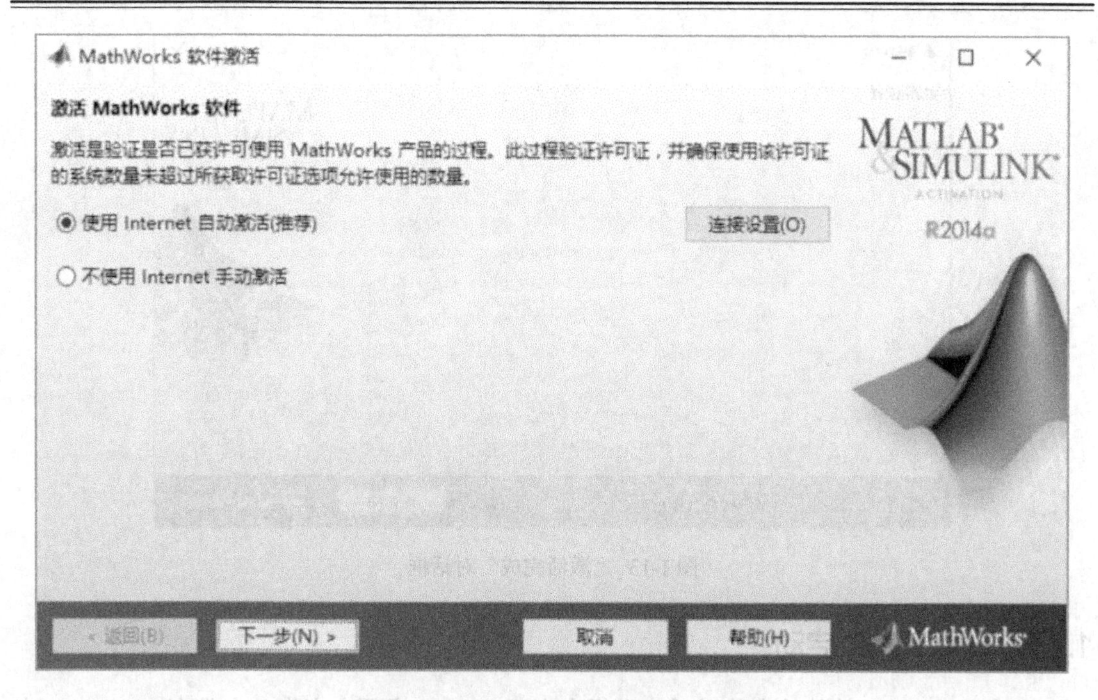

图 1-11 “MathWorks 软件激活”对话框

⑫ 弹出如图 1-12 所示的“离线激活”对话框，选中第 1 个单选按钮，单击“浏览”按钮，定位到 MATLAB 安装包中离线激活文件的位置，选择离线激活文件，然后单击“下一步”按钮。

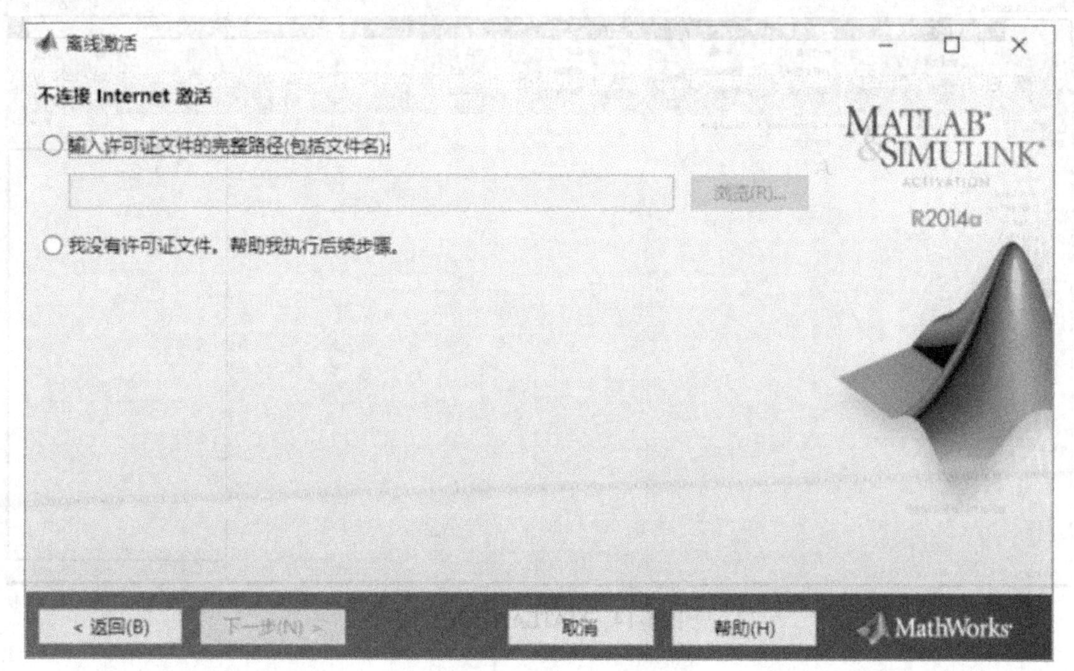

图 1-12 “离线激活”对话框

⑬ 弹出如图 1-13 所示的“激活完成”对话框。单击“完成”对话框。至此，MATLAB 的整个安装和激活过程就完成了。

图 1-13 “激活完成”对话框

1.2.3 MATLAB 启动

完成 MATLAB 软件的安装以后，一般会在 Windows 桌面上产生一个带有 MATLAB 名称、版本号及其 Logo 的快捷方式，此外，“开始”菜单里也会有其快捷链接菜单。任选一种启动方式，即单击“快捷方式”或菜单里的子菜单，都可以顺利实现 MATLAB 系统软件的启动。启动后的工作界面如图 1-14 所示。

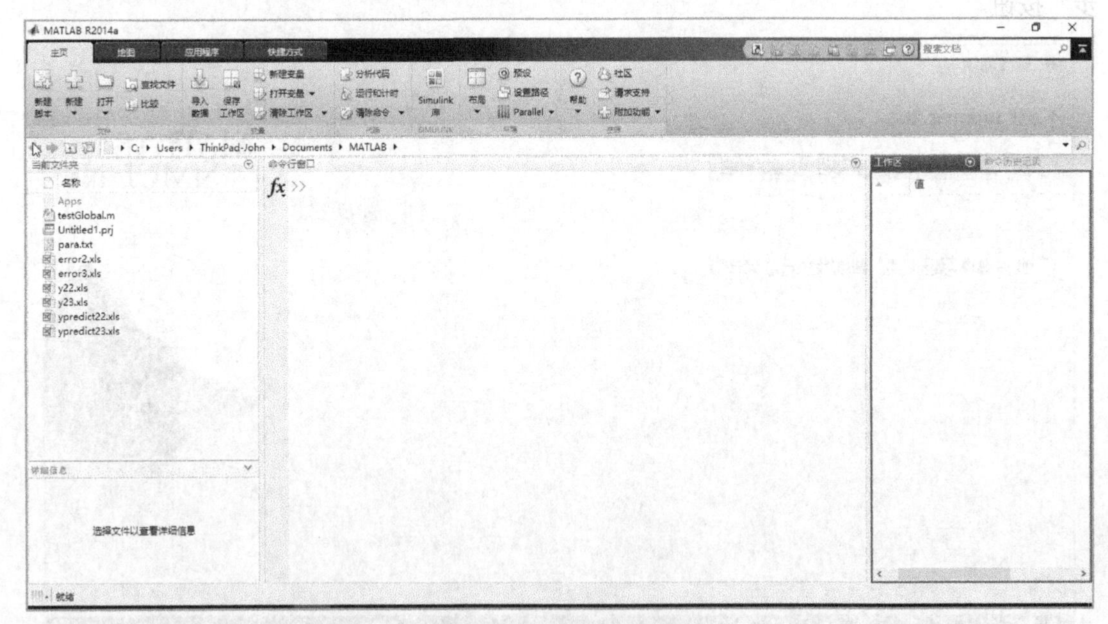

图 1-14 MATLAB 工作界面

1.3 MATLAB 工作界面

在工作界面中，主要展示了几个选项卡：①主页（Home）；②绘图（Plots）；③应用程序

(Apps)；④快捷方式（Shortcuts），每个选项卡对应显示一些工具条，此外，当新建脚本（Script）后，则会显示另外几个与代码编写相关的选项卡；⑤编辑器（Editor）；⑥发布（Publish）；⑦视图（View）。值得注意的是，这几个选项卡只有在新建脚本或者工作界面中有已经打开的脚本文件时，这几个选项卡才会正常显示。

1.3.1 MATLAB 选项卡——主页

“主页”选项卡对应的工具条如图 1-15 所示，主要包括“文件区”“变量区”“代码区”“Simulink 库区”“环境区”“资源区”。建议初学者最开始主要关注箭头 1 处的“文件区”的功能和箭头 2 处的“环境区”的功能。文件区主要提供了“新建脚本”等文件新建功能和文件“打开”功能。环境区主要提供了工作界面的功能布局及系统参数预设功能等。

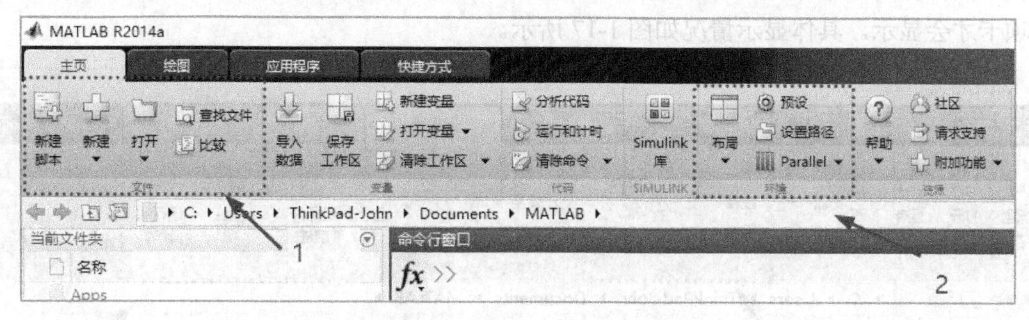

图 1-15　主页（Home）界面

“预设”工具条主要提供一些系统参数预先设置或修改功能。单击工具条中的“预设”按钮后，弹出如图 1-16 所示的“预设项”对话框。

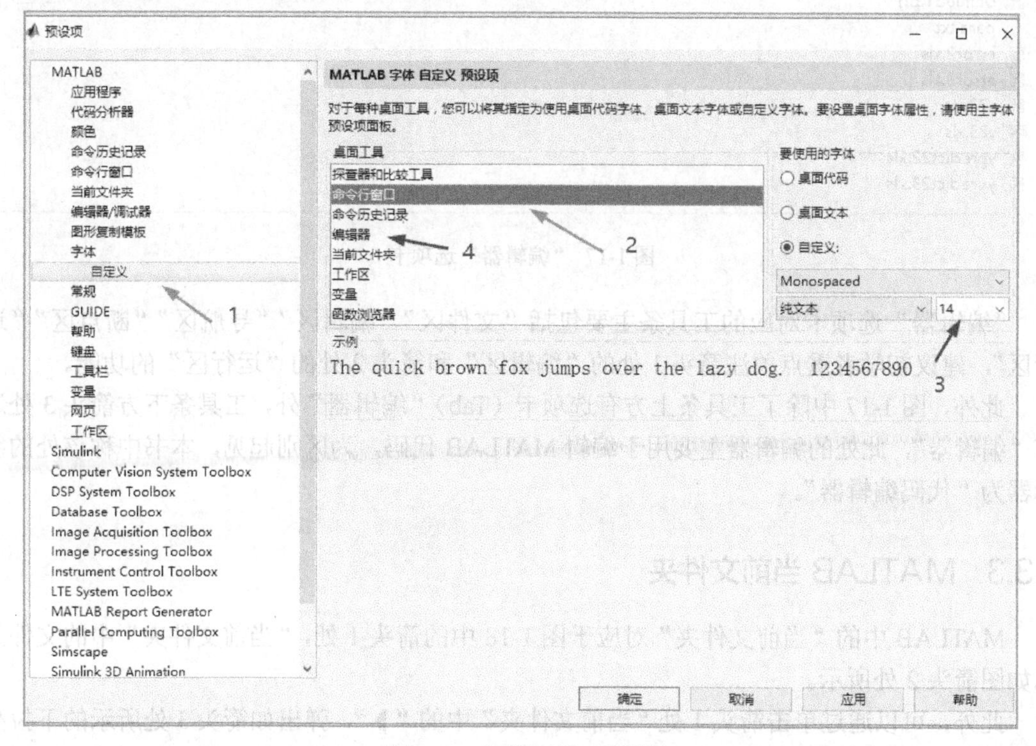

图 1-16　“预设项”对话框

一般不建议修改系统默认的设置。不过，根据电脑显示器尺寸或者个人偏好，常常需要对系统中一些工作界面的字体设置进行调整。如果需要调整命令行窗口显示的字体信息，可以单击图 1-16 中的“字体”->“自定义”（箭头 1 处）->“命令行窗口”（箭头 2 处），然后单击图中“自定义”单选按钮，接着通过箭头 3 处的字体选择及下拉列表框中的字号选择来完成字体设置修改，最后，单击“确定”按钮实现字体设置修改。

同样可以通过选中箭头 4 处的“编辑器”来修改编辑器中所编写的代码的字体显示信息。

1.3.2 MATLAB 选项卡——编辑器

当工作界面中新建了脚本文件（或 M 文件，MATLAB 文件的后缀名为“.m”，因而相关源代码文件称为 M 文件）或者打开了已存在（创建好）的 M 文件，MATLAB 的“编辑器”选项卡才会显示。具体显示情况如图 1-17 所示。

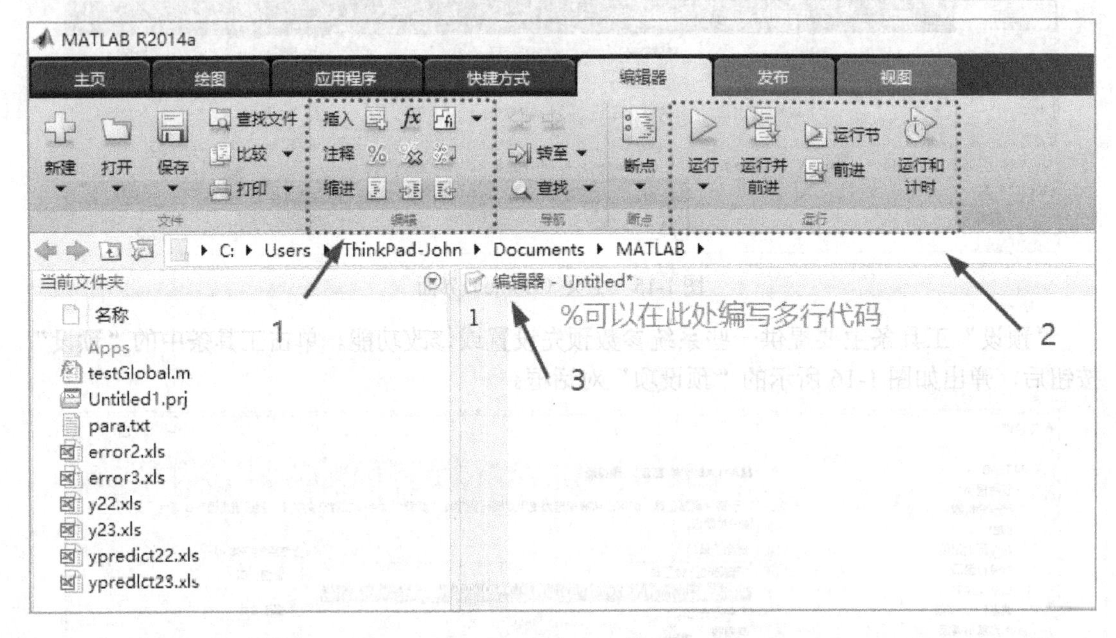

图 1-17 “编辑器”选项卡

“编辑器”选项卡对应的工具条主要包括“文件区”“编辑区”“导航区”“断点区”“运行区”，建议初学者重点关注箭头 1 处的“编辑区”和箭头 2 处的“运行区”的功能。

此外，图 1-17 中除了工具条上方有选项卡（Tab）“编辑器”外，工具条下方箭头 3 处还有“编辑器”，此处的编辑器主要用于编辑 MATLAB 代码，为区别起见，本书中称该处的编辑器为“代码编辑器”。

1.3.3 MATLAB 当前文件夹

MATLAB 中的“当前文件夹”对应于图 1-18 中的箭头 1 处，“当前文件夹”中的文件显示如图箭头 2 处所示。

此外，可以通过单击箭头 1 处“当前文件夹”中的“▶”，弹出如箭头 3 处所示的下拉列表框后，可以通过拉动滚动条并选择相关文件夹，进而实现修改当前文件夹（或路径）设置的目的。

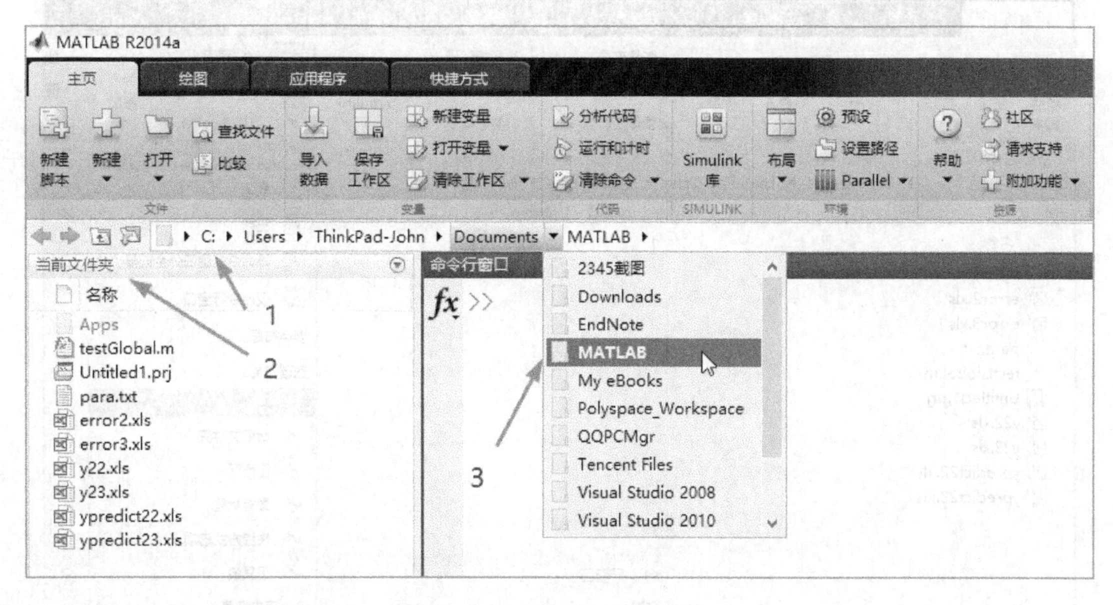

图 1-18　“当前文件夹”示例

在不明确指定文件保存路径的时候，相关文件就会被保存在当前文件夹（或路径）里。

1.3.4　MATLAB命令行窗口

命令行窗口是使用频率非常高的窗口之一，命令行代码都可以在此窗口编辑和执行，具有所见即所得的功能。具体如图 1-19 所示。此外，鼠标双击命令行窗口上方标题栏处，可以实现窗口最大化及其窗口状态还原。

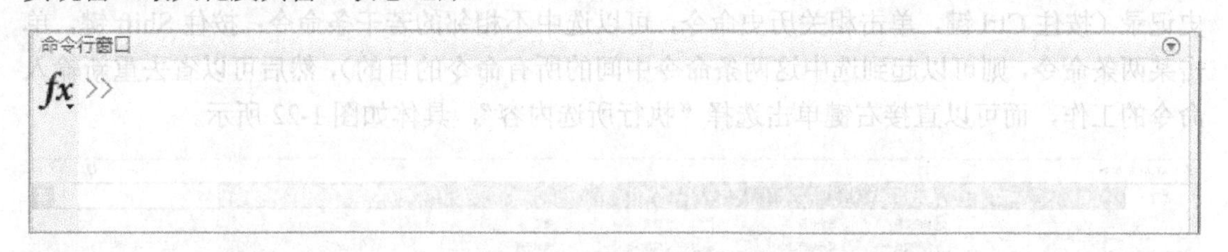

图 1-19　命令行窗口

1.3.5　MATLAB工作区

工作区主要用于显示创建的变量名称及其“取值”等相关信息，具体如图 1-20 右侧区域所示。

当工作区不可见时，有两种办法可以让其还原再现：

（1）通过点击“主页”选项卡->“布局”->“显示”->“工作区”，具体如图 1-20 所示。

（2）在命令行窗口的命令行提示符后面输入“>>workspace”，并按“Enter”键即可。

很多其他窗口如果在工作界面不可见，也可以通过点击“主页”->“布局”来查找、显示或重新布局。

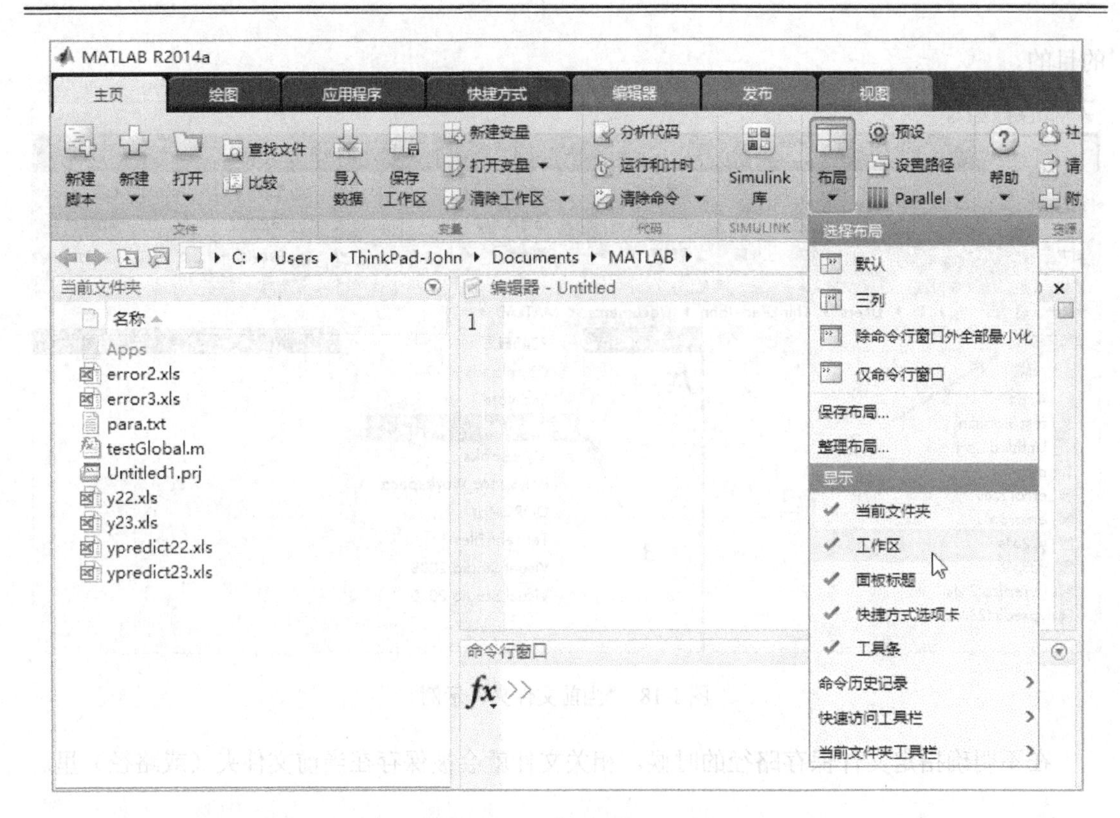

图 1-20 “工作区显示”示例

1.3.6 MATLAB 命令历史记录窗口

MATLAB“历史命令记录”窗口如图 1-21 所示。通过选中该窗口中的一条或多条命令历史记录（按住 Ctrl 键，单击相关历史命令，可以选中不相邻的若干条命令；按住 Shift 键，单击某两条命令，则可以起到选中这两条命令中间的所有命令的目的），然后可以省去重新输入命令的工作，而可以直接右键单击选择“执行所选内容”，具体如图 1-22 所示。

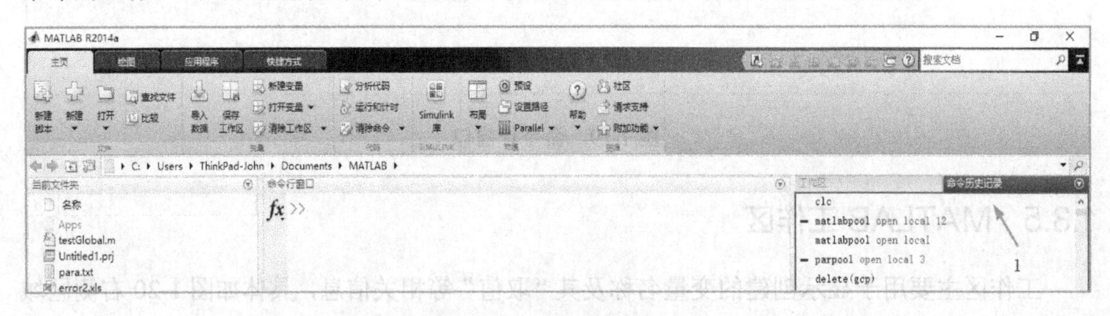

图 1-21 “历史命令记录”窗口

此外，还可以直接在“命令行窗口”中通过按键盘中的向上箭头“↑”或向下箭头“↓”寻找使用过的历史命令，从而减轻代码输入的工作量。

相关含义如下：

（1）“↑”表示从当前位置向前调用历史命令。

（2）“↓”表示从当前位置向后调用历史命令。

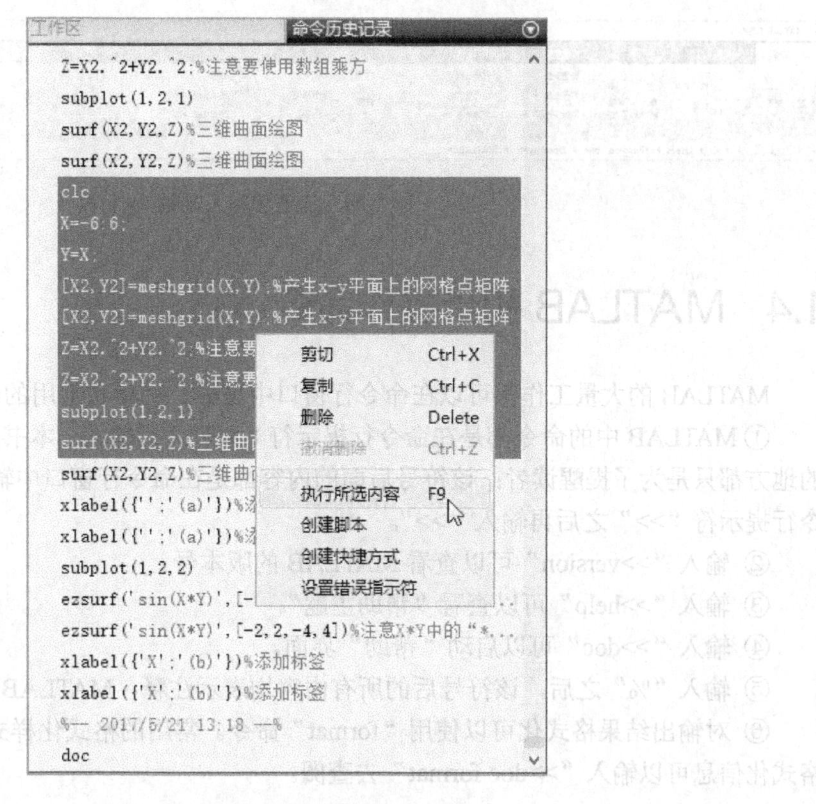

图 1-22 “执行命令历史记录”示例

当历史命令非常多，通过方向箭头寻找可能很费时。这时，可以通过输入相关命令的前几个字母来快速定位该历史命令，例如要找“y=sin(x)”历史命令记录，但该历史命令之后又执行了若干命令，为了更快找到该命令，可以先在命令行提示符“>>”后输入“y=s”前面少数几个字母，然后按向上方向箭头“↑”则可以迅速找出该历史命令，具体过程如图 1-23 中的子图（a）和子图（b）所示（图中命令行后的竖线为闪烁的光标）。

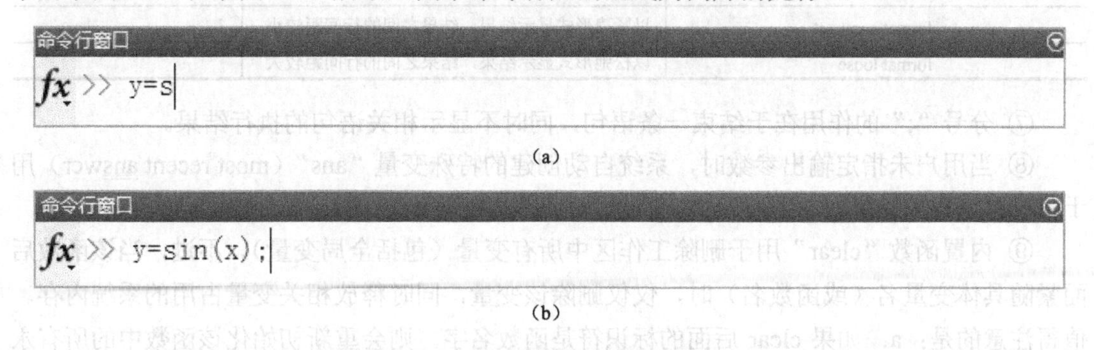

图 1-23 “调取命令历史记录”示例

1.3.7 MATLAB 快速访问工具栏

在“代码编辑器”窗口中编辑 MATLAB 程序源代码的时候，可以借助“快捷访问工具栏”进行快速“保存”等工作。快速访问工具栏具体如图 1-24 中的箭头 1 处所示。此外，可以通过将光标短暂停留在相关工具图标处，由 MATLAB 智能提示功能查询他们的具体功能信息。

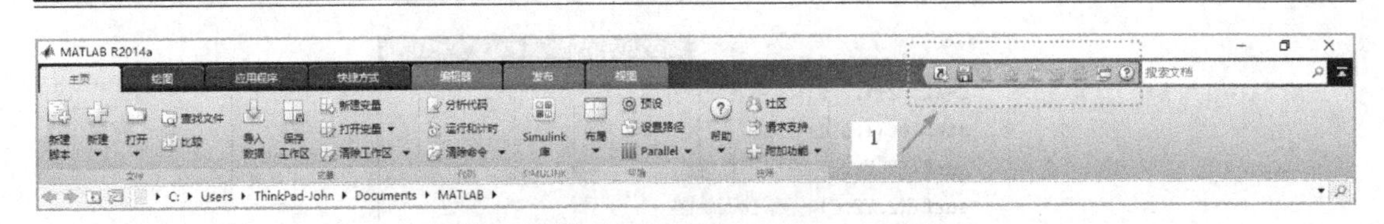

图 1-24　快速访问工具栏

1.4　MATLAB 初步操作命令

MATLAB 的大量工作都可以在命令行窗口中完成。初学者常用的命令如下：

① MATLAB 中的命令都是在命令行提示符“>>”之后输入。本书后面凡是出现了“>>”的地方都只是为了提醒读者：该符号后面的内容都是在命令行窗口中输入的，并不代表在命令行提示符“>>”之后再输入“>>”。

② 输入“>>version”可以查看 MATLAB 的版本号。

③ 输入“>>help”可以查看“帮助主题”。

④ 输入“>>doc”可以启动“帮助”界面。

⑤ 输入“%”之后，该符号后的所有内容均表示注释，MATLAB 不执行。

⑥ 对输出结果格式化可以使用“format”命令。常用的格式化样式如表 1-1 所示。更多格式化信息可以输入“>>doc format”去查阅。

表 1-1　格式化样式

样　式	说　明	备　注
format format short	默认显示格式，小数点后显示 4 位	
format long	显示长格式，小数点后显示 15 位	
format short e	科学计数法表示，小数点后显示 5 位	
format rat	以分式形式显示	7/5
format compact	以紧凑形式显示结果，结果之间的行间距较小	
format loose	以松弛形式显示结果，结果之间的行间距较大	

⑦ 分号“;”的作用在于结束一条语句，同时不显示相关语句的执行结果。

⑧ 当用户未指定输出参数时，系统自动创建的特殊变量“ans”（most recent answer）用于临时存放相关结果。

⑨ 内置函数“clear”用于删除工作区中所有变量（包括全局变量）。不过，当该函数后面紧随具体变量名（或函数名）时，仅仅删除该变量，同时释放相关变量占用的系统内存。值得注意的是：a．如果 clear 后面的标识符是函数名字，则会重新初始化该函数中的所有永久变量；b．如果函数被“mlock”函数锁住，相关变量仍会保留在内存中；c．如果该变量是全局变量，则仅从当前工作区中删除，但该变量仍会保留在全局工作区中。

⑩ 命令“clear all”用于删除所有工作区中所有对象（包括全局工作区中的全局变量），并释放系统内存。

⑪ 命令“clc”（clear command window）用于清除命令行窗口中执行过的所有命令及显示的相关结果，有点类似擦黑板的工作，常称作“清屏”。

⑫ 为了保存好执行命令的历史记录，以备将来复习或者供他人参考，可以使用“diary”保存相关命令。并可以使用“diary off”结束保存工作。相关示例如图1-25所示。如果“diary”命令后面没有明确指定完整路径名，则相关文件会被保存在当前工作文件夹中。

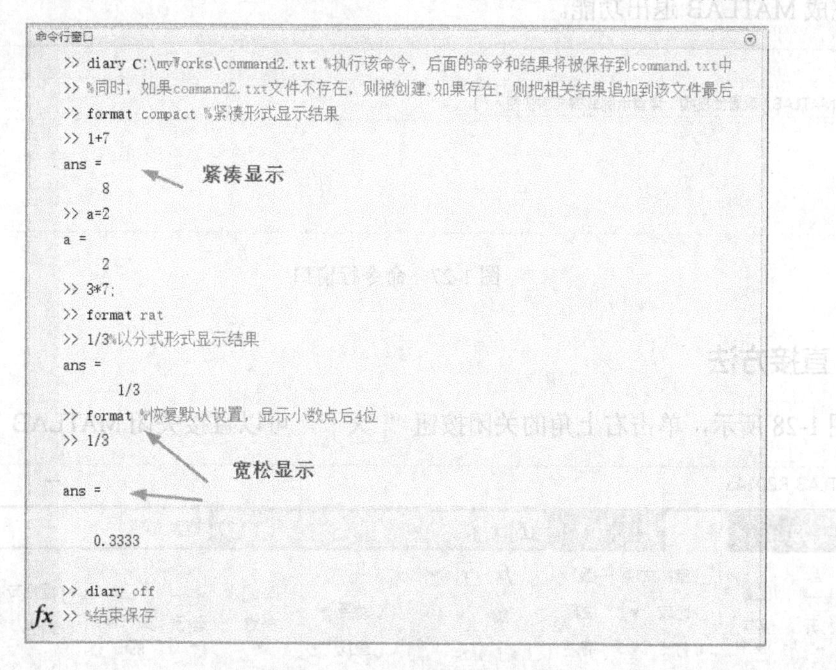

图1-25 “diary命令使用”示例

⑬ 执行命令“>>help punct”（punctuation）可以查看相关标点符号在MATLAB中表示的功能和用法。

⑭ 执行命令“>>help paren”（parentheses）可以查看MATLAB中各种括号：圆括号（smooth parentheses）、花括号[curly parentheses（braces）]、方括号（brackets）的用法和含义。

1.5 关闭MATLAB R2014a

1.5.1 菜单方法

如图1-26所示，单击左上角的MATLAB图标“ ”，选择下拉菜单中的“关闭”按钮，并单击即可完成关闭MATLAB。

图1-26 MATLAB 工作界面

1.5.2 命令方法

如图1-27所示，在命令行窗口中命令提示符“>>”后面输入exit或quit，然后按回车<enter>键即可完成MATLAB退出功能。

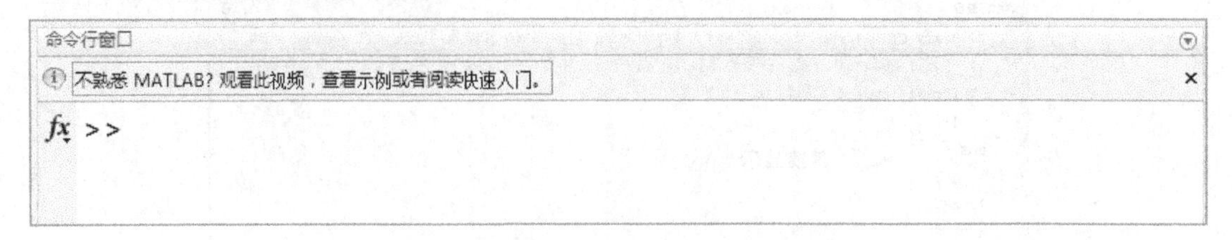

图1-27 命令行窗口

1.5.3 直接方法

如图1-28所示，单击右上角的关闭按钮“ × ”，可以直接关闭MATLAB工作界面。

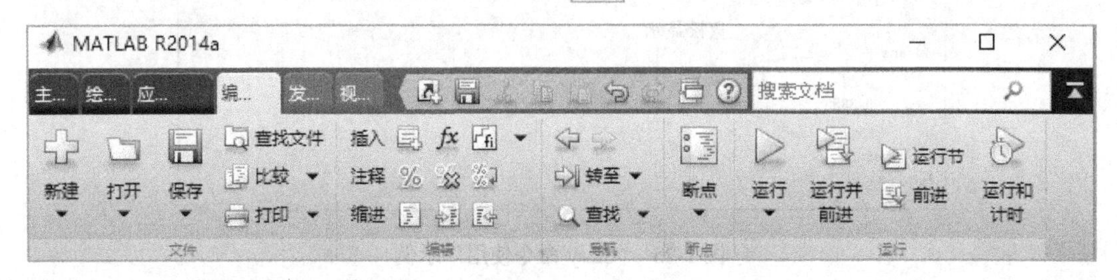

图1-28 MATLAB工作界面（部分）

1.5.4 快捷键方法

对应MATLAB关闭按钮功能的快捷键为Alt+F4，同时按住这两个键，可以快速完成MATLAB的关闭。

1.6 课外延伸

在此推荐一些书籍或者资料。

① 启动MATLAB软件，在如图1-29所示的命令行窗口里单击“视频”“示例”和快速入门，并学习相关视频资料、示例及快速入门文档资料。（提示：可以通过取消/选中“预设”->“预设项”->“MATLAB”->“命令行窗口”->“显示启动消息栏”前的复选框来设置信息提示显示与否）

图1-29 命令行窗口（Command Window）

② 访问http://cn.mathworks.com/（MATLAB中国官方网站），并点击相关链接，学习MATLAB产品及最新版本发布等有关知识。尤其是经常访问网站、学习网站上的相关示例和视频资料。

1.7 习题

① 启动MATLAB软件，在默认设置下，观察MATLAB会同时打开哪些窗口？并熟悉相关界面子窗口及其相关菜单。

② 如何设置MATLAB中文界面和MATLAB英文界面的切换方式？（提示：设置系统环境变量MWLOCALE_TRANSLATED为on或off状态）

③ 在命令行窗口（Command Window）中输入指令version、help、doc，在按回车键<Enter>之后，观察运行结果。

④ 在命令行窗口（Command Window）中录入矩阵A=[1, 2;3, 4]、B=[1/2,2/3,3/4]、C=['a', 'abc', 'd']。并观察结果。然后输入“>>whos”命令并观察结果。

⑤ 如何改变“代码编辑器”和“命令行窗口（Command Window）”的字体大小设置？并设置好适合于电脑显示器屏幕大小的字体。

⑥ 利用主页（Home）->布局（Layout）里的功能设置子窗口的布局，观察缺省（Default）和三列（Three Column）的布局模式的变化，同时也观察其他几个功能的用处，并设置好适合于自己编程交互习惯的布局模式。

⑦ 熟悉“编辑器”（Editor）菜单里诸如运行（Run）按钮等几个常用按钮的功能。

⑧ 鼠标双击MATLAB工作界面中的某个子窗口，观察界面布局变化？（可以实现某个子窗口的最大化，占据整个界面，起到方便观察、编辑等作用）

⑨ 在命令行提示符中输入“>>3+2”“>>[1,2,3;4,5,6]”“3/2”“>>format compact”“>>2^3”“>>format long”“>>（1+3）*4^2”，观察界面空间及结果的变化。

⑩ 建议（经常）访问MathWorks在线社区（Community）：https://cn.mathworks.com/matlabcentral/index.html?s_cid=pl_mlc，请问该社区中都提供了哪些功能？你喜欢访问哪些功能，为什么？

⑪ MATLAB“快速访问工具栏”中包含有几个工具？它们的含义或功能分别是什么？（提示：通过“智能提示功能”去查询）

⑫ 访问MATLAB产品网站，https://cn.mathworks.com/support/sysreq.html，看看最新版的MATLAB对于Windows操作系统、CPU处理器、磁盘空间、内存等都有什么需求？同时，请根据网站导航链接，查找MATLAB R2014a对于操作系统、CPU处理器、磁盘空间及内存等有什么需求？

第2章 MATLAB 基本运算

程序应该是写给其他人读的，让机器来运行它只是一个附带功能。

——Harold Abelson and Gerald Jay Sussman，计算机科学家

为了高效解决线性代数中大量矩阵运算问题，MATLAB 应运而生。但是，就矩阵这个概念而言，数学色彩更浓一些，而数组更多的是一个程序上的概念。MATLAB 最初作为一种解决矩阵运算的计算机工具，需要借助程序设计中数组的形式来实现矩阵运算，因而，MATLAB 中数组和矩阵有着千丝万缕的联系，此外，在 MATLAB 中二者又有着各自的特色和使命。不管怎样，矩阵和数组都离不开“数据”，基于此，本章主要介绍数据类型及其运算、数组和矩阵及其运算。

2.1 数据类型

数据是指对客观事物进行记录并可以鉴别的符号，表现形式有数字、图形、图像、声音、文字等，在计算机系统中，所有形式的数据都以 0、1 二进制的形式存在。总而言之，凡是可以数字化的事物都可以称为数据。它是计算机程序处理的主要对象，为了便于采集、存储、处理和传输数据，数据在计算机中会以不同类型表示，MATLAB 数据类型具体如图 2-1 所示，共有 16 种基本类型，包括① 标量类型的有：函数句柄[function handle（@）]。② 矩阵或数组类型（Matrix or Array）的有：逻辑类型（logical）、字符类型（char）、表类型（table）、

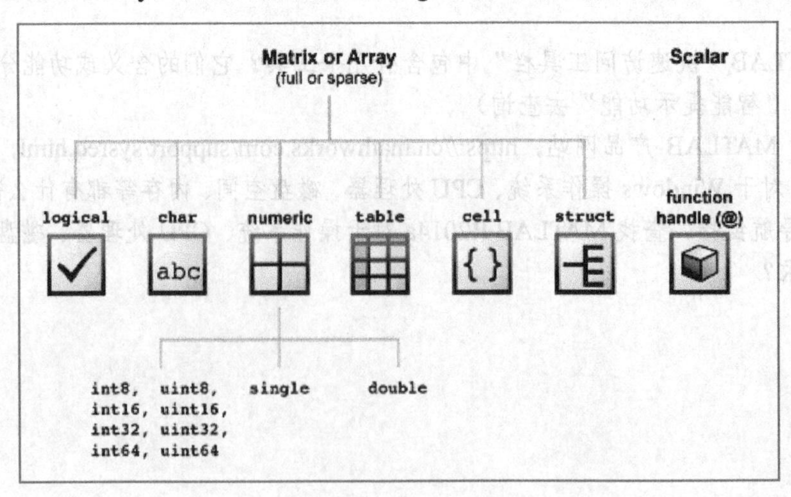

图 2-1 数据类型

元胞类型（cell）、结构体类型（struct）及数值类型（numeric）。其中，数值类型又包括整型（integer）和浮点类型（float）。浮点类型包括双精度（double）和单精度（single）浮点类型；整型包括 8 位有符号整数（int8）、16 位有符号整数（int16）、32 位有符号整数（int32）、64 位有符号整数（int64）、8 位无符号整数（uint8）、16 位无符号整数（uint16）、32 位无符号整数（uint32）、64 位无符号整数（uint64）。其中，int 为 signed integer 的缩写，uint 为 unsigned integer 的缩写。

2.1.1　数值数据类型

此外，MATLAB 中常用的数值数据类型及取值范围如表 2-1 所示。

表 2-1　常用数值数据类型

类　型		描　述	表 示 范 围	存储字节	相 关 函 数
浮点类型	double	双精度浮点数	[−1.79769e+308, 1.79769e+308]	8	realmin,realmax 例如：realmin（‘double’）返回双精度浮点数的正最小值
	single	单精度浮点数	[−3.40282e+38, 3.40282e+38]	4	
整型	int8	8 位有符号整数	$[-2^7,2^7-1]$	1	intmin,intmax 例如：−intmin（‘int8’）返回 8 位有符号整数负的最大值
	int16	16 位有符号整数	$[-2^{15},2^{15}-1]$	2	
	int32	32 位有符号整数	$[-2^{31},2^{31}-1]$	4	
	int64	64 位有符号整数	$[-2^{63},2^{63}-1]$	8	
	unit8	8 位无符号整数	$[0,2^8-1]$	1	
	unit16	16 位无符号整数	$[0,2^{16}-1]$	2	
	unit32	32 位无符号整数	$[0,2^{32}-1]$	4	
	unit64	64 位无符号整数	$[0,2^{64}-1]$	8	

表 2-1 中的各数据类型的存储字节数，其实可以通过在命令行窗口中输入相应数据类型的数据，然后在工作区中查看包括“类（型）”“字节”等字段信息，进而获知数据类型在内存中占用的存储空间大小，具体如图 2-2 所示。

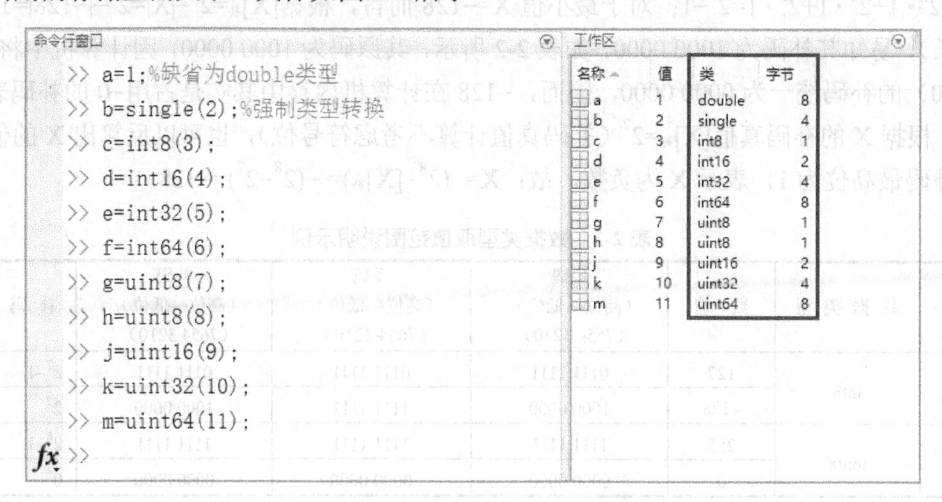

图 2-2　数据类型存储字节数示例

图 2-2 中工作区显示的字段可以通过点击工作区中的下拉菜单“ ”来弹出如图 2-3 所

示的级联菜单信息，实现不同“显示字段”的添加与取消。通过点击对应字段菜单来实现，显示符号“✓”的字段表示会在工作区中显示，反之，则不显示。“名称”字段前的符号“✓”是灰色的，表示该字段是“必选”字段，用户不能控制。此外，在命令行提示符后面运行“>>whos variable_name”或“>>whos”亦可以查看当前工作区（所有）变量的数据类型、占用存储空间大小等信息。

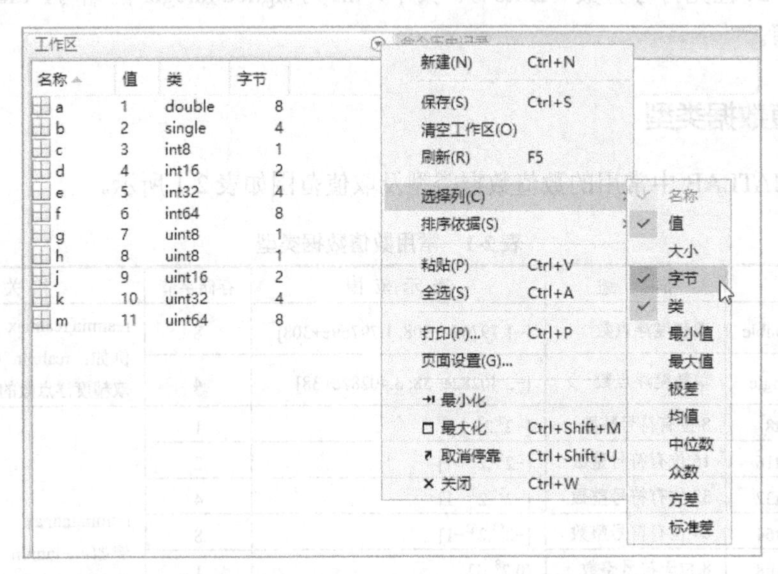

图 2-3 工作区“显示字段”选择示例

此外，由于数据在计算机中以补码形式存储、运算，据此可以计算出每一种数据类型的取值范围，下面以 8 位有符号整型和 8 位无符号整型为例进行说明，具体过程如表 2-2 所示。对于有符号的 8 位整型而言，最高位为符号位，要取正的最大，则补码为 0111 1111，即除了最高位 0 表示正以外，其他位全取为 1，就表示为最大值，具体结果为 $2^6\cdot1+2^5\cdot1+2^4\cdot1+2^3\cdot1+2^2\cdot1+2^1\cdot1+2^0\cdot1=2^7-1$；对于最小值 X=−128 而言，根据$[X]_{补}=2^n-|X|=2^8-|-128|=128$（n 为字长），易知其补码为 1000 0000，如表 2-2 所示，其原码为 1000 0000，因计算机中将（+0）和（−0）的补码统一为 0000 0000，因而，−128 在计算机内存中其实是占用−0 的补码表示。此外，根据 X 的补码真值$[X]_{补}=2^7$（补码真值计算不考虑符号位），也可以反算出 X 的值，由于其补码最高位为 1，表示 X 为负数，故：$X=-(2^8-[X]_{补})=-(2^8-2^7)=-128$。

表 2-2 数据类型取值范围说明示例

序号	数据类型	数值	原码（高位←低位）（7654 3210）	反码（高位←低位）（7654 3210）	补码（高位←低位）（7654 3210）	补码真值
1	int8	127	0111 1111	0111 1111	0111 1111	2^7-1
		−128	1000 0000	1111 1111	1000 0000	2^7
2	uint8	255	1111 1111	1111 1111	1111 1111	2^8-1
		0	0000 0000	0000 0000	0000 0000	0

此外，表 2-1 中双精度浮点数的取值范围也可以通过“realmin”和“realmax”函数来验证。具体如图 2-4 所示。其他类型数值表示范围亦可照此验证。

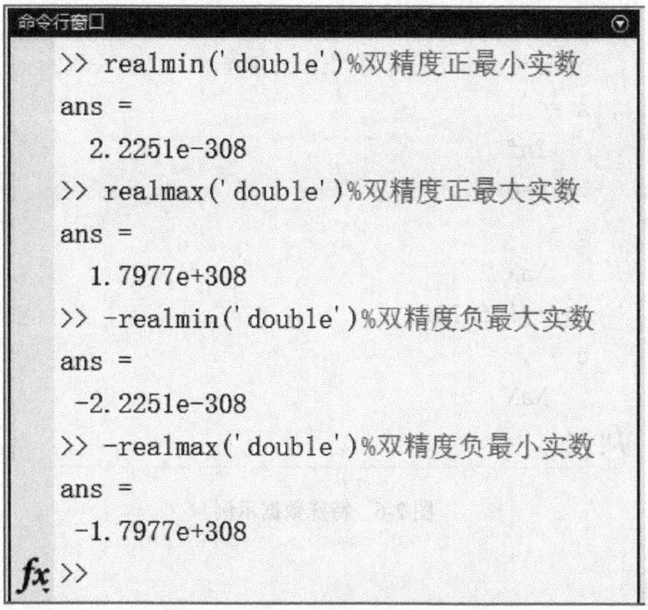

命令行窗口

```
>> realmin('double')%双精度正最小实数
ans =
  2.2251e-308
>> realmax('double')%双精度正最大实数
ans =
  1.7977e+308
>> -realmin('double')%双精度负最大实数
ans =
 -2.2251e-308
>> -realmax('double')%双精度负最小实数
ans =
 -1.7977e+308
fx >>
```

图2-4　双精度浮点数表示范围

数值型数据除了实数，还有复数，在MATLAB中，复数的虚数单位为i或j，等同于MATLAB中的sqrt(−1)，sqrt(square root)为MATLAB中均方根函数。常见的复数使用如图2-5所示。此外，从图中可知复数的实部和虚部在内存中是作为double类型分开存放的，故占用了16个字节的存储空间。

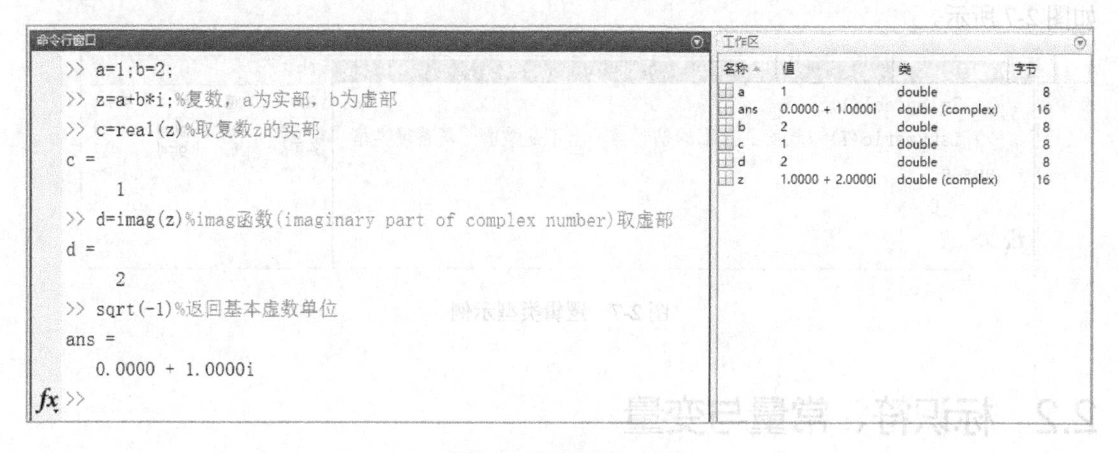

图2-5　复数使用示例

此外，由于MATLAB容错性或者说鲁棒性非常强，可以表示很多其他程序设计语言中不能表示的数据，例如，1/0，0/0，∞，∞/∞等。具体如图2-6所示。

2.1.2　字符类型

字符（串）是含在一对单撇“'”中的文本，有单个字符，如'a'，'A'等，也有多个字符组成的字符串'abc'，'ABC'等。不管怎样，它们在MATLAB中都是以字符数组的形式存在。

字符类型也可由函数“char”声明和转换。

```
命令行窗口
>> a=1/0%得正无穷大inf或Inf
a =
   Inf
>> b=0/0%得NaN，不是一个数(Not a Number)
b =
   NaN
>> c=inf/Inf
c =
   NaN
fx >>
```

图 2-6 特殊数据示例

2.1.3 逻辑类型

逻辑类型主要用来表示真（true）和假（false），在 MATLAB 中真（true）用逻辑“1”表示，假（false）用逻辑“0”表示，而且任何非零元素对于 MATLAB 而言都为真（true），零元素被当作假（false）。其他类型的数据可由函数（logical）转换，但是不能将复数和 NaN（Not a Number）转换成逻辑值，遇到此类情形系统会报错。

值得注意的是逻辑值“1”是逻辑类型（logical），不是数值类型（numeric），具体示例如图 2-7 所示。

```
命令行窗口
>> T=logical(1);
>> isnumeric(T)%T表面上显示的是“1”，但不是数值，是逻辑类型
ans =
     0
fx >>
```

工作区

名称	值	类	字节
ans	0	logical	1
T	1	logical	1

图 2-7 逻辑类型示例

2.2 标识符、常量与变量

MALTAB 中的数据有常量和变量之分，它们分别属于上述这些数据类型，即每一种数据类型的数据可以是常量，也可以是变量。不管是常量、还是变量，都需要使用标识符对其唯一命名。

2.2.1 标识符

所谓标识符（Identifier）就是可以唯一标识某个对象（或事物）的名字。MATLAB 中，标识符是用来标识常量、变量、函数、数组、类型及文件等的有效字符序列。

类似于 C 语言，MATLAB 中，标识符也有关键字、预定义标识符（系统自带的很多函

数名）和用户自定义标识符之分。

对于关键字，可以用“iskeyword”函数判断某个标识符是否是关键字（返回逻辑值“1”或“0”），也可以在命令行提示符中列出所有 MATLAB 关键字。具体如图 2-8 所示。

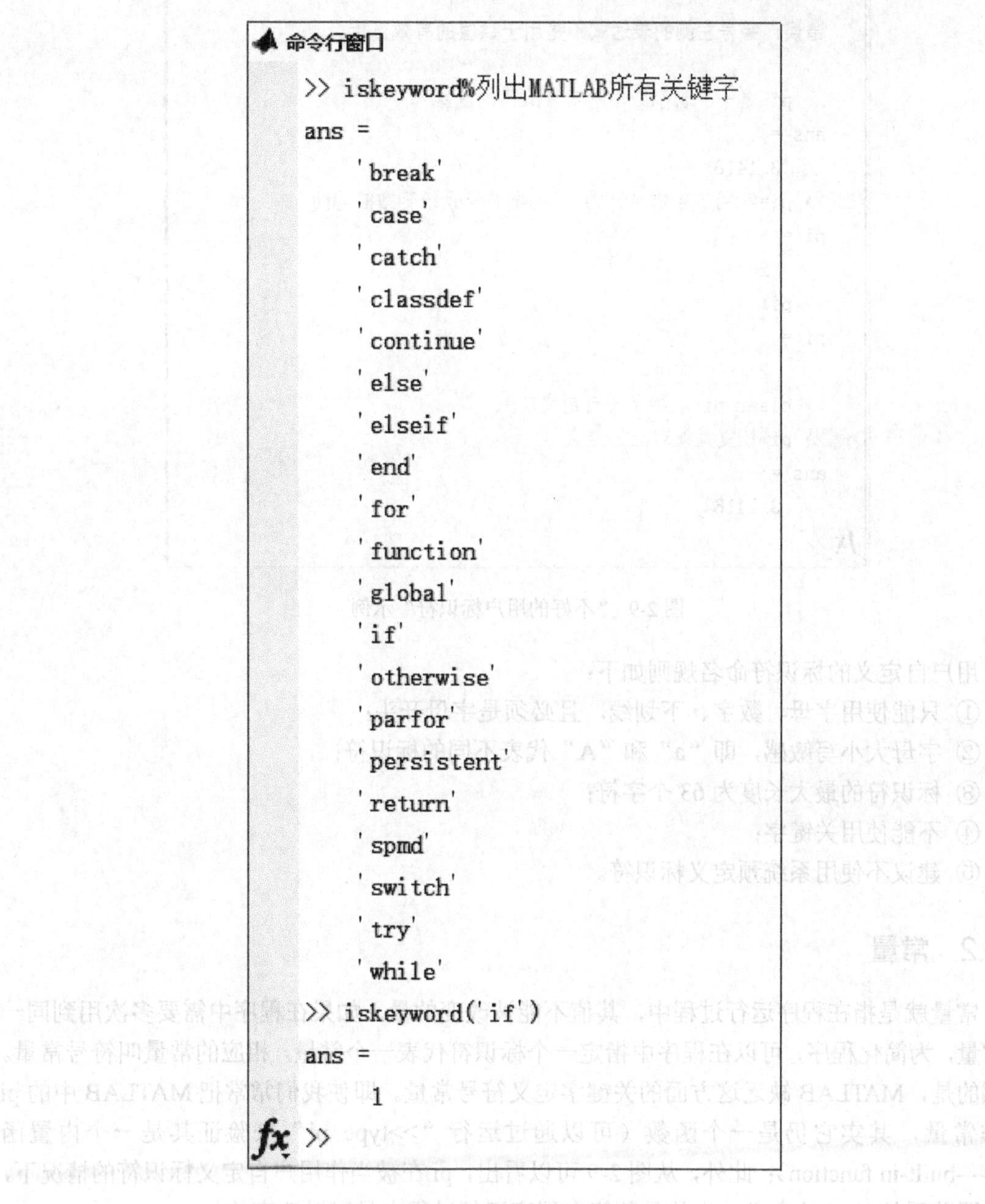

图 2-8　MATLAB 关键字

除了 MATLAB 关键字，还有很多诸如“iskeyword”“pi”“sum”这样的函数，他们的标识符都不能作为用户自定义的标识符。

一方面，关键字作为用户自定义的标识符，系统会报错；另一方面，系统函数名如果作为用户自定义的标识符，该名称的函数功能将暂时被用户自定义的标识符覆盖，除非用“clear”命令删除用户自定义的标识符，从而恢复系统函数功能。具体如图 2-9 所示。

```
命令行窗口
>> if=1;%if是关键字，不能作为用户的标识符
 if=1;%if是关键字，不能作为用户的标识符
   |
错误: 等号左侧的表达式不是用于赋值的有效目标。

>> pi%是一个表示数学中常量pi值的函数
ans =
    3.1416
>> pi=2%用户自定义pi为2，则覆盖了系统函数的功能
pi =
     2
>> pi
pi =
     2
>> clear pi%删除用户自定义的pi
>> pi%恢复系统对pi的定义
ans =
    3.1416
fx >>
```

图 2-9 “不好的用户标识符”示例

用户自定义的标识符命名规则如下：

① 只能使用字母、数字、下划线，且必须是字母开头；

② 字母大小写敏感，即“a”和“A”代表不同的标识符；

③ 标识符的最大长度为 63 个字符；

④ 不能使用关键字；

⑤ 建议不使用系统预定义标识符。

2.2.2 常量

常量就是指在程序运行过程中，其值不能被改变的量。如果在程序中需要多次用到同一个常量，为简化程序，可以在程序中指定一个标识符代表一个常量，相应的常量叫符号常量。遗憾的是，MATLAB 缺乏这方面的关键字定义符号常量。即使我们常常把 MATLAB 中的 pi 当作常量，其实它仍是一个函数（可以通过运行“>>type pi”来验证其是一个内置函数——built-in function）；此外，从图 2-9 可以看出，pi 在被当作用户自定义标识符的情况下，可以覆盖系统对 pi 的定义，也就是其值在程序运行过程中是可以改变的。

2.2.3 变量

所谓变量就是在程序运行过程中，其值可以变化的量。

MATLAB 中的变量可以直接使用，可以不用事先执行声明类型及赋初值等准备工作。MATLAB 会根据使用情况自动分配类型和存储空间。

2.3 运算符和表达式

所谓运算符就是参与运算的符号。MATLAB 中运算主要有算术运算、关系运算、逻辑运算等。有的运算有运算符，有的运算依赖相应的函数来实现。

所谓表达式就是用运算符或相关函数将运算对象连接起来，且符合 MATLAB 语法规则的式子。

2.3.1 算术运算符和算术表达式

算术运算主要有加、减、乘、除、乘方，对应的运算符为“+”“−”“*”“/”“^”，具体如表 2-3 所示。

表 2-3 算术运算符

运 算 符	说 明	表达式示例
+	加	1+2
−	减	3−2
*	乘	2*3
/	除	6/2
^	乘方	2^3

2.3.2 赋值运算符和赋值表达式

赋值运算符为“=”，即将赋值运算符右边的表达式赋值给左边的变量。例如“>>a=1+2”表示把“1+2”的结果赋值给变量“a”。

2.3.3 关系运算符和关系表达式

关系运算主要用于值的比较。其运算符及表达式示例如表 2-4 所示。

表 2-4 关系运算符

运 算 符	说 明	表达式示例	表达式示例结果
<	小于	>>a=1<2	a=1
<=	小于等于	>>a=2<=2	a=1
>	大于	>>a=2>2	a=0
>=	大于等于	>>a=2>=2	a=1
==	等于	>>a=2==2	a=1
~=	不等于	>>a=2~=2	a=0

注：“>>”表示命令行提示符。

2.3.4 逻辑运算符和逻辑表达式

逻辑运算主要用来判断逻辑表达式的真、假，MATLAB 中常用逻辑运算符的说明如表 2-5 所示。

表 2-5 逻辑运算符

运 算 符	说 明	示 例
&&	短路逻辑与，主要用于标量表达式	exp1 && exp2：两个表达式的结果必须为标量；exp1 为假的情况下，exp2 不执行
||	短路逻辑或，主要用于标量表达式	exp1 || exp2：两个表达式的结果必须为标量；exp1 为真的情况下，exp2 不执行
&	按元素逻辑与	[1,0] | [1,1]:返回结果为[1,0]
|	按元素逻辑或	[1,0] | [1,1]:返回结果为[1,1]
~	按元素逻辑非	~[1,1,0]:返回结果为[0,0,1]

此外，逻辑运算中的“逻辑异或”没有运算符号，依赖函数 xor 来实现。按元素进行逻辑运算的真值表如表 2-6 所示。

表 2-6 按元素逻辑运算真值表

输入 A 和 B		and A & B	or A | B	xor xor(A,B)	not ~A
0	0	0	0	0	1
0	1	0	1	1	1
1	0	0	1	1	0
1	1	1	1	0	0

2.3.5 运算符优先级

除了上面提到的运算符，还有诸如“：”等运算符，它们在 MATLAB 中的优先级如表 2-7 所示。运算符的优先级决定了相应的表达式在 MATLAB 中的执行顺序。对于优先级相同的运算符，按从左至右的顺序执行。相关运算符的优先级从高到低列在表 2-7 中。

表 2-7 MATLAB 中的运算符优先级

优 先 级	运算符（英文）	运算符（中文）
1	Parentheses ()	圆括号
2	Transpose (.')	数组转置
	power (.^)	数组乘方
	complex conjugate transpose (')	复数矩阵共轭转置
	matrix power (^)	矩阵乘方
3	Unary plus (+)	(取)正
	unary minus (−)	(取)负
	logical negation (~)	逻辑非
4	Multiplication (.*)	数组乘
	right division (./)	数组右除
	left division (.\)	数组左除
	matrix multiplication (*)	矩阵乘
	matrix right division (/)	矩阵右除
	matrix left division (\)	矩阵左除
5	Addition (+)	加
	subtraction (−)	减
6	Colon operator (:)	冒号运算符

续表

优　先　级	运算符（英文）	运算符（中文）
7	Less than (<)	小于
	less than or equal to (<=)	小于等于
	greater than (>)	大于
	greater than or equal to (>=)	大于等于
	equal to (==)	等于
	not equal to (~=)	不等于
8	Element-wise AND (&)	逻辑与
9	Element-wise OR (|)	逻辑或
10	Short-circuit AND (&&)	短路逻辑与
11	Short-circuit OR (||)	短路逻辑或

MATLAB 采用“从左至右”的原则计算表达式，但运算符的优先级可能改变这种顺序。具体示例如图 2-10 所示。

```
命令行窗口
>> a=1 | 2 & 0%运算符&的优先级高于|
a =
     1
>> a=1 |(2 & 0)%上述表达式相当于该表达式的效果
a =
     1
>> a=(1 | 2) & 0 %圆括号的优先级最高，故人为提高了|的运算顺序
a =
     0
fx >>
```

图 2-10　逻辑运算符优先级示例

为避免对于运算符优先级的认知模糊而不能获得预期结果，一般建议在程序中使用圆括号明确表达式的执行顺序。

2.4　数组

数组是众多程序设计语言中非常重要的一种数据结构。数组在 MATLAB 中的重要性尤其明显。几乎所有数据都以数组的形式存在，只是维度、规模及运算符的使用规则不同罢了。而下节中将要介绍的矩阵在形式上和数组也是一样的，只是表达式中使用的运算符不一样，使得矩阵运算必须要遵循线性代数或矩阵分析的理论而已。在一般情况下，下面的描述以在其他程序设计语言中出现频率更高的概念——“数组”来笼统地描述数组和矩阵的相关知识点。对于矩阵特有的情况，会以“矩阵”概念替换“数组”概念。

所谓数组是指有序数据的集合。在 MATLAB 中有标量（一行一列的特殊数组）、一维数组（也称行向量或行矩阵，或称列向量或列矩阵）、二维数组（矩阵）、高维数组（高维矩阵）、

字符数组、元胞数组及结构体数组。

在 MATLAB 中，数组的构建包括以下要素：

① 数组的数据集合是由方括号“[]”括起来；

② 数组元素之间使用“空格”或“，”分隔；

③ 行与行之间是使用分号“；”或“Enter”分隔；

④ 数组在 MATLAB 中是按“列优先”的形式存储的，即先存储第 1 列，再存储第 2 列，依此类推；

⑤ 数组的规模无须预先声明，可以自动增长。

2.4.1 一维数组

一维数组可以以行向量或列向量的形式出现。一维数组的创建有如下多种方法。

（1）直接输入法

【例题 2-1】 在 MATLAB 命令行窗口（Command Window）中，直接输入一维数组。

答：主要是注意数组需用方括号括起来，还有就是注意数组元素间需要使用“空格”或“，”或“；”分隔。具体示例如图 2-11 和图 2-12 所示。

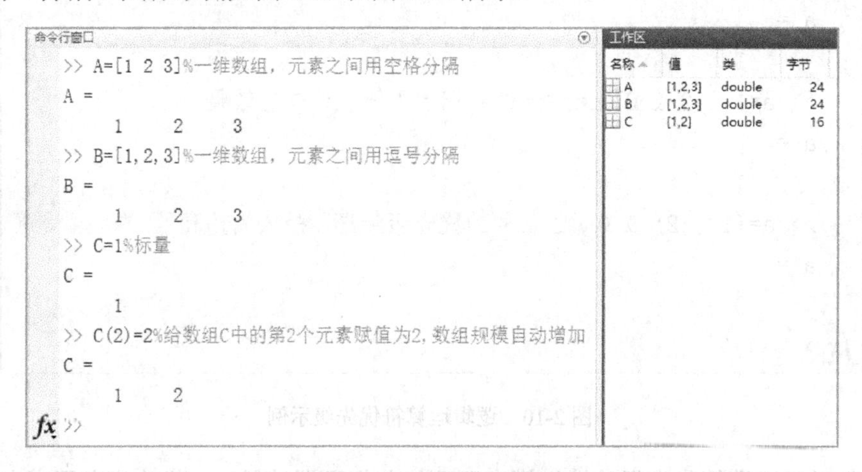

图 2-11 一维（行）数组创建示例

```
命令行窗口
>> D=[1;2]%用分号实现换行，创建(列)数组
D =

     1

     2

>> E=[1
2]
E =

     1

     2

fx >> %数组E使用按“Enter”键回车实现列向量的创建
```

图 2-12 一维（列）数组创建示例

（2）冒号生成法

冒号“:”作为运算符，可以产生数组（向量）。其语法格式如下：

```
from:to          %初始值:终止值，步长缺省为 1
from:step:to     %初始值:步长:终止值
```

【例题 2-2】在 MATLAB 命令行窗口（Command Window）中，利用冒号运算符输入一维数组 A=[1 2 3 4 5 6 8 9 10]和 B=[1 3 5 7 9 11 13 15]。

答：数组 A 可以发现是一个以 1 为步长的自然数序列，数组 B 是一个以 2 为步长的自然数序列，因此利用冒号运算符来创建是比较合适和快捷的。具体过程如图 2-13 所示。

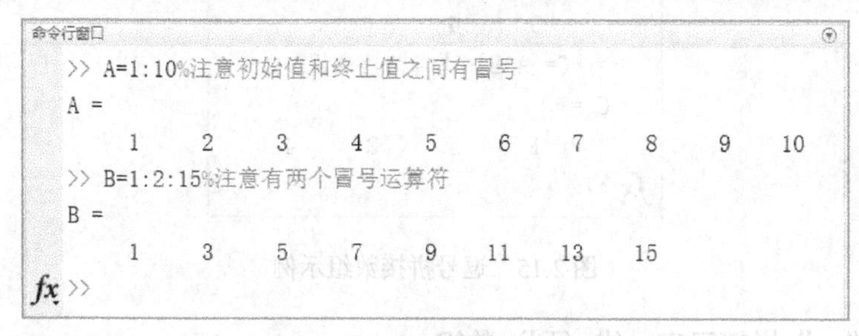

图 2-13　冒号运算符示例

（3）使用“linspace”和“logspace”函数生成一维数组

函数“linspace”用于生成线性空间向量（linearly space vector），其语法格式如下：

```
y = linspace(a,b)     %区间[a,b]上生成 100 个点构成的行数组
y = linspace(a,b,n)   %区间[a,b]上生成 n 个点构成的行数组
```

函数“logspace”用于生成对数空间向量(logarithmically space vector)，其语法格式如下：

```
y = logspace(a,b)     %区间[10a,10b]上生成 50 个点构成的行数组
y = logspace(a,b,n)   %区间[10a,10b]上生成 n 个点构成的行数组
```

【例题 2-3】在 MATLAB 命令行窗口（Command Window）中，利用“linspace”生成区间[1,100]上 100 个点和 1000 个点，利用“logspace”生成区间[1,100]上 50 个点和 1000 个点。

答：注意“linspace”的用法和“logspace”的用法，尤其是注意“logspace”中的区间是以 10 为底的指数区间。具体过程及结果如图 2-14 所示。

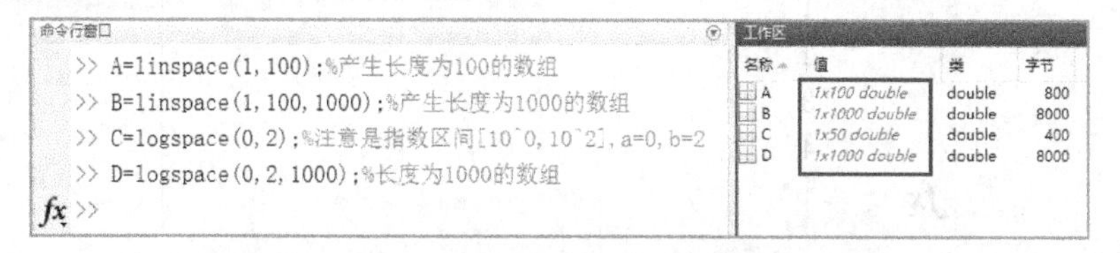

图 2-14　使用 linspace 和 logspace 产生数组示例

（4）使用“,”拼接已有一维（行）数组。

【例题 2-4】在 MATLAB 命令行窗口（Command Window）中，已知数组 A=[1 2], B=[3 4]，利用“,”将数组 A、B 拼接成 C=[1 2 3 4]。

答：MATLAB 中可以使用“，”将同（行）维度的数组拼接为行数组。具体过程及结果如图 2-15 所示。

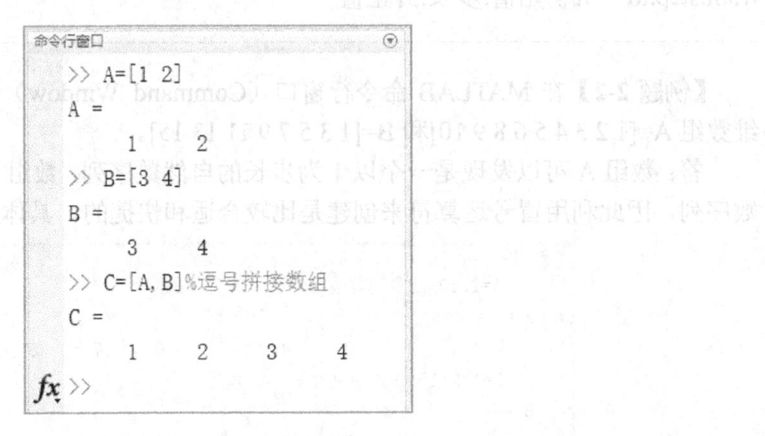

图 2-15　逗号拼接数组示例

（5）使用“；”拼接已有一维（列）数组

【例题 2-5】在 MATLAB 命令行窗口（Command Window）中，已知数组 C=[1;2]，D=[3; 4]，利用“;”将数组 C、D 拼接成 $E=\begin{bmatrix}1\\2\\3\\4\end{bmatrix}$。

答：MATLAB 中可以使用“;”将同（列）维度的数组拼接为列数组。具体过程及结果如图 2-16 所示。

```
命令行窗口
>> C=[1;2]
C =
     1
     2
>> D=[3;4]
D =
     3
     4
>> E=[C;D]%分号拼接数组，列维度一定要相同
E =
     1
     2
     3
     4
fx >>
```

图 2-16　分号拼接数组示例

2.4.2 二维数组

相对于一维数组，二维数组的行（维度）规模增加了。二维数组最常见的输入策略也是“直接输入法”。

【例题 2-6】在 MATLAB 命令行窗口（Command Window）中，输入二维数组 A=[1,2;3,4]; B=[5,6;7,8],观察数组的形式，并通过“；”或“，”实现数组的拼接使得 $C=\begin{bmatrix}1 & 2\\3 & 4\\5 & 6\\7 & 8\end{bmatrix}$ 和 $D=\begin{bmatrix}1 & 2 & 5 & 6\\3 & 4 & 7 & 8\end{bmatrix}$。

答：注意二维数组的换行一定要使用“；”或者“Enter”键的功能。具体过程及结果如图 2-17 所示。

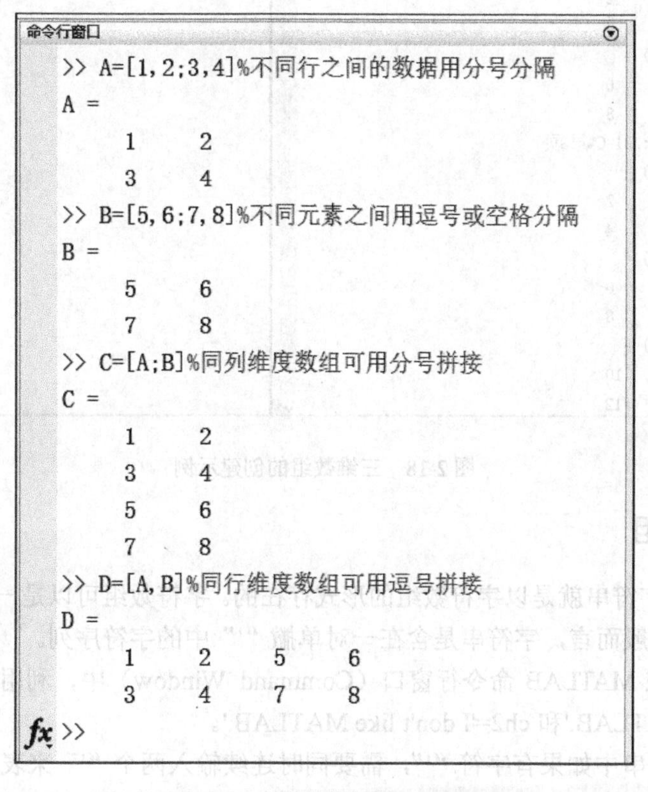

图 2-17 二维数组的创建与拼接示例

2.4.3 高维数组

对于二维数组，人们习惯地把数组的“第 1 维”称为“行”，“第 2 维”称为“列”，则二维数组可以视作一个三维空间（X轴、Y轴、Z轴）中由X轴和Y轴构成的“矩形平面”。三维数组则是在这个平面的基础上，向Z轴扩展，增加了一维称为“页”。

为便于理解，要在人们比较方便理解的三维空间中创建三维数组。同时，考虑到“行”“列”是二维平面，“页”则是在此基础上的扩展。为此，要先创建二维数组，再由一个个二维数组构建“页”上的“矩形平面”数据。

【例题 2-7】在 MATLAB 命令行窗口（Command Window）中，已知 *A*=[1，2;3，4]，*B*=[5，6;7，8]，*C*=[9,10;11,12]，构建三维数组 *D*，使得 *D*(:,:,1)=*A*,*D*(:,:,2)=*B*,*D*(:,:,3)=*C*。

答：主要是熟悉三维数组中“页”在 MATLAB 中的表示。具体过程及结果如图 2-18 所示。

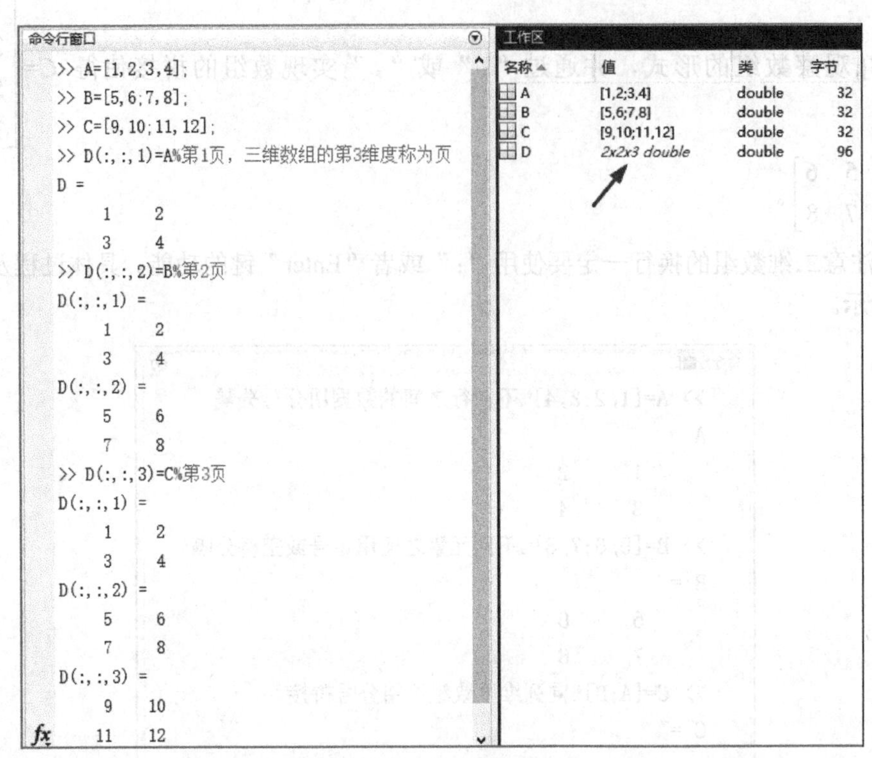

图 2-18　三维数组的创建示例

2.4.4　字符数组

MATLAB 中字符串就是以字符数组的形式存在的。字符数组可以是一维数组、二维数组及高维数组等。一般而言，字符串是含在一对单撇“'”中的字符序列。

【例题 2-8】在 MATLAB 命令行窗口（Command Window）中，利用直接输入法创建字符串 ch='I love MATLAB.'和 ch2='I don't like MATLAB.'。

答：注意字符串中如果有字符“'”，需要同时连续输入两个“'”来表示。具体过程及结果如图 2-19 所示。

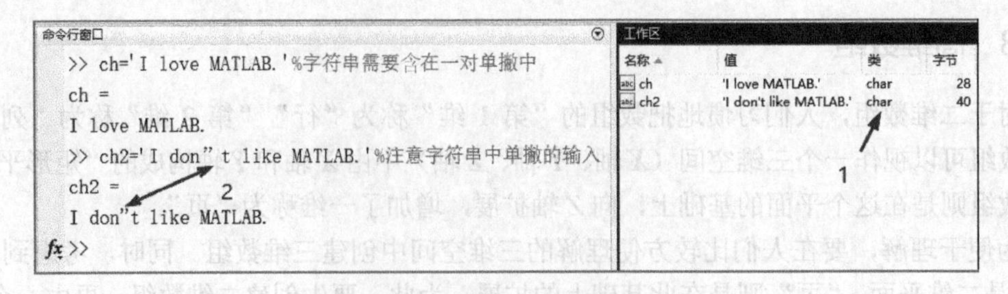

图 2-19　字符数组创建示例

从图2-19中可以看到箭头1处显示的是字符（char）类型，表明字符串是以字符数组的形式存在的。从箭头2处发现字符串中的一个“'”需要用两个“'”来表示。

2.4.5　元胞数组

普通数组里的元素都是同类型的，而且每个元素占用的存储空间都是一样的。对于需要将不同维度或不同类型的元素一起存放到数组的需求而言，可以借助MATLAB中的元胞数组（cell array）来实现。元胞数组的元胞（cell）相当于一个存放数据的容器，每一个容器中可以存放任何类型、任何维度规模的数据（包括元胞）。

【例题2-9】在MATLAB命令行窗口（Command Window）中，借助花括号“{}”直接输入2行2列的元胞数组，元胞数组中要求存放字符串、数值、二维数组及元胞。

答：注意元胞数组中不同行之间也需要使用“;”分隔。具体过程及结果如图2-20所示。

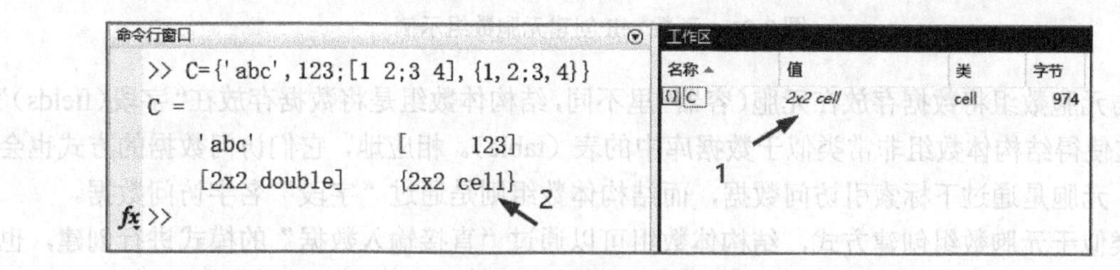

图2-20　元胞数组创建示例

从图2-20箭头1处可以发现创建的数组C为2×2的元胞数组，共有4个元胞，分别包含了字符串、数值、二维数组以及箭头2处的2×2的元胞数组。

【例题2-10】在MATLAB命令行窗口（Command Window）中，借助函数“cell”创建4×4的元胞数组，要求存放物流管理1401班3个学生（张三、李四、王五）的语文、数学、外语成绩。张三的语文、数学、外语成绩分别为90、80、95；李四的语文、数学、外语成绩分别为75、95、90；王五的语文、数学、外语的成绩分别为100、95、98。

答：整理学生成绩信息如表2-8所示。

表2-8　物流管理1401班（3名）学生成绩

姓名	语文	数学	外语
张三	90	80	95
李四	75	95	90
王五	100	95	98

从表2-8中可以发现表格中有汉字、数字，需要借助元胞数组存储不同数据类型的数据。具体过程及结果如图2-21所示。

2.4.6　结构体数组

结构体（Structures）也可以用于存放不同类型和不同维度规模的数据，例如存放如例题2-10中的某一学生不同科目的成绩，当需要存放多个学生的成绩时，则可以使用结构体数组（Structure Array）。

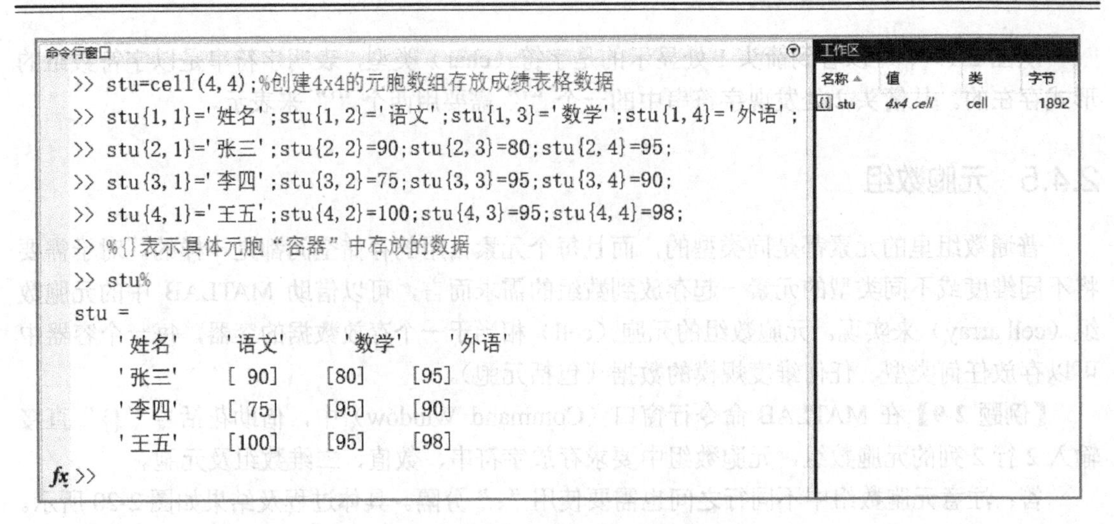

图 2-21 函数 cell 创建元胞数组示例

与元胞数组将数据存放在元胞(容器)里不同,结构体数组是将数据存放在“字段(fields)”里,这使得结构体数组非常类似于数据库中的表(table)。相应地,它们访问数据的方式也会不同:元胞是通过下标索引访问数据,而结构体数组则是通过“字段”名字访问数据。

类似于元胞数组创建方式,结构体数组可以通过“直接输入数据”的模式进行创建,也可以使用函数“struct”创建。

【例题 2-11】在 MATLAB 命令行窗口(Command Window)中,通过直接输入法创建结构体数组,存放例题 2-10 中的学生成绩数据。

答:通过“.”表示法形式:结构体名.字段名,结构数组可以实现数据的存取。具体过程和结果如图 2-22 所示。

```
命令行窗口
>> %令学生信息中字段分别为name,chinese,math,english
>> stu.name='张三';stu.chinese=90;stu.math=80;stu.english=95;%第1条记录
>> stu(2).name='李四';stu(2).chinese=75;stu(2).math=95;stu(2).english=90;%第2条记录
>> stu(3).name='王五';stu(3).chinese=100;stu(3).math=95;stu(3).english=98;%第3条记录
>> stu%结构体数组显示
stu =
1x3 struct array with fields:
    name
    chinese
    math
    english
>> stu(1)%显示第1条记录
ans =
       name: '张三'
    chinese: 90
       math: 80
    english: 95
fx >>
```

图 2-22 结构体数组创建示例 1

【例题 2-12】在 MATLAB 命令行窗口（Command Window）中，使用函数“struct”创建结构体数组，存放例题 2-10 中的学生成绩数据。

答：函数“struct”的常用语法格式如下：

```
s = struct(field1,value1,...,fieldN,valueN)
```

语法中的“field”表示字段名称，“value”表示相应字段的取值，“field”和“value”应成对出现。返回的结构体数组存放到变量 stu 中。具体过程和结果如图 2-23 所示。

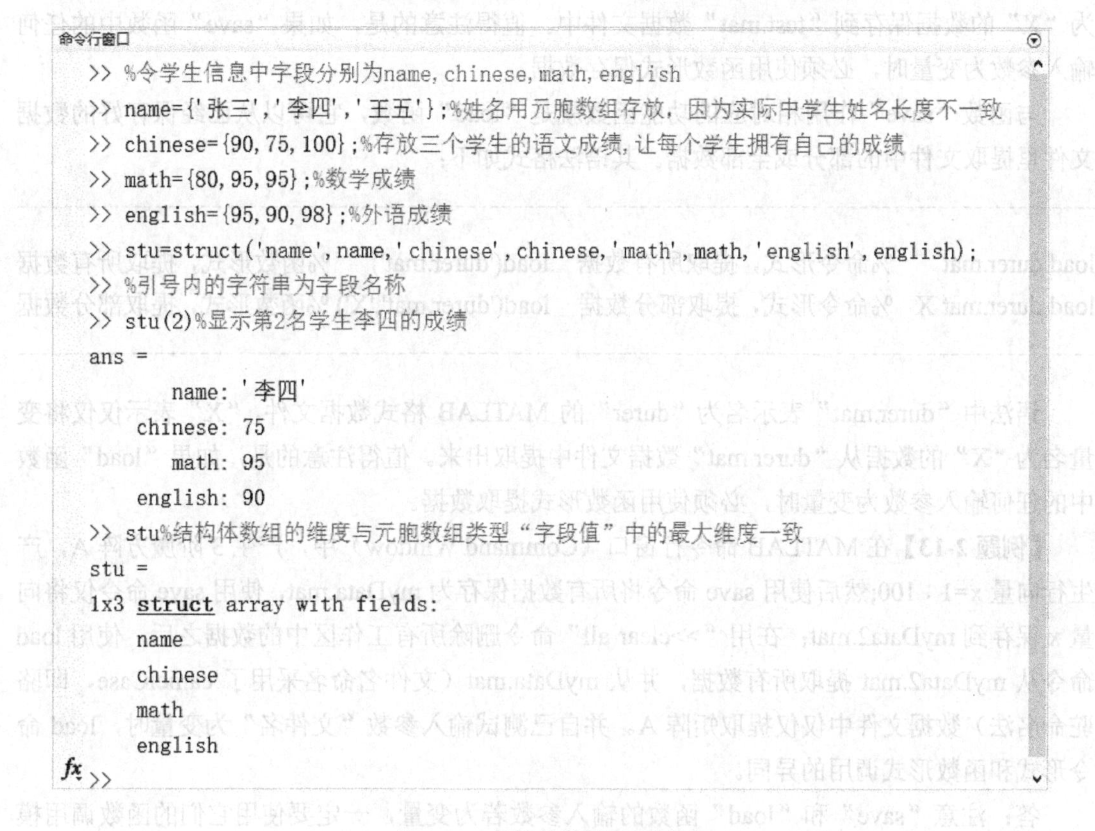

```
命令行窗口
>> %令学生信息中字段分别为name,chinese,math,english
>> name={'张三','李四','王五'};%姓名用元胞数组存放，因为实际中学生姓名长度不一致
>> chinese={90,75,100};%存放三个学生的语文成绩，让每个学生拥有自己的成绩
>> math={80,95,95};%数学成绩
>> english={95,90,98};%外语成绩
>> stu=struct('name',name,'chinese',chinese,'math',math,'english',english);
>> %引号内的字符串为字段名称
>> stu(2)%显示第2名学生李四的成绩
ans =
        name: '李四'
     chinese: 75
        math: 95
     english: 90
>> stu%结构体数组的维度与元胞数组类型“字段值”中的最大维度一致
stu =
1x3 struct array with fields:
     name
     chinese
     math
     english
fx >>
```

图 2-23　结构体数组创建示例 2

从图 2-23 中发现 4 个字段值（name、chinese、math、english）皆为 1×3 的元胞数组，所以函数“struct”创建的“stu”也为 1×3 的结构体数组。此外，需要注意的是：字段值的元胞类型应该取决于结构体数组中的记录数目，大于 1 时，应该为元胞数组，这里有 3 个学生的信息，且不同学生的相同字段值不能保证一样，因而，每个字段值都应该为 1×3 的元胞数组。

2.4.7　数组访问与操作

（1）数据的保存和提取

为了重复利用数据，需要把数据以文件的形式保存下来。MATLAB 中的“save”可以实现这种功能，其语法格式如下：

```
save test.mat         % 命令形式，保存所有数据
save('test.mat')      % 函数形式，保存所有数据
save test.mat X       % 命令形式，保存部分数据
save('test.mat','X')  % 函数形式，保存部分数据
```

语法中“test.mat”表示名为“test”的 MATLAB 格式数据文件，“X”表示仅仅将变量名为“X”的数据保存到“test.mat”数据文件中。值得注意的是，如果“save”函数中的任何输入参数为变量时，必须使用函数形式保存数据。

与函数“save”作用相对应的功能函数就是“load”函数，它可以从已经保存好的数据文件里提取文件中的部分或全部数据。其语法格式如下：

```
load durer.mat      %命令形式，提取所有数据  load('durer.mat')      %函数形式，提取所有数据
load durer.mat X    %命令形式，提取部分数据  load('durer.mat','X')  %函数形式，提取部分数据
```

语法中“durer.mat”表示名为“durer”的 MATLAB 格式数据文件，“X”表示仅仅将变量名为“X”的数据从“durer.mat”数据文件中提取出来。值得注意的是，如果“load”函数中的任何输入参数为变量时，必须使用函数形式提取数据。

【例题 2-13】在 MATLAB 命令行窗口（Command Window）中，产生 3 阶魔方阵 A，产生行向量 x=1：100;然后使用 save 命令将所有数据保存为 myData.mat，使用 save 命令仅将向量 x 保存到 myData2.mat；在用“>>clear all”命令删除所有工作区中的数据之后，使用 load 命令从 myData2.mat 提取所有数据，并从 myData.mat（文件名命名采用了 camelCase，即骆驼命名法）数据文件中仅仅提取矩阵 A。并自己测试输入参数“文件名”为变量时，load 命令形式和函数形式调用的异同。

答：注意“save”和“load”函数的输入参数若为变量，一定要使用它们的函数调用模式。具体过程及结果如图 2-24 所示。

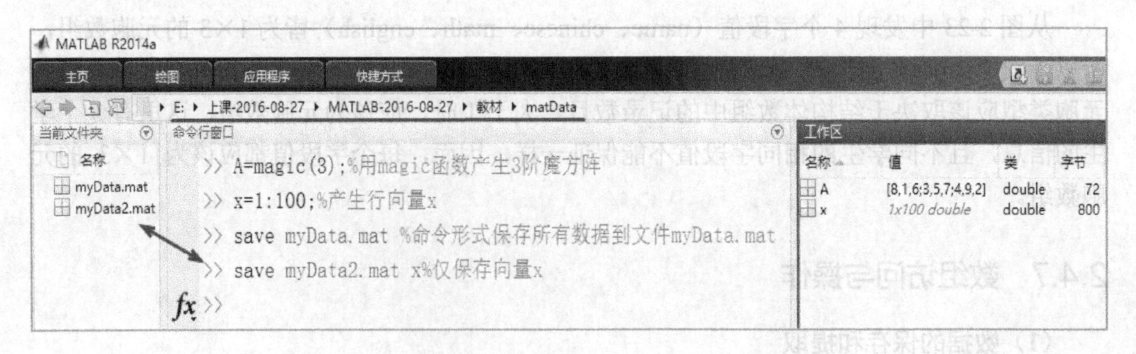

(a)

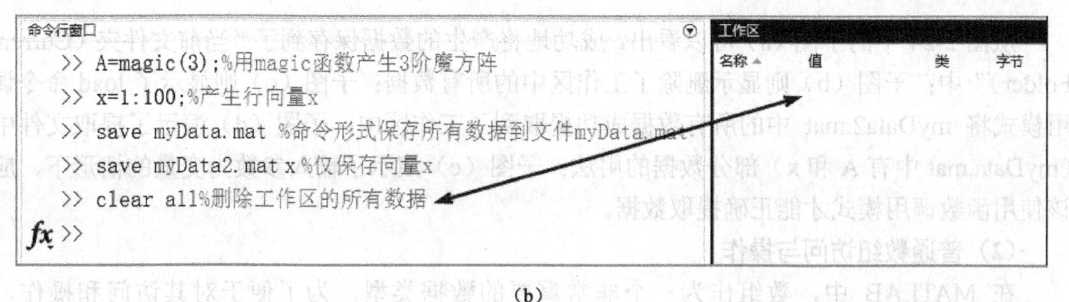

(b)

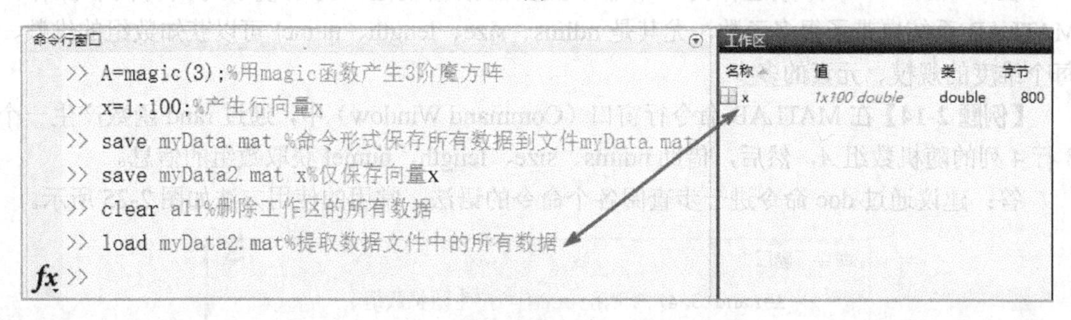

(c)

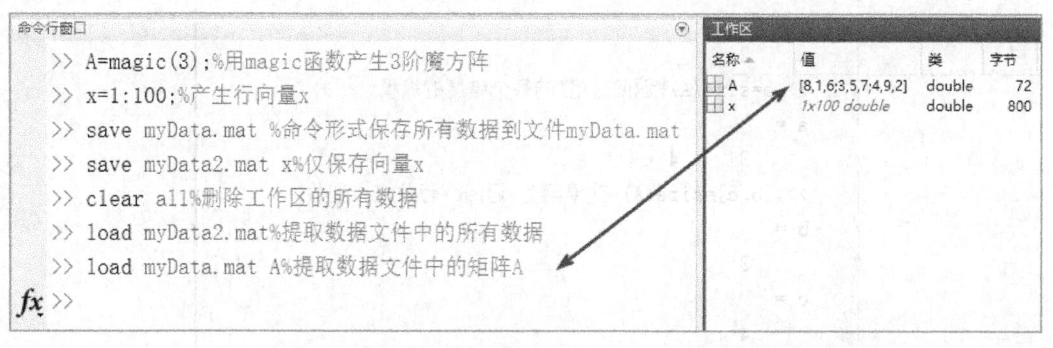

(d)

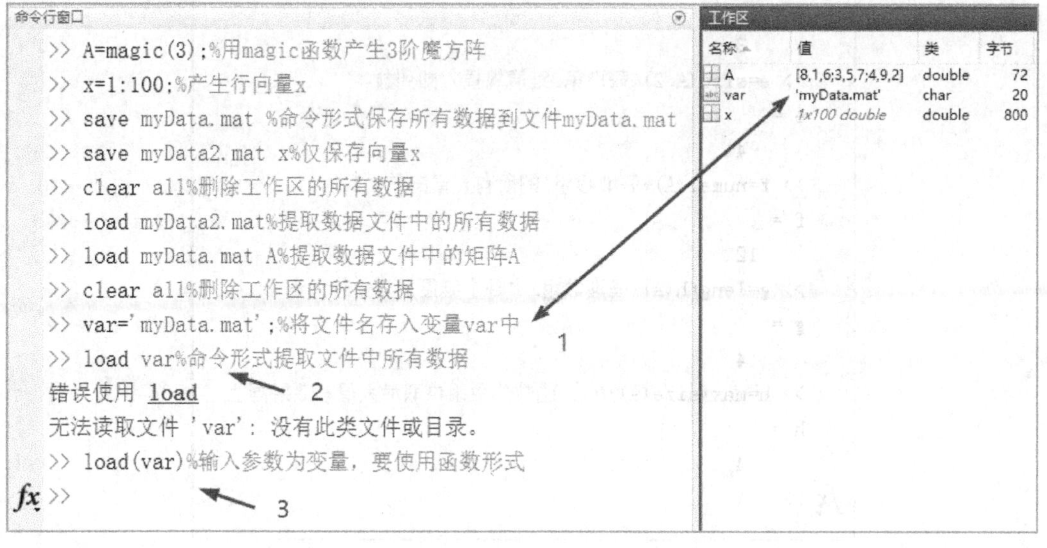

(e)

图2-24 数据保存与提取示例

从图 2-24 中的子图（a）可以看出，成功地将产生的数据保存到了“当前文件夹（Current Folder）”中；子图（b）则显示删除了工作区中的所有数据；子图（c）则显示了 load 命令调用模式将 myData2.mat 中的所有数据成功提取到了工作区中；子图（d）演示了提取文件中（myData.mat 中有 A 和 x）部分数据的用法；子图（e）演示了输入参数为变量的情形下，应该使用函数调用模式才能正确提取数据。

（2）普通数组访问与操作

在 MATLAB 中，数组作为一个非常重要的数据类型，为了便于对其访问和操作，MATLAB 系统自带了很多函数，尤其是 ndims、size、length、numel 可以获知数组的维数、每个维度的规模、元素的多少。

【例题 2-14】在 MATLAB 命令行窗口（Command Window）中，通过 rand 函数产生一个 3 行 4 列的随机数组 *A*，然后，借助 ndims、size、length、numel 获取数组的信息。

答：建议通过 doc 命令进一步查阅各个命令的语法。常用的使用方法如图 2-25 所示。

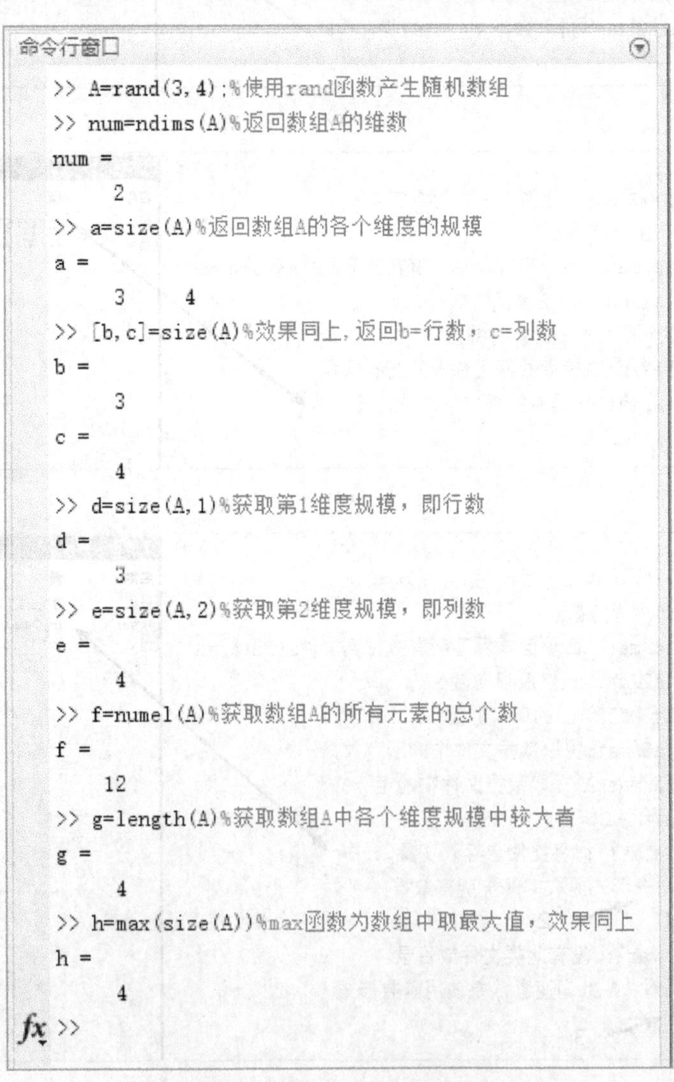

图 2-25 获取数组信息示例

此外，可进一步通过元素下标访问、操作数组中的数据。具体有全下标和单下标方式。就二维数组而言，所谓的全下标，就是通过行下标和列下标准确定位数组元素的位置，从而实现访问和操作。所谓单下标方式，就是二维数组在“按列优先存储”的原则下变形为列数组形式后，使用单下标方式操作和访问变形后的数组元素，间接实现操作二维数组的目的。

【例题 2-15】在 MATLAB 命令行窗口（Command Window）中，产生 3 阶魔方阵 *A*，使用全下标方式输出 *A*(3,2)，使用单冒号“:”访问方式“*A*(:)”将数组 *A* 变形为列数组 *B*，观察 *B* 的列和 *A* 的列的位置关系，然后，使用单下标方式修改 *A*(3,2)值为 0。

答：注意 MATLAB 中，数组是“按列优先存储”的原则在内存中以单列的形式存放的。具体过程及结果如图 2-26 所示。

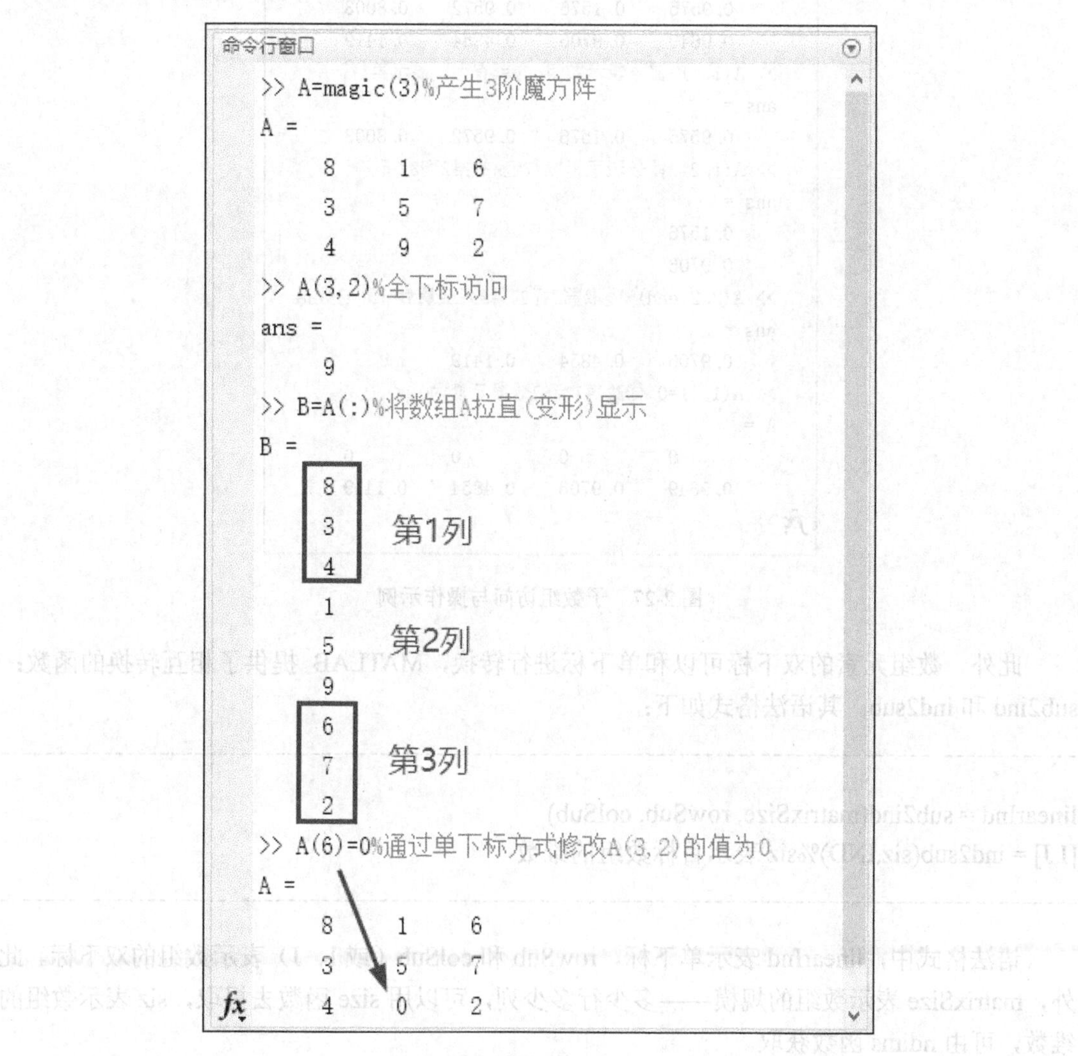

图 2-26　数组访问方式示例

从图 2-26 可以发现，使用单冒号访问方式“*A*(:)”，其实是将数组 *A* 以列向量的形式返回，返回过程是：先返回数组 *A* 中的第 1 列，然后在此基础上返回第 2 列，依此类推。同时，单下标的方式实质上是以数组 *B* 中的索引访问相关数组元素。

除了可以方便访问单个数组元素，MATLAB 还可以实现同时访问、操作多个数组元素。

【例题 2-16】在 MATLAB 命令行窗口（Command Window）中，产生一个 2×4 的随机矩阵 *A*，分别访问数组 *A* 的第 1 行，第 2 列，以及第 2 行的第 2 列至最后 1 列，并将第 1 行的所有数据修改为 0。

答：注意 MATLAB 中函数“end”的用法，“end”除了作为关键字终止（或结束）代码块以外，还表示最后一个数组索引：①最后一个数组元素的索引；②最后一行的索引；③最后一列的索引。具体过程及结果如图 2-27 所示。

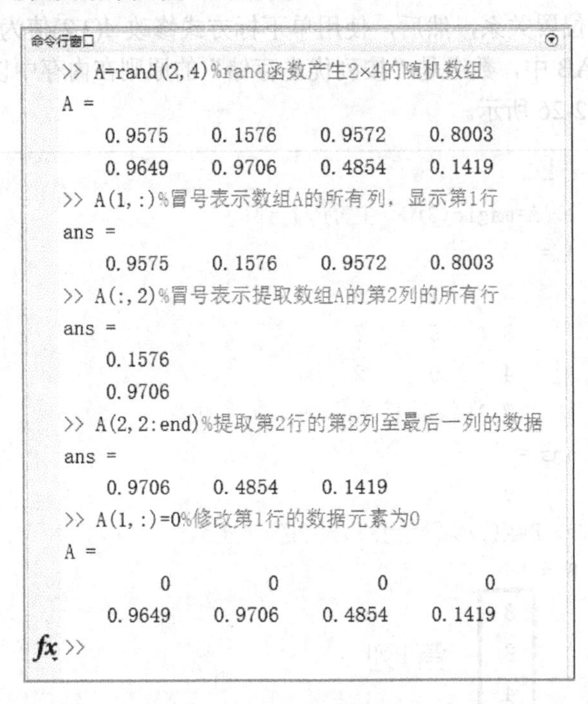

图 2-27 子数组访问与操作示例

此外，数组元素的双下标可以和单下标进行转换，MATLAB 提供了相互转换的函数：sub2ind 和 ind2sub。其语法格式如下：

```
linearInd = sub2ind(matrixSize, rowSub, colSub)
[I,J] = ind2sub(siz,IND)%siz 表示目标数组的维数
```

语法格式中，linearInd 表示单下标，rowSub 和 colSub（或 I、J）表示数组的双下标。此外，matrixSize 表示数组的规模——多少行多少列，可以用 size 函数去提取，siz 表示数组的维数，可由 ndims 函数获取。

【例题 2-17】在 MATLAB 命令行窗口（Command Window）中，在 rng（'default'）状态下，产生一个 2×3 的随机数组 *A*，实现数组访问中的“双下标”和“单下标”之间的转换。

答：函数 rng（'default'）用于控制随机数生成的方式（control random number generation），输入参数为'default'（缺省）时，表示可以在其他时候再现一样的随机数结果。具体过程及结果如图 2-28 所示。

```
命令行窗口
>> rng('default')%初始化随机数种子
>> A=rand(2,3)%产生随机数组
A =
    0.8147    0.1270    0.6324
    0.9058    0.9134    0.0975
>> ind=sub2ind(size(A),2,2)%将第2行第2列元素的双下标转换为单下标
ind =
     4
>> A(:)' %找到元素A(2,2)的单下标：在向量中的位置——第4个,' 表示转置
ans =
    0.8147    0.9058    0.1270    0.9134    0.6324    0.0975
>> [row,col]=ind2sub(ndims(A),ind)%单下标向双下标转换
row =
     2
col =
     2
fx >>
```

图2-28 数组元素的双下标和单下标之间的转换

此外，MATLAB还提供了一些函数来操作数组元素，例如常用的排序函数sort，其语法格式如下：

```
sort(A,mode)%mode 表示排序模式：'ascend' (default) | 'descend'
```

【例题2-18】在MATLAB命令行窗口（Command Window）中，产生一个1×5的随机数组，分别对其降序排序、升序排序，并返回排序结果。

答：注意排序函数sort的输入参数（mode）的选择。具体过程及结果如图2-29所示。

```
命令行窗口
>> A=rand(1,5)%产生1×5的随机数组
A =
    0.2785    0.5469    0.9575    0.9649    0.1576
>> sort(A)%缺省模式为升序排序
ans =
    0.1576    0.2785    0.5469    0.9575    0.9649
>> sort(A,'descend')%降序排序结果
ans =
    0.9649    0.9575    0.5469    0.2785    0.1576
fx >>
```

图2-29 数组排序示例

（3）字符数组访问

字符数组的访问与普通数组并无特殊的地方。在元素比较和连接、数据转换方面，MATLAB提供了几个常用的函数：strcmp、strcat、str2num和num2str。

【例题2-19】在MATLAB命令行窗口（Command Window）中，利用strcmp、strcat、str2num和num2str几个函数比较字符串'abc'和'ABC'，连接字符串'abc'和'ABC'，将字符串‘123’

转换为数，将数 321 转换为字符串。

答：建议在命令行窗口通过“>>doc functionName”进一步查阅这些函数的用法和示例。具体的过程及结果如图 2-30 所示。注意观察图中命令行窗口的运行过程及工作区中变量的数据类型。

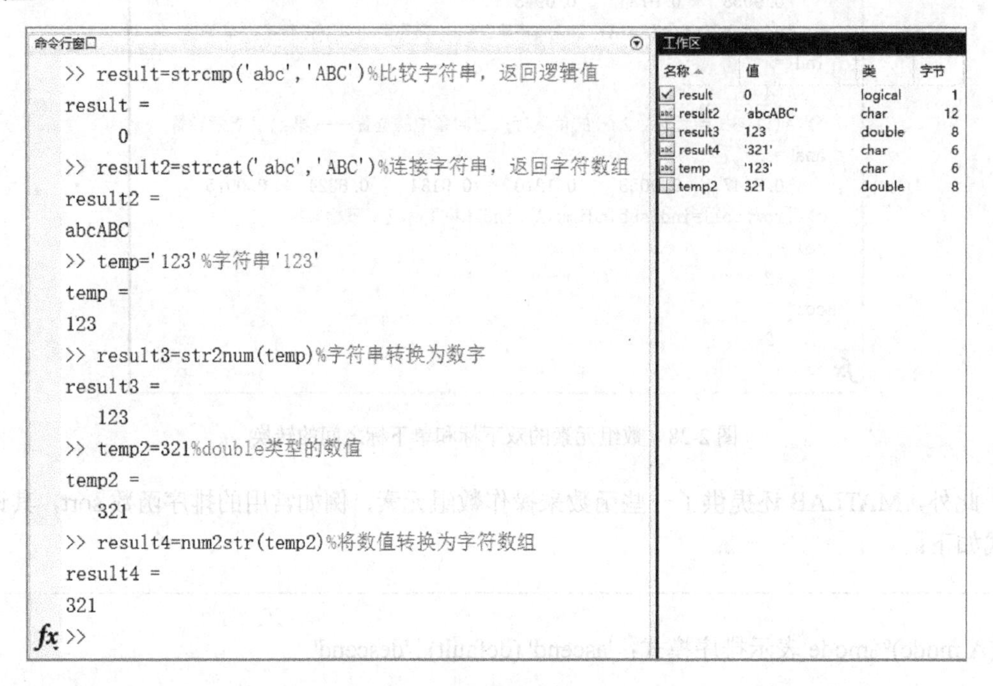

图 2-30　字符数组操作示例

（4）元胞数组的显示与访问

元胞数组作为一种特殊的数据结构，除了通过元胞数组名直接显示以外，还可以使用 MATLAB 自带函数 celldisp、cellplot 实现。

至于元胞数组的访问可以使用圆括号“()”、花括号“{}”。前者返回的是元胞本身，即它的“返回值”还是元胞数据类型;后者返回的是元胞（容器）中存放的数据，该数据的类型可能是元胞，也可能是其他诸如数值、字符等类型。

【例题 2-20】在 MATLAB 命令行窗口（Command Window）中，创建元胞数组 A 时输入以下命令：

```
>>A(1,1)={[1 2;3 4]}
>>A{1,2}=[1 2;3 4]
>>A(2,1)={'a'}
>>A(2,2)={[{'a'},{'b'}]}
```

观察赋值号“=”左边为圆括号时，赋值号右边的数据输入形式，当赋值号左边为花括号时，赋值号右边的数据输入形式。并观察工作区的数据类型的变化。

创建完成后，提取元胞数组元素 A(1,1)中的 4。提取 A(2,2)中的字符'b'。

具体过程及结果如图 2-31 所示。

```
命令行窗口
>> A(1,1)={[1 2;3 4]}%=左边为圆括号，表示为元胞，右边数据要用花括号括起来
A =
    [2x2 double]
>> A{1,2}=[1 1;2 2]%=左边为花括号，表示为元胞(容器)中的数据，右边无须为花括号
A =
    [2x2 double]    [2x2 double]
>> A{2,1}={'a'}%=左边为花括号，=右边数据也用花括号括起来了，则该元胞(容器)中存放的还是元胞数据
A =
    [2x2 double]    [2x2 double]
    {1x1 cell  }              []
>> A(2,2)={[{'a'},{'b'}]}%元胞数组元素A(2,2)中存放的又是一个1x2的元胞
A =
    [2x2 double]    [2x2 double]
    {1x1 cell  }    {1x2 cell  }
>> A{1,1}(2,2)%提取元胞数组元素A{1,1}中的第2行第2列的数据
ans =      ← 1
     4
>> A{2,2}{2}%提取元胞数组元素A(2,2)中的字符'b'
ans =      ← 2
b
fx >>
```

图 2-31　不同访问方式下的元胞数组的创建示例

从图 2-31 可以发现，箭头 1 处的 $A\{1,1\}$返回的是元胞数组元素的数据，即数值数组$\begin{bmatrix}1 & 2\\3 & 4\end{bmatrix}$，为方便说明，记为$B$，则$A\{1,1\}(2,2)$其实就是访问数值数组$B$的第 2 行第 2 列的元素，类似于$B(2,2)$。箭头 2 处的$A\{2,2\}$返回的是元胞数组元素的数据，即 1×2 的元胞数组[{'a'},{'b'}]，为方便说明，记为C，显然，C仍然为元胞数据类型，那么，要提取$A\{2,2\}\{2\}$就等同于$C\{2\}$，即提取元胞数组C中的第 2 个元素$C\{2\}$，该元素为一字符'b'。建议读者体会$A\{2,2\}(2)$返回的数据和$A\{2,2\}\{2\}$返回数据的异同（提示：观察结果在工作区中显示的数据类型的异同）。

【例题 2-21】在 MATLAB 命令行窗口（Command Window）中，根据例题 2-10 中的学生成绩数据，计算该班的语文平均成绩，计算张三的总评成绩。

答：体会 MATLAB 中数组整体操作的便捷性。利用数组连接运算符“[]”连接元胞中同类型的数据为数组。利用 mean 函数、sum 函数分别计算向量的均值与总和。具体过程如图 2-32 所示。

由于该例使用了例题 2-10 中的学生成绩数据，建议在例 2-10 中将元胞数组 stu 保存为“mat”数据文件。在该例中使用 load 函数提取即可，可减少重新创建元胞数组 stu 的工作。

（5）结构体数组的访问

对于结构体数组，可以如同采用“直接输入法”创建结构体数组时一样的方法访问相应数组元素。即采用“.”表示法形式访问即可。

（6）数组操作和变形

对于数组，MATLAB 自带了一些函数实现对数组的便捷操作，例如常见的扩展数组函数 repmat、改变现有数组形状函数 reshape、数组上下翻转函数 flipud 和左右翻转函数 fliplr。

```
命令行窗口
>> stu=cell(4,4);%创建4×4的元胞数组存放成绩表格数据
>> stu{1,1}='姓名';stu{1,2}='语文';stu{1,3}='数学';stu{1,4}='外语';
>> stu{2,1}='张三';stu{2,2}=90;stu{2,3}=80;stu{2,4}=95;
>> stu{3,1}='李四';stu{3,2}=75;stu{3,3}=95;stu{3,4}=90;
>> stu{4,1}='王五';stu{4,2}=100;stu{4,3}=95;stu{4,4}=98;
>> ywcj=[stu{2:end,2}]%提取所有学生的语文成绩，并通过“[]”连接为数组
ywcj =
    90    75   100
>> ywpjcj=mean(ywcj)%计算该班语文平均成绩
ywpjcj =
   88.3333
>> zscj=[stu{2,2:end}]%提取张三所有科目成绩，并通过“[]”连接为数组
zscj =
    90    80    95
>> zszpcj=sum(zscj)%计算张三的总评成绩
zszpcj =
   265
fx >>
```

图 2-32　元胞数据分析

【例题 2-22】在 MATLAB 命令行窗口（Command Window）中，输入矩阵 A=[1 2 3;4 5 6]，将数组 A 扩展为 $B=\begin{bmatrix}1 & 2 & 3 & 1 & 2 & 3\\4 & 5 & 6 & 4 & 5 & 6\\1 & 2 & 3 & 4 & 5 & 6\\1 & 2 & 3 & 4 & 5 & 6\end{bmatrix}$，将 A 变形为 3 行 2 列的数组 C，将 A 的上下和左右互换。

答：重点注意 repmat 和 reshape 函数的用法。具体过程及结果如图 2-33 所示。

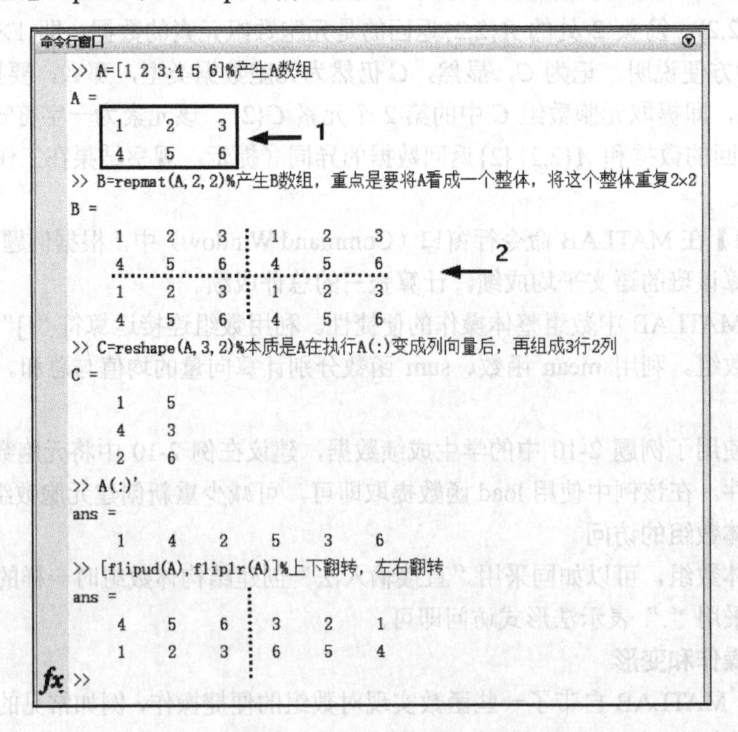

图 2-33　数组操作与变形示例

从图 2-33 可以看出，在使用 repmat（replicate matrix）函数扩展数组时，一定要像图中箭头 1 处将数组 *A* 看成一个整体，然后将这个整体复制 2×2，结果如图中箭头 2 处所示。

（7）数组元素删除

MATLAB 中对数组的维数和长度没有严格的限制，可以动态改变，随时可以删除数组中的某个元素。具体删除某个元素或某些元素时使用“[]”将相应元素赋值为空即可。

【例题 2-23】 在 MATLAB 命令行窗口（Command Window）中，随机产生一个 1×2 的数组 *A*，删除元素 *A*(2)，随机产生一个 3×4 的数组 *B*，删除第 2 列的元素。

答：把将要删除的元素使用“[]”置为空矩阵即可实现删除相应位置元素的目的。具体过程及结果如图 2-34 所示。

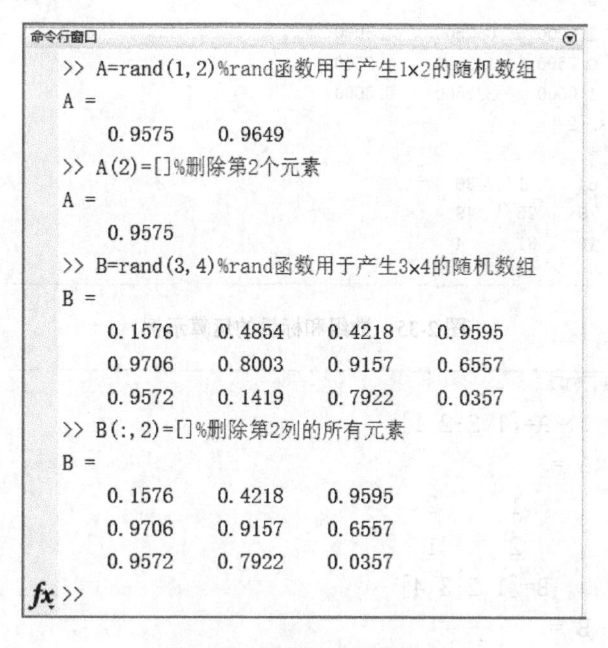

图 2-34　数组元素删除示例

2.4.8　数组运算

数组最常见的运算为加、减、乘、除、乘方，对应的运算符分别为“+、–、.*、./和.^”，为区别于矩阵运算符，这里统称为“数组的点运算符”。

（1）数组和一个标量的运算

【例题 2-24】 在 MATLAB 命令行窗口（Command Window）中，产生 3 阶魔方数组 *A*，计算 *A*+1，*A*–2，*A*.*3，　*A*./4，*A*.^2 的结果。

答：数组和标量进行运算，是指数组中每一个元素和该标量进行运算。具体过程如图 2-35 所示。

（2）数组和一个同维数组的运算

【例题 2-25】 在 MATLAB 命令行窗口（Command Window）中，产生数据 *A*=[1 2;2 1]，*B*=[1 2;3 4]，计算 *A*+*B*，*A*−*B*，*A*.**B*，*A*./*B*，和 *A*.^*B*。

答：数组 *A* 和同维数组 *B* 相运算，是指数组 *A* 中每一个元素和数组 *B* 中对应位置上的元素相运算。具体过程如图 2-36 所示。

```
命令行窗口
>> A=magic(3)
A =

     8     1     6
     3     5     7
     4     9     2
>> [A+1,A-2,A.*3]
ans =

     9     2     7     6    -1     4    24     3    18
     4     6     8     1     3     5     9    15    21
     5    10     3     2     7     0    12    27     6
>> A./4
ans =

    2.0000    0.2500    1.5000
    0.7500    1.2500    1.7500
    1.0000    2.2500    0.5000
>> A.^2
ans =

    64     1    36
     9    25    49
    16    81     4
fx >>
```

图 2-35　数组和标量的运算示例

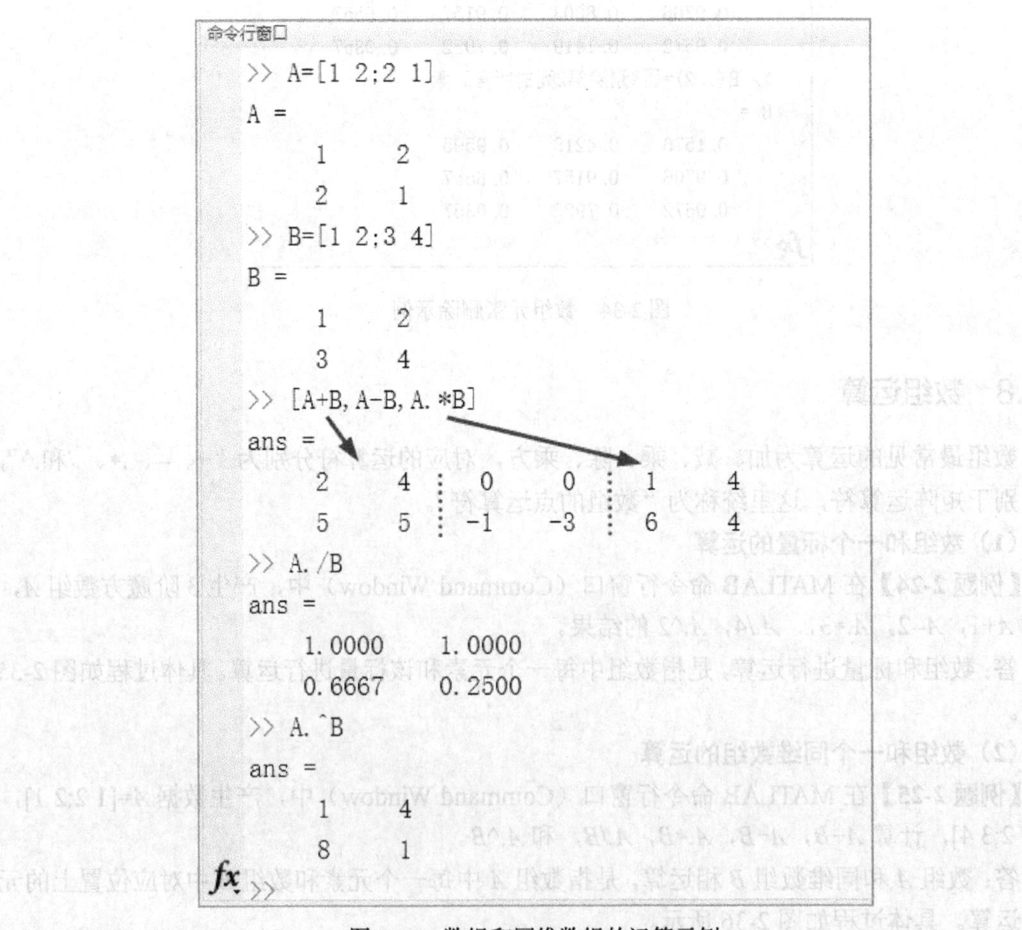

图 2-36　数组和同维数组的运算示例

2.5 矩阵

由于矩阵在形式上和数组并无两样，仅仅是遇到矩阵运算符的时候，相应的表达式要遵循线性代数中的运算规则。

2.5.1 特殊矩阵的创建

MATLAB 为用户提供了一些创建特殊矩阵的函数，常用的创建特殊矩阵的函数如下：

① ones %创建元素值全为 1 的矩阵

② eye %创建单位阵

③ zeros %创建元素值全为 0 的矩阵

④ rand %创建随机矩阵，随机数服从均匀分布

⑤ randn %创建随机矩阵，随机数服从正态分布

⑥ randi %创建随机矩阵，随机数为整数

⑦ magic %创建魔方阵

以上这些函数亦可以应用到“数组”概念上，只是这些概念在线性代数上的名称更深入人心，因而，相关概念以矩阵的面貌示人。

关于每个函数的更详细的用法，建议在命令行窗口运行文档帮助命令“doc”，例如，运行“>>doc eye”来查看有关单位阵 eye（Identity Matrix，“eye”同“I”的发音）函数的更详细的语法格式或示例。

2.5.2 矩阵运算

矩阵最常见的运算为加、减、乘、除、乘方，对应的运算符分别为“+、–、*、/和^”，为区别于数组运算符，这里统称为“矩阵运算符”。尤其是矩阵中的乘、除和乘方一定要遵循线性代数中的矩阵运算原则。

（1）矩阵和一个标量的运算

【例题 2-26】在 MATLAB 命令行窗口（Command Window）中，产生矩阵 *A*=[1 1 1;2 2 2;3 3 3]，计算 *A**2，*A*/2，*A*^2。

答：注意矩阵的乘方一定要满足线性代数中的运算规则，即矩阵为方阵。具体过程及结果如图 2-37 所示。

从图 2-37 中可以发现矩阵和标量的乘、除，都是矩阵的每个元素都乘以该标量、除以该标量。至于矩阵的乘方，则是新矩阵的每个元素等于原矩阵 *A* 的行中的每个元素与其列中元素对应相乘，并加和，即满足线性代数的运算要求。

（2）矩阵和矩阵的运算

【例题 2-27】在 MATLAB 命令行窗口（Command Window）中，产生矩阵 *A*=[1 1;2 2]，矩阵 *B*=[1 2;3 4]，计算 *A***B*，*A*/*B*，*B*^2，2^*A*。

答：注意矩阵和矩阵的乘法、除法、乘方一定要满足线性代数中的运算规则要求，对于

2^*A* 的具体运算中间环节，建议运行“>>doc mpower”查看详情。具体过程及结果如图 2-38 所示。

```
命令行窗口
>> A=[1 1 1;2 2 2;3 3 3]
A =
     1     1     1
     2     2     2
     3     3     3
>> A*2
ans =
     2     2     2
     4     4     4
     6     6     6
>> A/2
ans =
    0.5000    0.5000    0.5000
    1.0000    1.0000    1.0000
    1.5000    1.5000    1.5000
>> A^2
ans =
     6     6     6
    12    12    12
    18    18    18
fx >>
```

图 2-37 矩阵和标量的运算示例

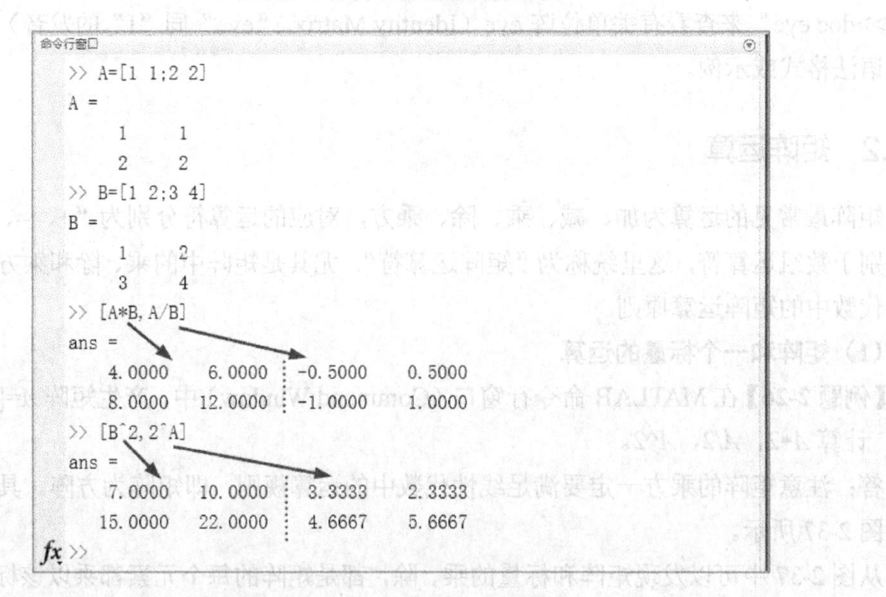

图 2-38 矩阵和矩阵的运算示例

2.6 课外延伸

在此推荐一些书籍或者资料。

① 访问 https://cn.mathworks.com/videos/working-with-arrays-in-matlab-101637.html，学习

视频材料 Working with Arrays in MATLAB。

② 访问 https://cn.mathworks.com/videos/working-with-time-series-data-in-matlab-81955.html，学习视频材料（选学）Working with Time Series Data in MATLAB。

③ 访问 https://cn.mathworks.com/videos/introducing-matlab-fundamental-classes-data-types-101503.html（MATLAB基本数据类型介绍视频）。

④ 请通过互联网搜索学习有关“原码、反码、补码”的知识。

2.7 习题

① 在命令行窗口（Command Window）命令提示符“>>”后面分别输入表达式 2+3，2−3，2*3，1/3，观察结果值的表达形式。然后在命令提示符“>>”后分别输入格式控制命令 format long，format rat，再分别输入上述表达式，依次观察结果表示形式的变化。

② 在命令行窗口（Command Window）命令提示符“>>”后面分别输入'a'，'A'，'A'−'a'，'a'+0;观察结果及其数据类型的变化，体验字符与其 ASCII 值之间的对应关系。

③ 在命令行窗口（Command Window）命令提示符“>>”后面分别输入 a=2，b=a*int8(2)，c=a*int16(2)，d=a*uint64(2)；观察结果及其数据类型的变化，体验数据类型的转换。（提示：整型只能与其同类型的数据或双精度 double 类型的标量进行运算）

④ 在命令行窗口（Command Window）的命令提示符“>>”后面分别输入以下命令：

```
>>A=magic(3)
>>B=A(end)
>>C=A(end,:)
>>D=A(:,end−1)
```

观察数据的变化，说明“end”的功能。

⑤ 设矩阵 A 为 5 阶范德蒙矩阵，使用 MATLAB 自带函数实现矩阵 A 的 90°旋转、上下翻转和左右翻转。

⑥ 设 A 为 4 阶魔方阵，使用 reshape 函数将其转换（变形）为一个 2×8 阶的矩阵。

⑦ 设 A=[1 2;3 4]，使用 repmat 函数将其变形为如下形状的数组：

1	2	1	2
3	4	3	4
1	2	1	2
3	4	3	4

⑧ 设 A=[1 2;3 4]，B 为 A 的转置，以 A 为实部，B 为虚部，使用 complex 函数创建复数矩阵 C，求 C 的转置 D 和共轭转置 E。

⑨ 设矩阵 A 为三阶魔方阵，分别对矩阵 A 进行以下操作。

a．求矩阵 *A* 的转置。b．求矩阵 *A* 的逆矩阵 *B*，并验证 *A*B* 是否为单位阵？c．求矩阵 *A* 的行列式。d．求矩阵 *A* 的迹及秩。e．求矩阵 *A* 的行最简形矩阵。

⑩ 在命令行窗口中创建元胞数组 *A*，创建过程如下：

```
>>A(1,1)={[1 2 3;4 5 6;7 8 9]}
>>A(1,2)={2+3i}
>>A(2,1)={'A String'}
>>A(2,2)={12:–2:0}
```

观察创建过程的结果及工作区中显示的变量的数据类型。

然后，运行以下命令观察结果的变化，体会元胞数组的访问方式的异同。

```
>>temp=A(1,1)%圆括号返回的是元胞类型
>>class(temp)%求变量 temp 的数据类型
>>temp2=A{1,1}
>>%花括号返回的是元胞（容器）中的数据，这里是 3×3 的数值数组
>>class(temp2)%对比 temp 和 temp2 的数据类型
>>temp3=A{1,1}(2,3)
>>%A{1,1}返回的是数值数组（假设为 B），A{1,1}(2,3)其实相当于 B(2,3)
```

⑪ 设矩阵 *A*=[2 –1;–2 –4]，矩阵 *B*=[0 –3;0 –5]，矩阵 *C*=[1;3]，矩阵 *D*=eye(2)。计算下列表达式：

a．3**A*。b．*A*+*B*。c．*A***D*。d．*A***C*。e．*A*/*B*。f．*A*./*B*。g．*A*.^*B*。

第3章 MATLAB绘图

一图胜千言。

——中国谚语

MATLAB 提供了非常多的绘图函数，包括二维绘图、三维绘图以及特殊图形绘制的函数，借助系统自带的函数可以非常方便地对相关数据可视化。

3.1 二维图形绘制

二维图形是最常见的图形形式，MATLAB 提供了大量二维图形绘图函数。

3.1.1 基本绘图函数

二维绘图函数中，最常用的就是二维曲线绘制函数“plot”，该函数有多种表示形式，常用函数形式的语法格式如下：

① plot(X,Y)

② plot(X,Y,LineSpec)

③ plot(X1,Y1,...,Xn,Yn)

④ plot(X1,Y1,LineSpec1,...,Xn,Yn,LineSpecn)

⑤ plot(Y)

⑥ plot(Y,LineSpec)

⑦ plot(___,Name,Value)

其中，Name 表示字段属性名，Value 表示对应的值，它们需要成对出现；变量 X、Y、X1、Y1、Xn、Yn 表示为绘制图形准备的数据，且这些变量可以是标量、向量、矩阵形式；而变量 LineSpec（Line Specification）表示图形的线型、符号和颜色标记形式，且以字符串的形式表示。其中，线型（Line Style）取值情况如表 3-1 所示，标记符号（Marker Symbol）取值情况如表 3-2 所示，颜色（Color）取值情况如表 3-3 所示。

表 3-1 线型

Specifier（符号）	Line Style（线型）	线型名称	备注
-	Solid line（default）	实线（缺省值）	一个短划线
--	Dashed line	虚线	连续的两个短划线
:	Dotted line	点线	冒号
-.	Dash-dot line	点划线	

注：所谓“缺省值”就是不显示指明相关符号时，MATLAB 系统自动使用的符号。

表 3-2 标记符号

Specifier（符号）	Marker（标记）	标 记 名 称	备 注
o	Circle	圆圈	字母 o 表示
+	Plus sign	加号	
*	Asterisk	星号	
.	Point	点	
x	Cross	叉号	字母 x 表示
s	Square	正方形	也可用'square'
d	Diamond	菱形	也可用'diamond'
^	Upward-pointing triangle	向上三角形	
v	Downward-pointing triangle	向下三角形	字母 v 表示
>	Right-pointing triangle	向右三角形	
<	Left-pointing triangle	向左三角形	
p	Pentagram	五角星	
h	Hexagram	六角星	
'none '		没有符号	缺省值，用在“名-值”对参数形式中

注：字符's'、'd'、'p'、'h'也可用对应的英文全称替换。

表 3-3 颜色

Specifier（符号）	Color（颜色）	颜 色	备 注
y	yellow	黄色	
m	magenta	洋红	
c	cyan	青色	
r	red	红色	
g	green	绿色	
b	blue	蓝色	缺省值
w	white	白色	
k	black	黑色	

【例题 3-1】在 MATLAB 命令行窗口（Command Window）中，用 linspace 函数在区间 $[0, 2\pi]$产生 200 个点，然后绘制 $y = \sin(x)$ 的图形，x 表示 linspace 函数产生的向量。

答：绘制正弦函数（sine）图形，需要先产生一系列点 x，然后根据正弦函数表达式计算其因变量 y 值，由 x 和 y 对应的值绘制该函数图形。函数曲线的光滑程度，取决于点的多少。具体过程及结果如图 3-1 所示。

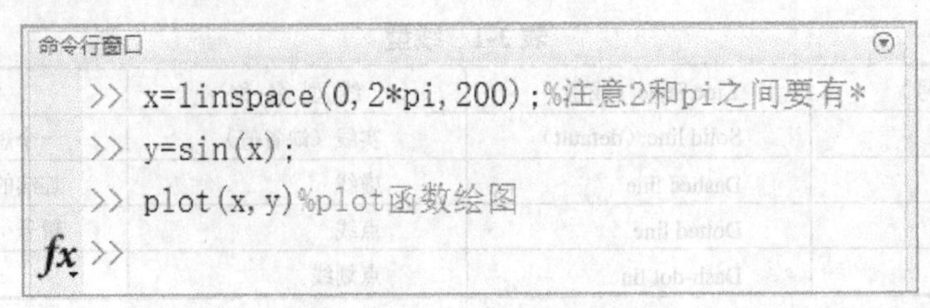

(a)

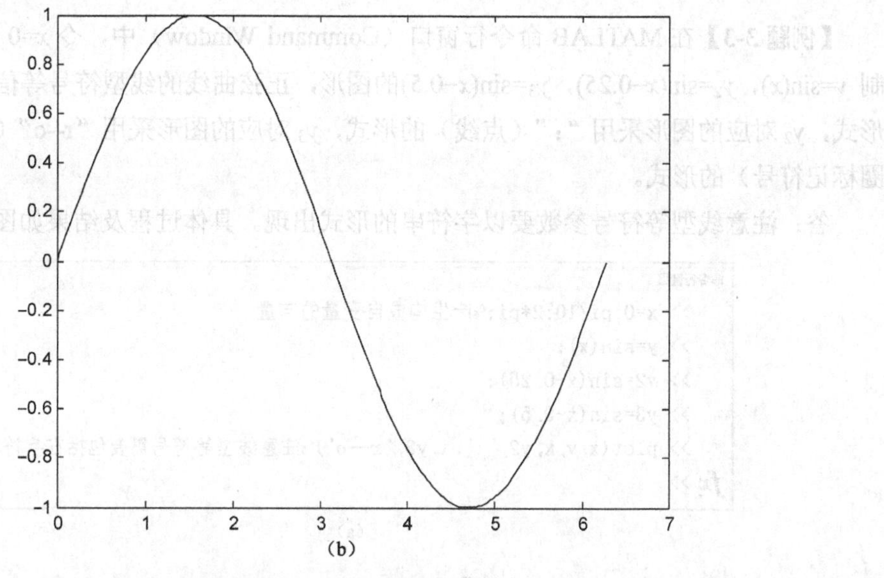

(b)

图3-1 正弦函数图形

【例题3-2】在MATLAB命令行窗口（Command Window）中，同时绘制正弦、余弦函数在区间[0,2π]上的图形。

答：利用“linspace”函数产生自变量x的向量，然后根据相应函数表达式计算因变量。在此基础上进行函数绘图。具体过程及结果如图3-2所示。

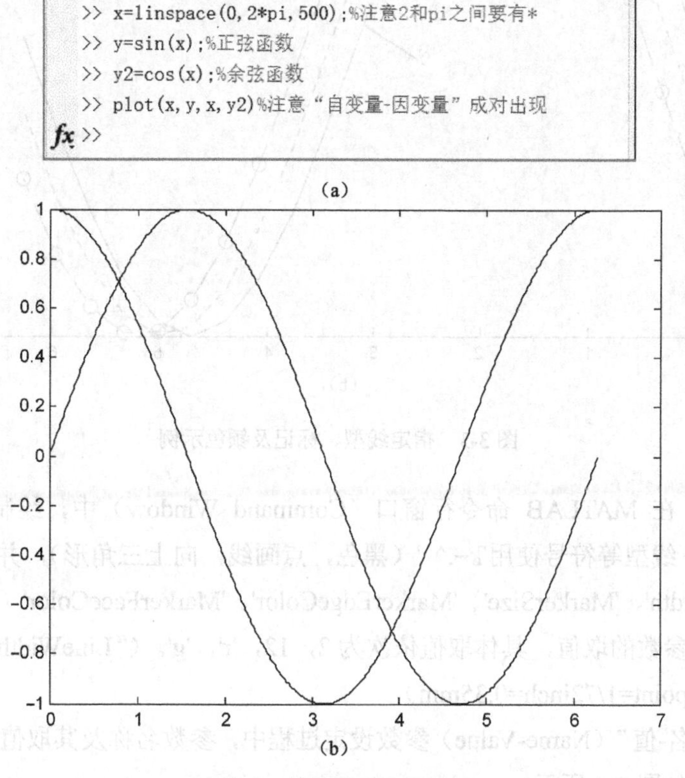

(b)

图3-2 绘制多条曲线示例

【例题 3-3】在 MATLAB 命令行窗口（Command Window）中，令 x=0：pi/10：2*pi，绘制 y=sin(x)，y_2=sin(x−0.25)，y_3=sin(x−0.5)的图形，正弦曲线的线型符号等信息采用系统默认形式，y_2 对应的图形采用“:”（点线）的形式，y_3 对应的图形采用“r--o”（红色，虚线，圆圈标记符号）的形式。

答：注意线型等符号参数要以字符串的形式出现。具体过程及结果如图 3-3 所示。

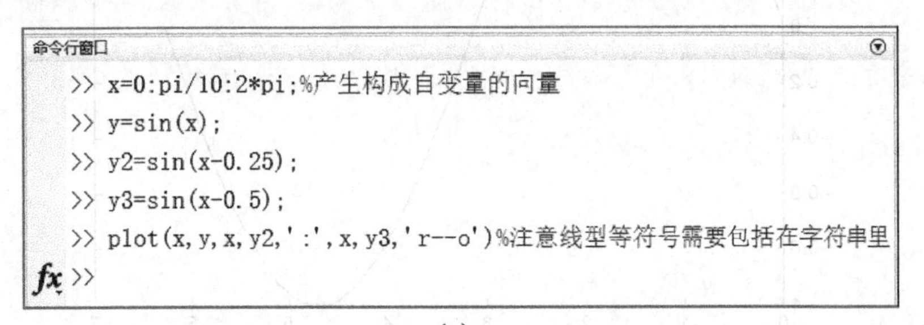

(a)

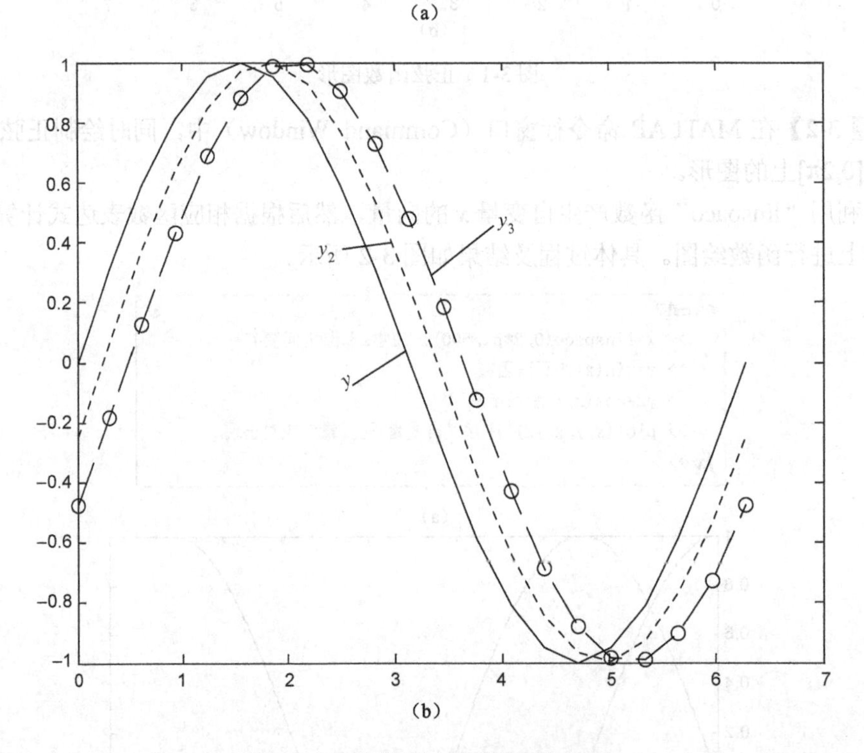

(b)

图 3-3 指定线型、标记及颜色示例

【例题 3-4】在 MATLAB 命令行窗口（Command Window）中，绘制正弦曲线在区间[0,2π]上的图形，线型等符号使用'k–.^ '（黑色，点画线，向上三角形），并通过“名-值”对形式指定'LineWidth'、'MarkerSize'、'MarkerEdgeColor'、'MarkerFaceColor'（PascalCase，帕斯卡命名法）几个参数的取值，具体取值依次为 2，12，'r'，'g'。（“LineWidth”、“MarkerSize”的单位为 point,1point=1/72inch=0.35mm）

答：注意“名-值”（Name-Value）参数设定过程中，参数名称及其取值一定要成对出现。具体过程及结果如图 3-4 所示。

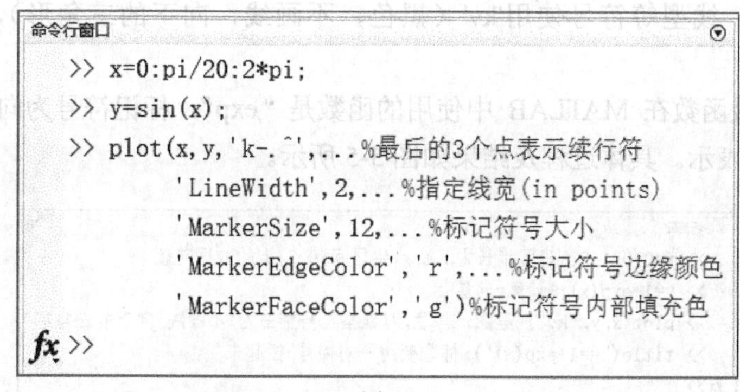

(a)

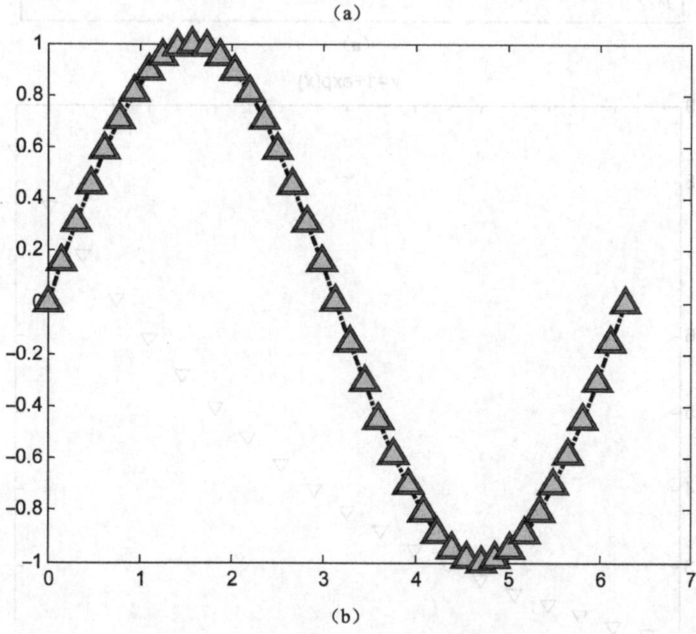

(b)

图 3-4 参数“名-值”对形式使用示例

3.1.2 图形标注

为了进一步美化 MATLAB 所绘图形，可以对其添加标题、坐标轴标签、图例、注释等信息。

（1）添加标题（title）

在 MATLAB 中，添加标题可以使用“title”函数，其语法格式如下：

```
title(str)
title(str,Name,Value)
```

其中，“str”表示有待在标题中显示的字符串，“Name”表示标题中涉及的属性名称，Value 为对应该名称的值，“Name-Value”需要成对出现。

【例题 3-5】在 MATLAB 命令行窗口（Command Window）中，绘制函数 $y=1+e^x$ 在区

间[0,2]上的图形。线型等符号使用'kv'（黑色，不画线，向下的三角形），并显示标题为“y=1+exp(x)”。

答：注意指数函数在 MATLAB 中使用的函数是“exp”，标记符号为向下的三角形，需要使用字母“v”表示。具体过程及结果如图 3-5 所示。

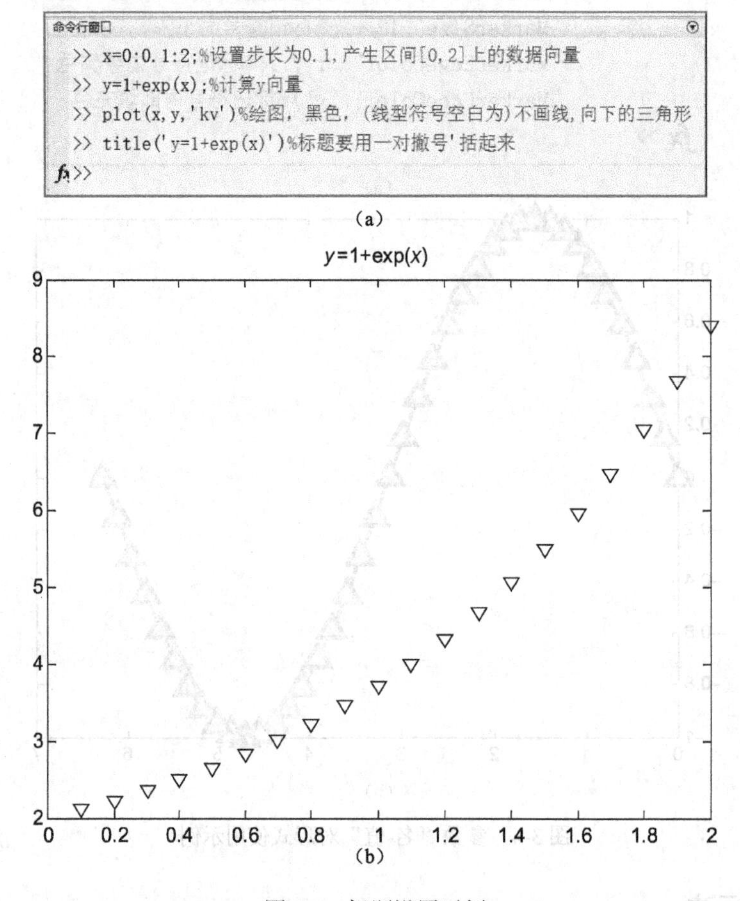

图 3-5　标题设置示例

【例题 3-6】在 MATLAB 命令行窗口（Command Window）中，绘制正弦曲线在区间[0,4π]上的图形，线型等符号使用'm-s'（洋红色，实线，正方形），并显示标题为“*y*=sin(*x*)”，且标题字体颜色（“Color”属性名）为红色（“red”为颜色属性取值）。

答：注意选用合适的“title”函数形式。这里使用带有三参数的“title”函数。具体过程及结果如图 3-6 所示。

```
命令行窗口
>> x=linspace(0,4*pi,100);%用linsapce函数在[0,4*pi]上产生100个点
>> y=sin(x);
>> plot(x,y,'m-s')%绘制函数图形
>> title('y=sin(x)','Color','red')%设置标题，并修改字体为红色
fx >>
```

（a）

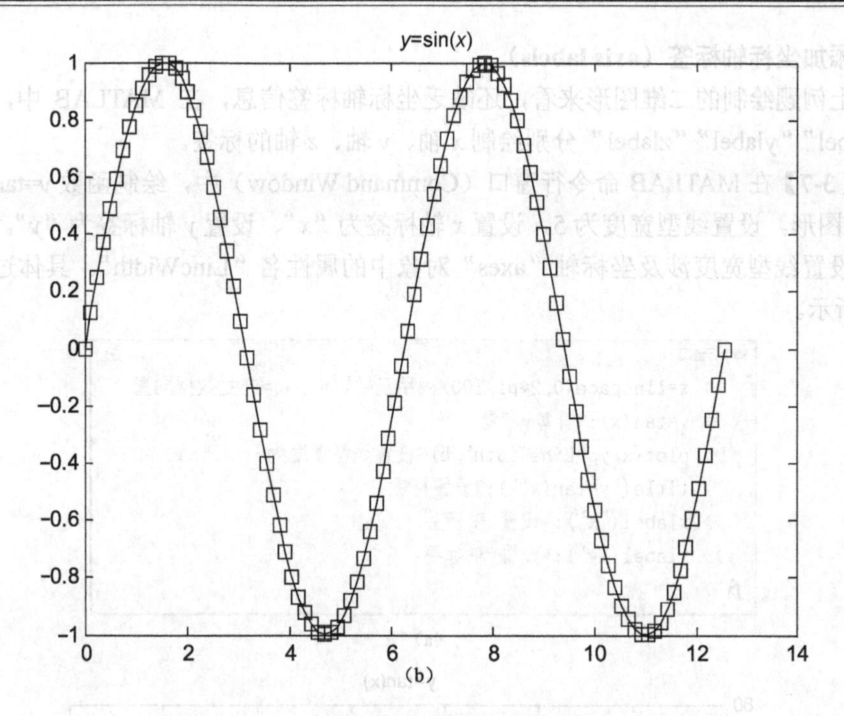

图 3-6　设置标题及其属性信息示例

此外，为了获取标题有哪些属性，需要先在“坐标轴（axes）”对象的基础上获取标题（title）对象的句柄（handle），然后在相应句柄对象的基础上，获取其属性名称列表。具体过程及结果如图 3-7 所示。

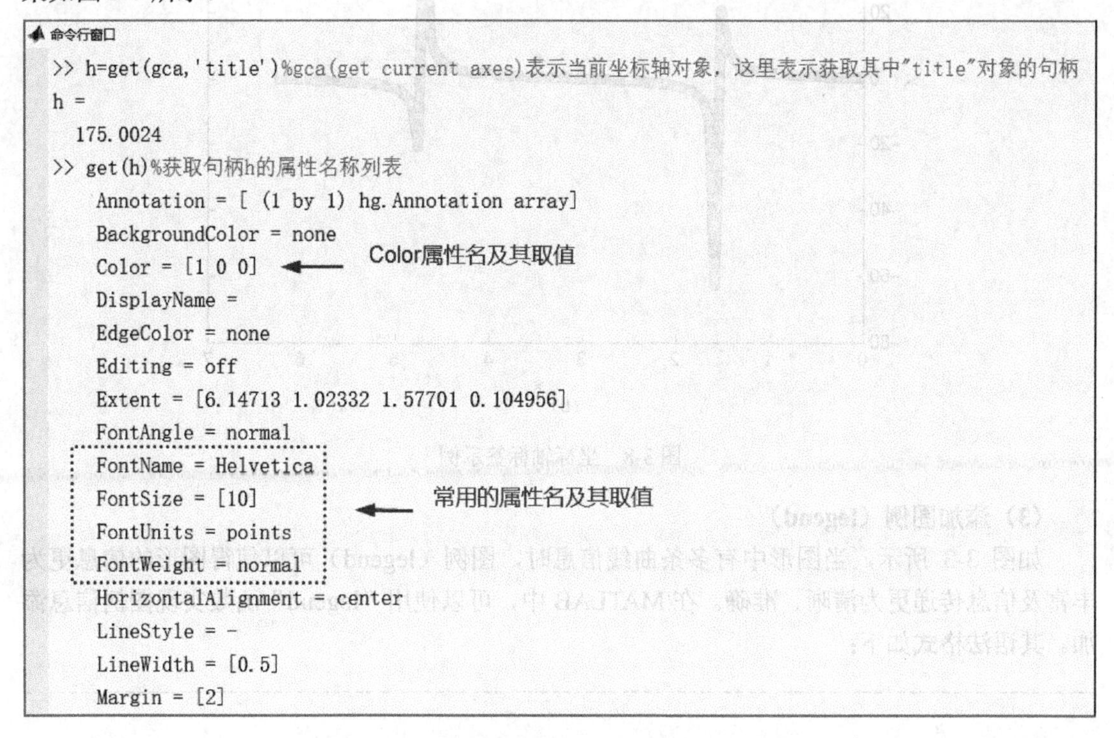

图 3-7　“获取句柄及其属性名称等信息”示例

（2）添加坐标轴标签（axis labels）

从以上例题绘制的二维图形来看，还缺乏坐标轴标签信息，在 MATLAB 中，可以使用函数“xlabel”“ylabel”“zlabel”分别绘制 *x* 轴、*y* 轴、*z* 轴的标签。

【例题 3-7】在 MATLAB 命令行窗口（Command Window）中，绘制函数 *y*=tan(*x*)在区间[0,2π]上的图形，设置线型宽度为 5，设置 *x* 轴标签为“*x*”、设置 *y* 轴标签为“*y*”。

答：设置线型宽度涉及坐标轴“axes”对象中的属性名“LineWidth”。具体过程及结果如图 3-8 所示。

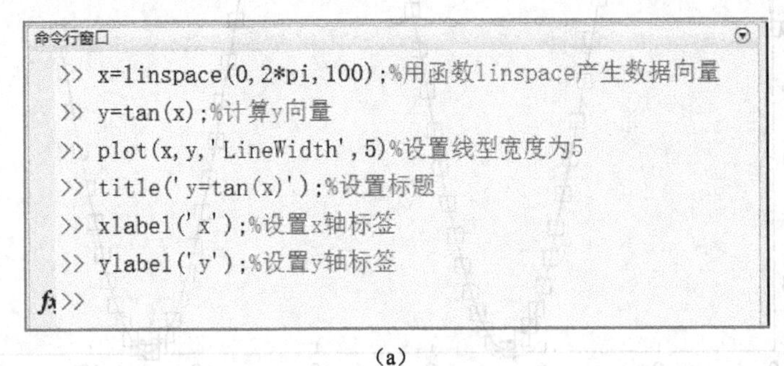

（a）

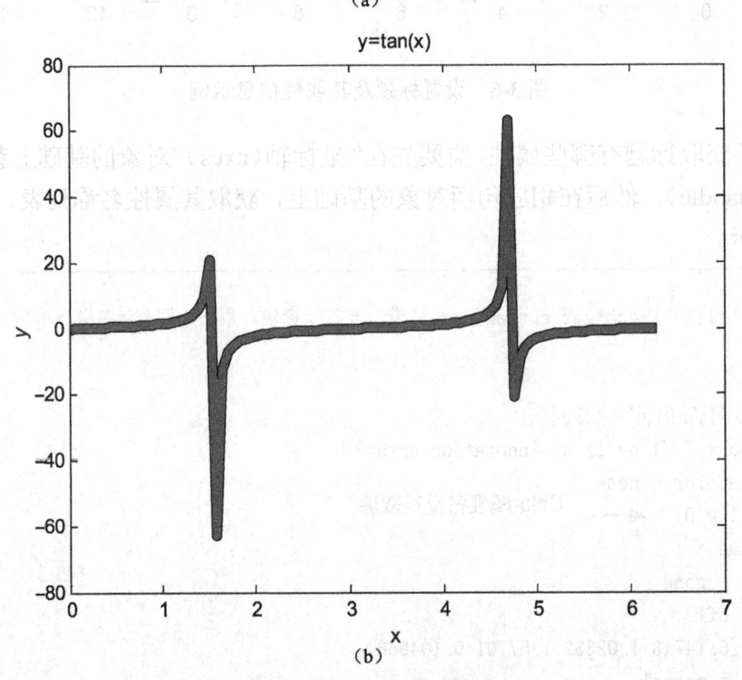

（b）

图 3-8　坐标轴标签示例

（3）添加图例（legend）

如图 3-3 所示，当图形中有多条曲线信息时，图例（legend）可以使得图形的信息更为丰富及信息传递更为清晰、准确。在 MATLAB 中，可以使用“legend”函数实现图例信息添加。其语法格式如下：

```
legend('string1','string2',...)
```

其中，“string”表示绘制的图形的图例名称，绘制的第一条曲线（或别的图形），名称用“string1”表示，绘制的第二条曲线用“string2”表示，依此类推。

【例题 3-8】 在 MATLAB 命令行窗口（Command Window）中，绘制正弦函数、余弦函数在区间[0,2π]上的图形，正弦函数的线型等符号使用'b-s '（蓝色，实线，正方形），正弦函数的线型等符号使用'k-.d '（蓝色，点划线，菱形），设置标题为“三角函数曲线”，*x* 轴标签为“*x*”，*y* 轴标签为“*y*”，并设置两条函数曲线的图例名称为“sin(*x*)”和“cos(*x*)”。

答：注意 legend 函数中的参数为字符串形式，且参数字符串的顺序一定要和图形绘制的先后顺序一致，以免图例信息张冠李戴。具体过程及结果如图 3-9 所示。

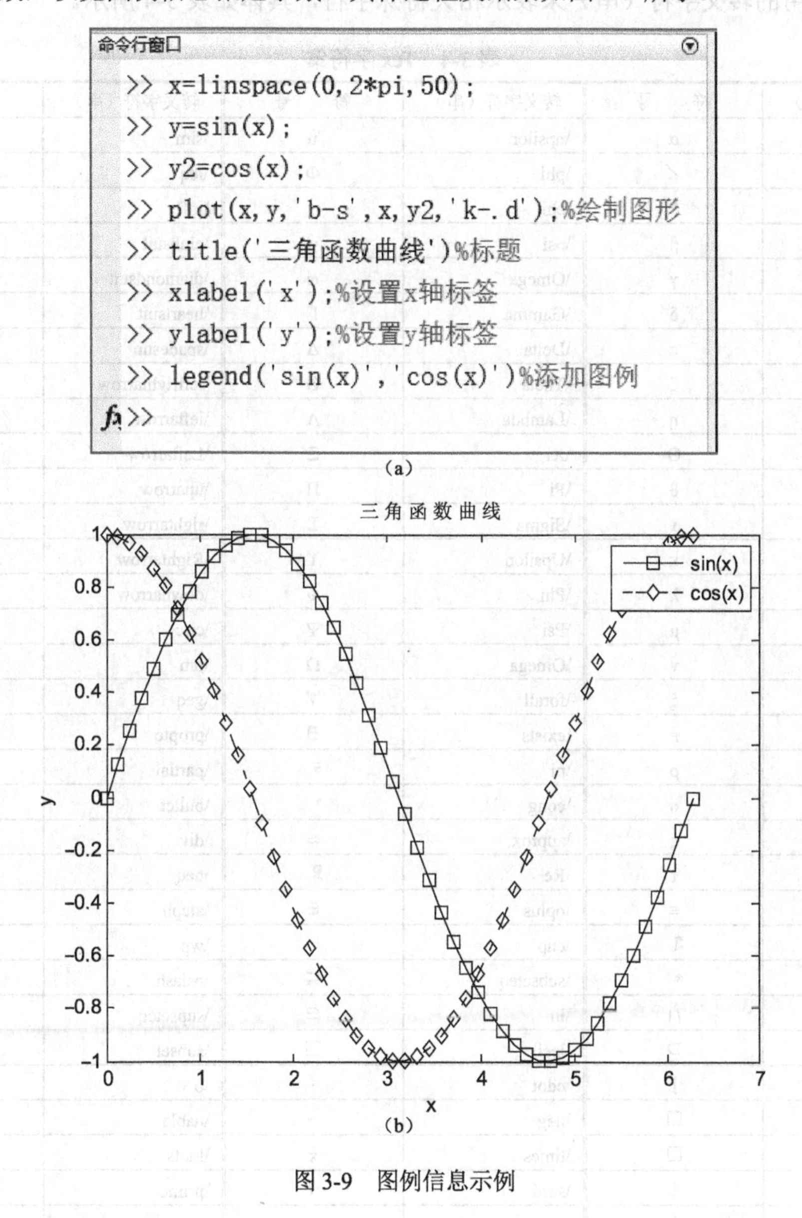

图 3-9 图例信息示例

（4）注释（annotation）

MATLAB 为了清晰、准确地传递图形信息，提供了注释功能，可以实现文本、箭头、带箭头的文本等注释功能。其中，最常用的当数文本函数“text”的文本注释功能。其语法格式如下：

```
text(x,y,'string')
```

其中，“x”“y”表示字符串“string”将要显示的位置坐标。

此外，当需要在图形中添加包含有希腊字母、数学符号的公式等内容时，MATLAB 还提供了一些有用的转义字符（串）来表示相关特殊字符，具体如表 3-4 所示。

表 3-4 Tex 字符集

转义字符（串）	符　号	转义字符（串）	符　号	转义字符（串）	符　号
\alpha	α	\upsilon	υ	\sim	~
\angle	∠	\phi	Φ	\leq	⩽
\ast	*	\chi	χ	\infty	∞
\beta	β	\psi	ψ	\clubsuit	♣
\gamma	γ	\Omega	ω	\diamondsuit	♦
\delta	δ	\Gamma	Γ	\heartsuit	♥
\epsilon	ε	\Delta	Δ	\spadesuit	♠
\zeta	ζ	\Theta	Θ	\leftrightarrow	↔
\eta	η	\Lambda	Λ	\leftarrow	←
\theta	Θ	\Xi	Ξ	\Leftarrow	⇐
\vartheta	ϑ	\Pi	Π	\uparrow	↑
\iota	ι	\Sigma	Σ	\rightarrow	→
\kappa	κ	\Upsilon	ϒ	\Rightarrow	⇒
\lambda	λ	\Phi	Φ	\downarrow	↓
\mu	μ	\Psi	Ψ	\circ	°
\nu	ν	\Omega	Ω	\pm	±
\xi	ξ	\forall	∀	\geq	≥
\pi	π	\exists	∃	\propto	∝
\rho	ρ	\ni	∍	\partial	∂
\sigma	σ	\cong	≅	\bullet	•
\varsigma	ς	\approx	≈	\div	÷
\tau	τ	\Re	ℜ	\neq	≠
\equiv	≡	\oplus	⊕	\aleph	ℵ
\Im	ℑ	\cup	∪	\wp	℘
\otimes	⊗	\subseteq	⊆	\oslash	⊘
\cap	∩	\in	∈	\supseteq	⊇
\supset	⊃	\lceil	□	\subset	⊂
\int	∫	\cdot	·	\o	ο
\rfloor	□	\neg	¬	\nabla	∇
\lfloor	□	\times	x	\ldots	...
\perp	⊥	\surd	√	\prime	′
\wedge	∧	\varpi	ϖ	\0	∅
\rceil	□	\rangle	〉	\mid	|
\vee	∨			\copyright	©
\langle	〈				

【例题 3-9】在 MATLAB 命令行窗口（Command Window）中，绘制函数 $y=\cos\beta$ 在区间[0,4π]上的图形，设置 x 轴标签为“β”，y 轴标签为“y”，标题为“$y=\cos\beta$”，并在图形中（2π−1,0）处注释文本及箭头信息“←cos(β)”。

答：注意特殊字符“β”“←”要使用转义字符串表示。具体过程及结果如图 3-10 所示。

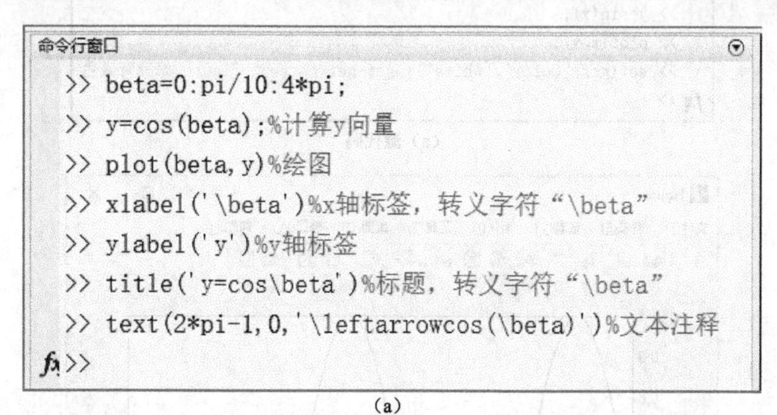

（a）

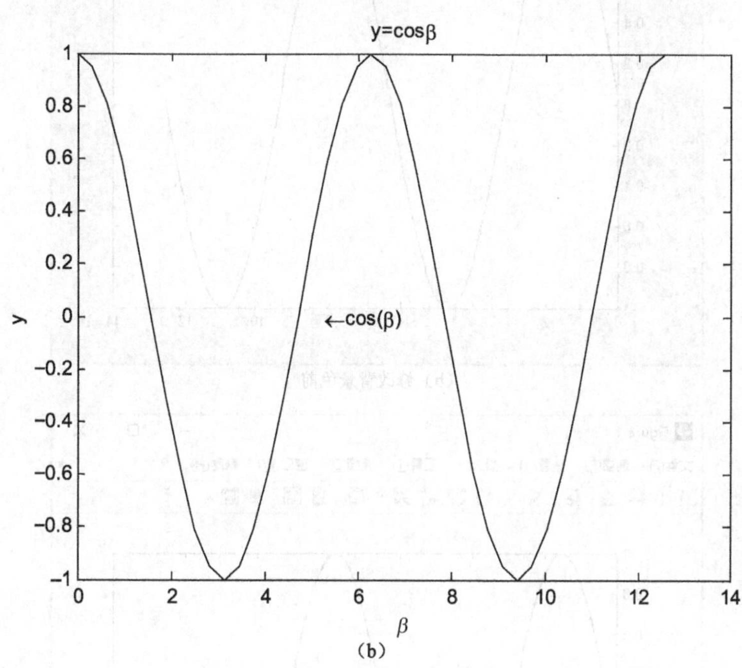

（b）

图 3-10　文本注释示例

3.1.3　图形控制命令

为了通过图形更好地展示信息，MATLAB 提供了一些函数来控制图形的显示方式。

（1）修改背景

为了使得图形显示更清晰，使得背景色和图形颜色对比更明显。常常通过 set 函数修改当前图形（current figure）的（背景）颜色属性取值。

【例题 3-10】在 MATLAB 命令行窗口（Command Window）中，输入命令绘制正弦函数在区间[0,4π]上的图形，并修改背景色为白色。

答：获取当前图形的句柄可以通过函数“gcf”来实现。然后通过“set”函数修改当前图形的颜色为白色。具体过程及结果如图 3-11 所示。

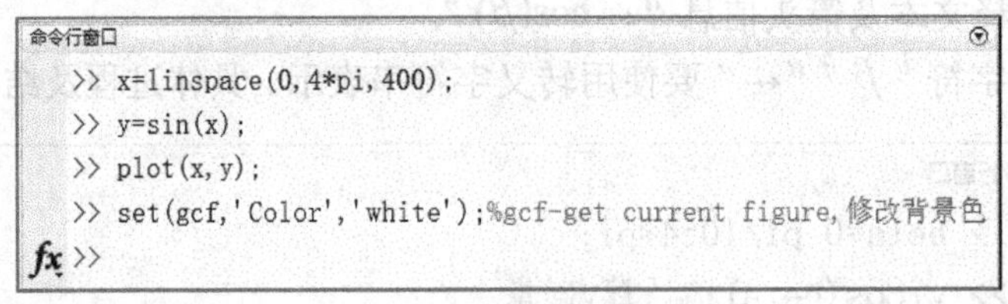

（a）源代码

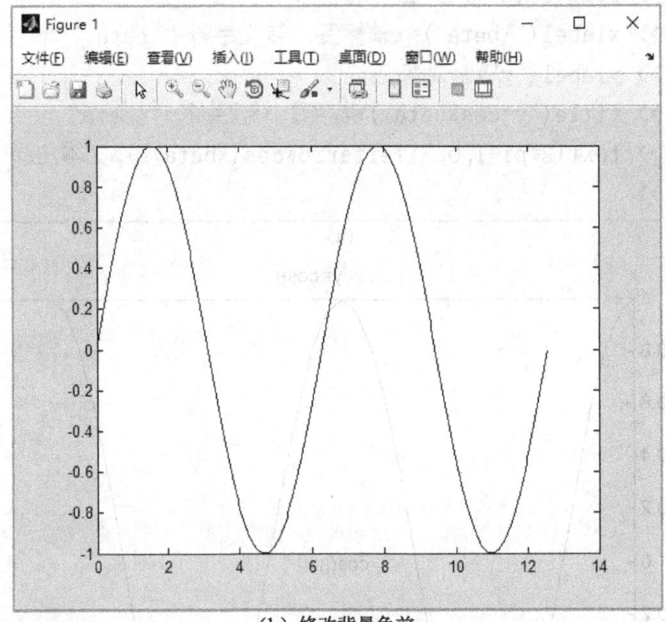

（b）修改背景色前

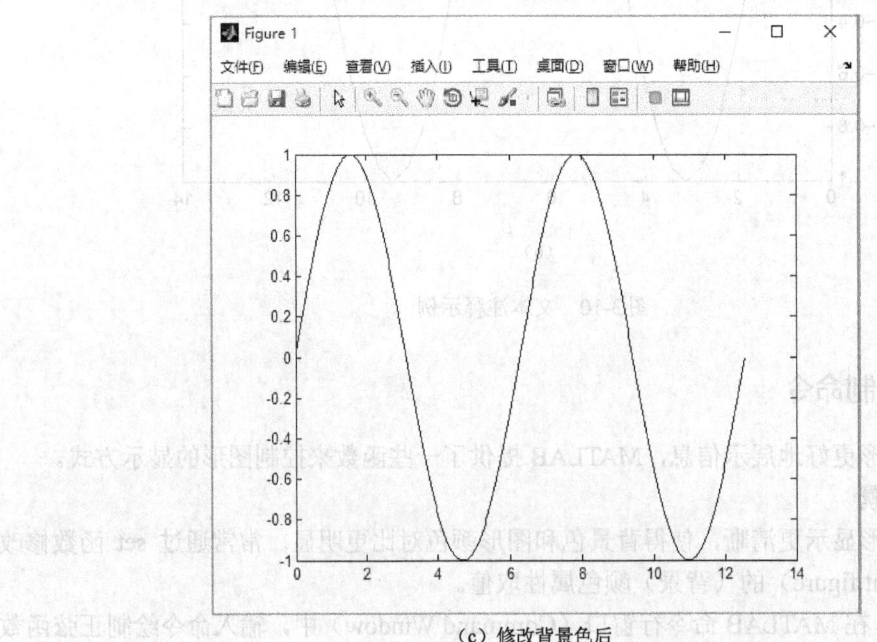

（c）修改背景色后

图 3-11　修改图形背景色

（2）坐标轴控制

另一个常用的图形控制功能就是坐标轴控制，在MATLAB中可以使用axis函数控制坐标轴的特性。下面是一些常用的形式。

① axis（[xmin xmax ymin ymax]）%设置x轴、y轴的显示范围

② axis auto %恢复默认设置

③ axis manual %冻结当前范围设置，使得后续在hold on状态下的绘图满足当前设置

④ axis tight %以图形中数据的范围为x轴、y轴的显示范围

⑤ axis fill%在manual方式下起作用，使坐标充满整个绘图区

⑥ axis ij%坐标系中的坐标原点在左上角

⑦ axis xy%坐标系中的坐标原点在左下角（缺省）

⑧ axis equal%x轴、y轴刻度比例相同

⑨ axis square%使绘图区域为正方形（三维情形为立方形）

⑩ axis normal%自动调整坐标轴比例和数据单位的相对缩放，使得图适合图形形状

⑪ axis off%取消坐标轴显示

⑫ axis on%恢复坐标轴显示

⑬ xlim%控制x轴显示范围

⑭ ylim%控制y轴显示范围

【例题3-11】在MATLAB命令行窗口（Command Window）中，输入命令绘制正弦函数在[0,π]上的图形，控制x轴的显示范围为[0,π]。

答：可以使用函数“axis([xmin xmax ymin ymax])”来实现坐标轴控制调整，也可以使用函数“xlim”来实现。具体过程及结果如图3-12所示。

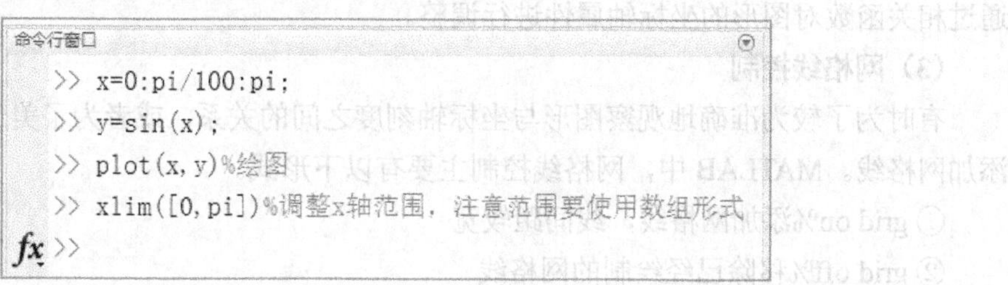

(a)

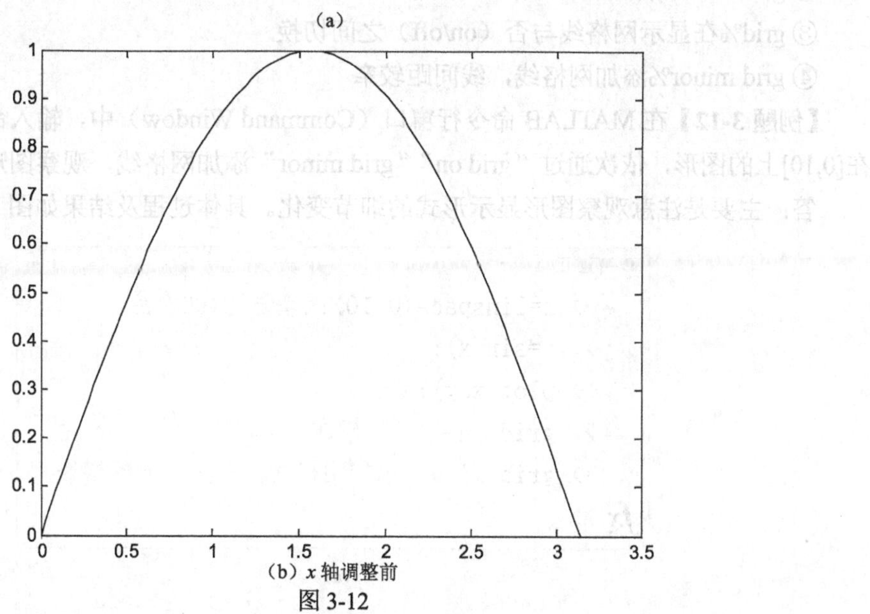

(b) x轴调整前

图3-12

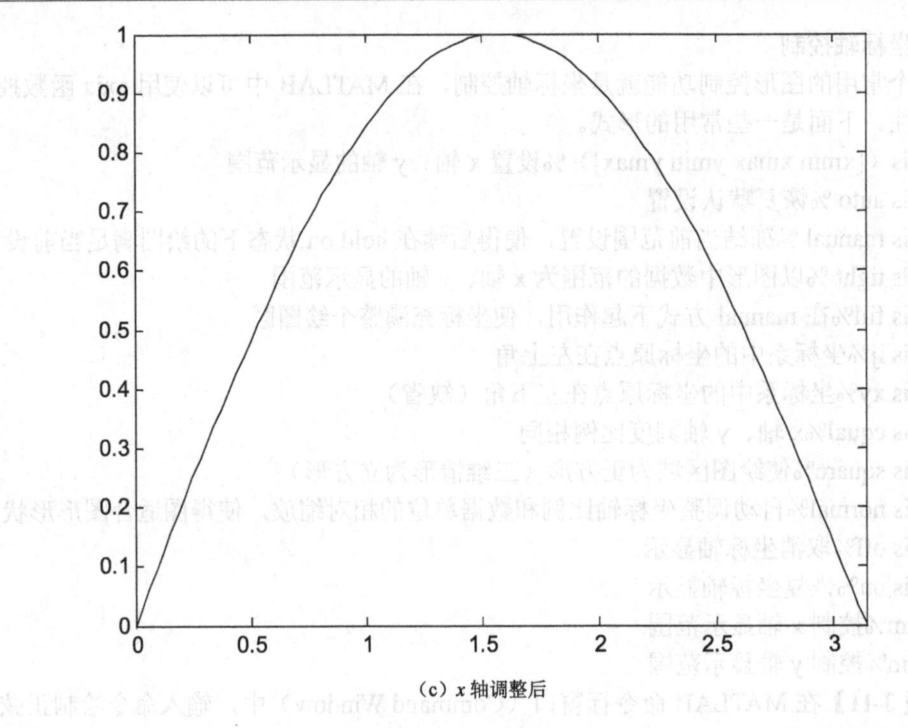

（c）x 轴调整后

图 3-12 坐标轴控制示例

从图 3-12 可以看出，子图（c）比子图（b）更匀称。为了使得图形显示更为美观，可以通过相关函数对图形的坐标轴属性进行调整。

（3）网格线控制

有时为了较为准确地观察图形与坐标轴刻度之间的关系，或者为了美化图形显示，需要添加网格线。MATLAB 中，网格线控制主要有以下形式。

① grid on%添加网格线，线间距较宽

② grid off%移除已经绘制的网格线

③ grid%在显示网格线与否（on/off）之间切换

④ grid minor%添加网格线，线间距较窄

【例题 3-12】在 MATLAB 命令行窗口（Command Window）中，输入命令绘制正弦函数在[0,10]上的图形，依次通过“grid on”“grid minor”添加网格线，观察图形前后的变化。

答：主要是注意观察图形显示形式的细节变化。具体过程及结果如图 3-13 所示。

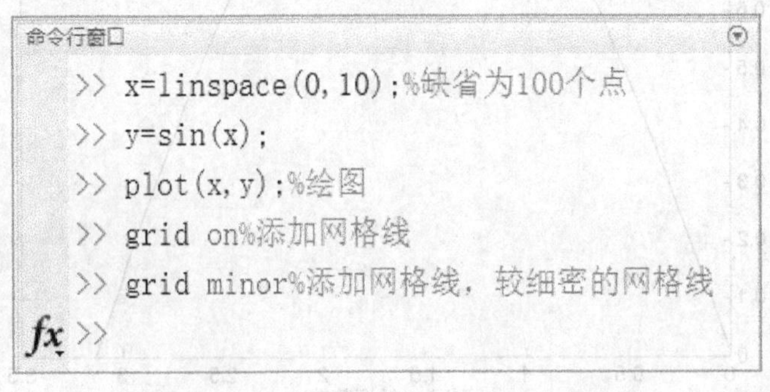

（a）

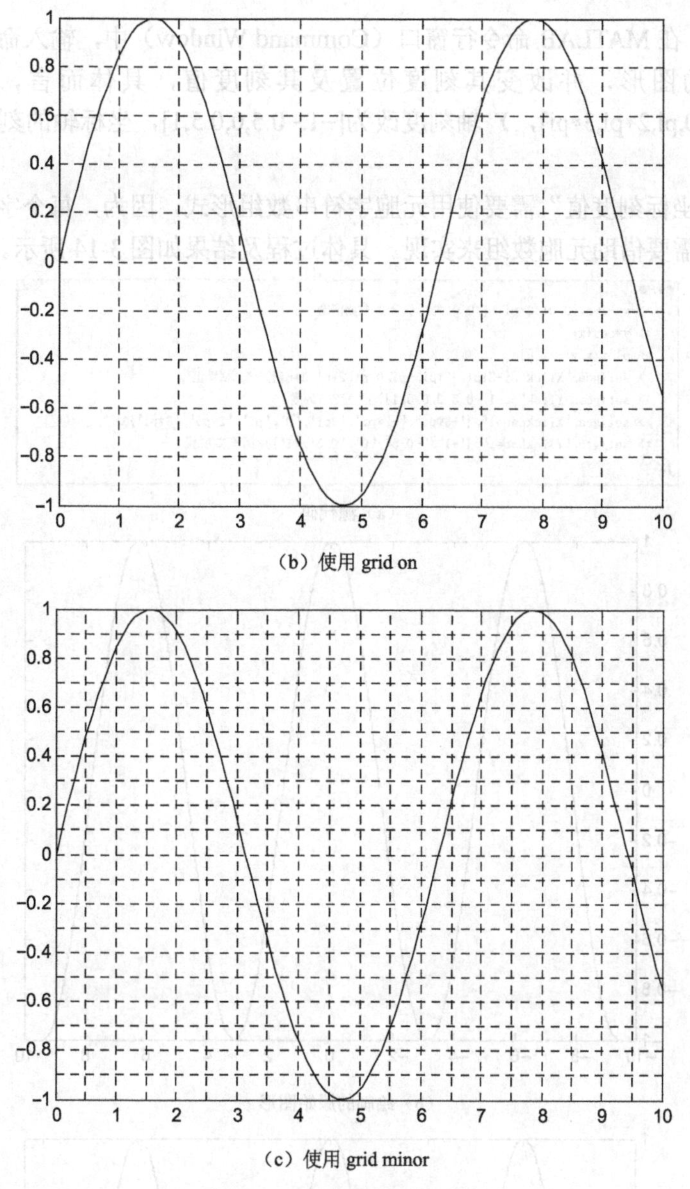

（b）使用 grid on

（c）使用 grid minor

图 3-13 “添加网格线”示例

（4）边框线控制

图形中的边框线控制主要指图形的右上半部分的边框是否显示刻度信息。在 MATLAB 中主要通过以下函数实现。

① box on　　%显示边框

② box off　　%取消边框

（5）改变坐标轴刻度及其刻度值

在 MATLAB 绘图过程中，系统会自动根据数据范围选择刻度，并使用相关数据自动标识刻度值。有时，为了更为直观显示结果及向用户传达更为直接的信息，需要进一步修改坐标轴对象（axes）中的属性：“XTick”“YTick”“XTickLabel”“YTickLabel”，这些属性分别表示 X 轴刻度、Y 轴刻度、X 轴刻度值、Y 轴刻度值。此外，用户修改刻度的过程中，这些刻度位置不必等间隔划分。

【例题 3-13】在 MATLAB 命令行窗口（Command Window）中，输入命令绘制余弦函数在[−3π, 3π]上的图形，并改变其刻度位置及其刻度值，具体而言，*X* 轴刻度改为[−3*pi,−2*pi,−pi,0,pi,2*pi,3*pi]，*Y* 轴刻度改为[−1,−0.5,0,0.5,1]，坐标轴的刻度值取其刻度位置对应的数值。

答：注意“坐标刻度值”需要使用元胞字符串数组形式，因为，每个字符串（数组）的长度不一致，故需要借助元胞数组来实现。具体过程及结果如图 3-14 所示。

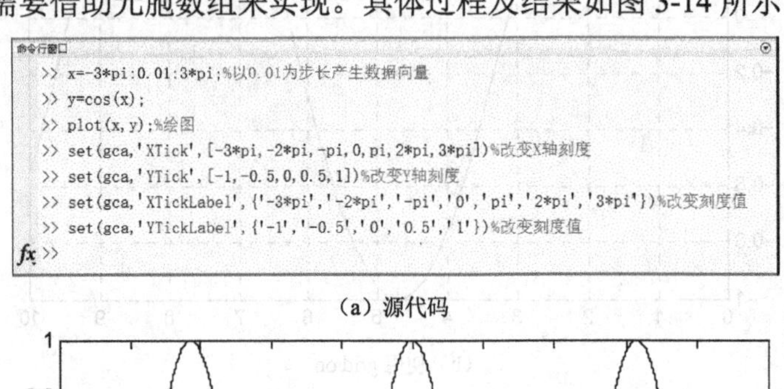


```
>> x=-3*pi:0.01:3*pi;%以0.01为步长产生数据向量
>> y=cos(x);
>> plot(x,y);%绘图
>> set(gca,'XTick',[-3*pi,-2*pi,-pi,0,pi,2*pi,3*pi])%改变X轴刻度
>> set(gca,'YTick',[-1,-0.5,0,0.5,1])%改变Y轴刻度
>> set(gca,'XTickLabel',{'-3*pi','-2*pi','-pi','0','pi','2*pi','3*pi'})%改变刻度值
>> set(gca,'YTickLabel',{'-1','-0.5','0','0.5','1'})%改变刻度值
fx >>
```

（a）源代码

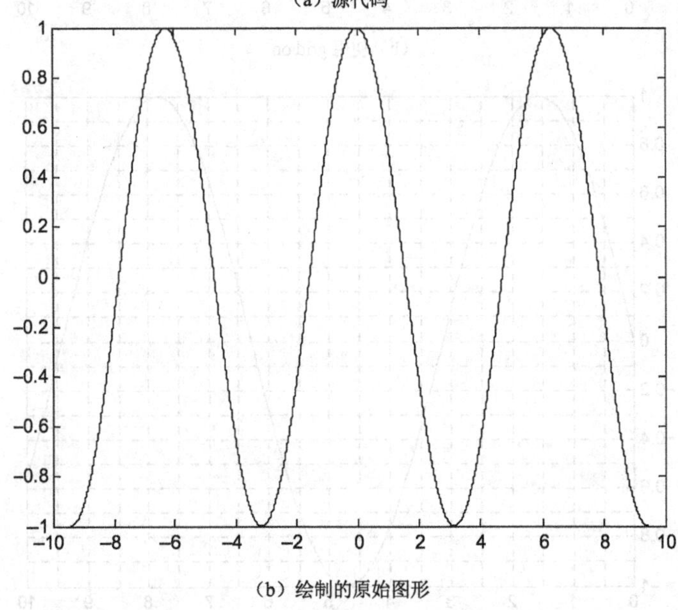

（b）绘制的原始图形

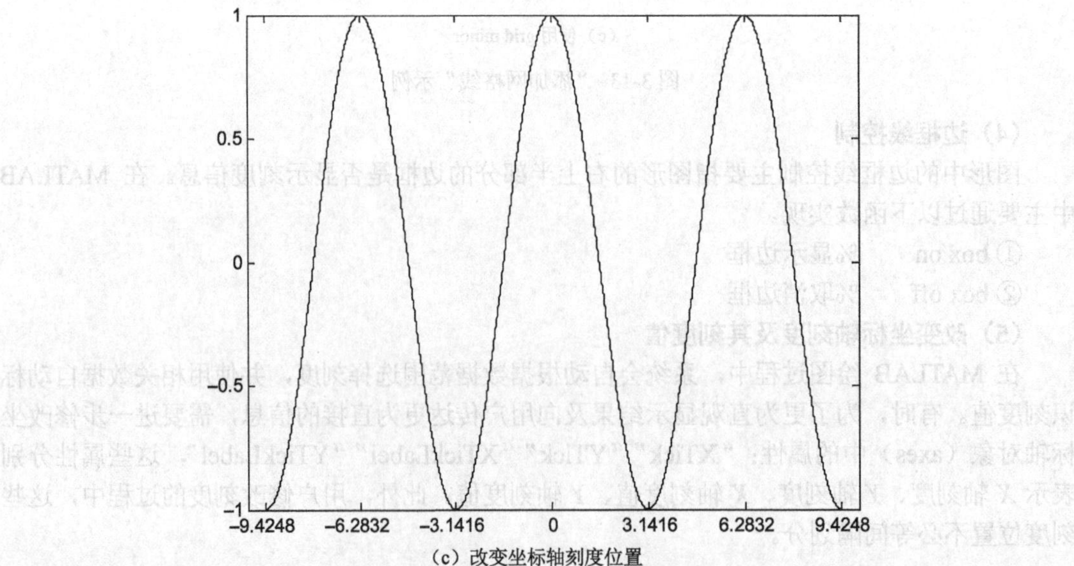

（c）改变坐标轴刻度位置

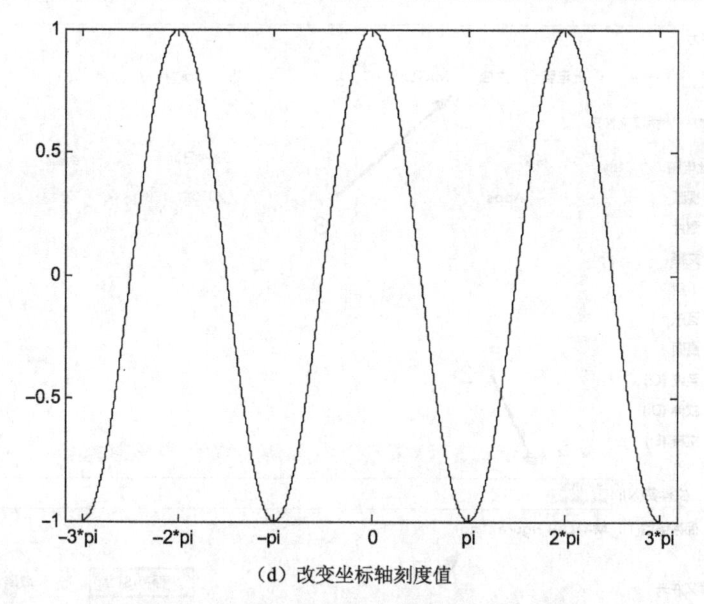

（d）改变坐标轴刻度值

图 3-14 “改变刻度位置及其刻度值”示例

3.1.4 图形保存与打开

为了重复使用图形文件，需要将图形保存为 fig 文件，点击图形窗口中的“文件”->“另存为”下拉菜单命令，将所绘图形保存为“*.fig”文件。具体过程如图 3-15 所示。

从图 3-15 的子图（b）的箭头 1 处可以看到文件格式默认为“*.fig”，在箭头 2 处可以为图形文件取一个见名之意的名字，在箭头 3 处可以修改图形文件的保存路径。

此外，在图 3-15 的子图（b）的箭头 2 处可以单击下拉列表框，选择其他文件类型，诸如可以保存为 eps、jpg、png 等格式文件。

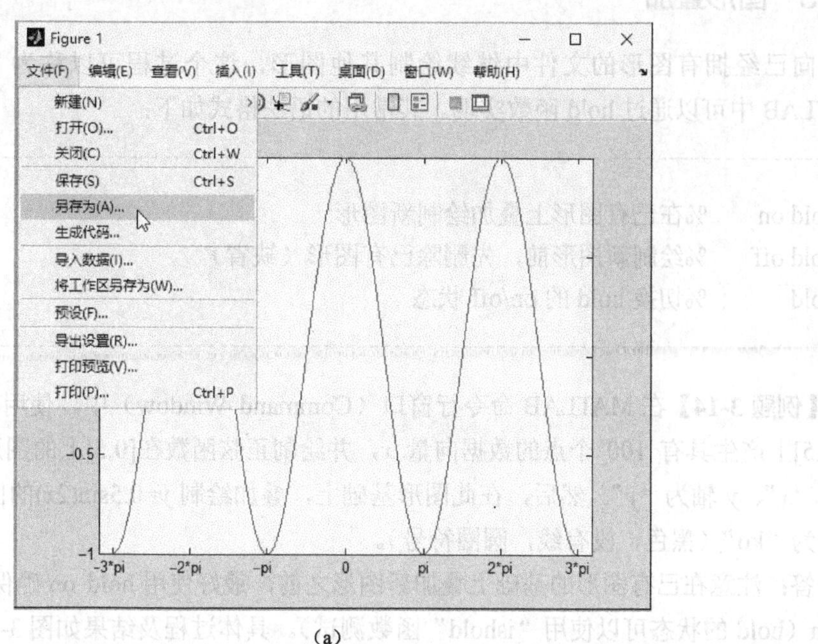

（a）

图 3-15

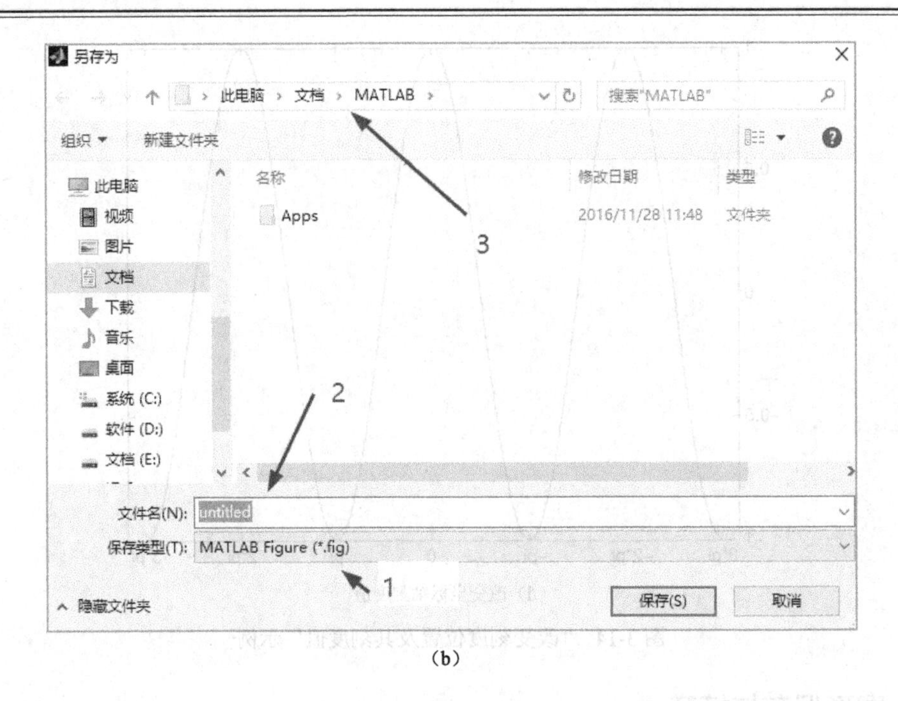

(b)

图 3-15 图形保存示例

之后，如果发现图形需要增加某些标注和叠加新图形等信息，则可以再次打开保存好的“*.fig”文件，对其进行修改。

此外，一种保存图形比较简洁的方法：可以使用图形（Figure）窗口中的菜单“编辑（E）”->“复制图形（F）”将绘制的图形复制到剪贴板，可以粘贴到其他文档中。

3.1.5 图形叠加

向已经拥有图形的文件中继续绘制其他图形，这个过程可以称为“图形叠加”，在 MATLAB 中可以通过 hold 函数实现。其常用的语法格式如下：

---

① hold on　　%在已有图形上叠加绘制新图形
② hold off　　%绘制新图形前，先删除已有图形（缺省）
③ hold　　　%切换 hold 的 on/off 状态

【例题 3-14】在 MATLAB 命令行窗口（Command Window）中，使用函数 linspace 在区间[0,5]上产生具有 100 个点的数据向量 x，并绘制正弦函数在[0,5]上的图形，紧接着标注 x 轴为“x”、y 轴为“y”。然后，在此图形基础上，叠加绘制 y=0.5sin(2x)的图形，要求线型等符号为“ko”（黑色，没有线，圆圈符号）。

答：注意在已有图形的基础上叠加新图形之前，最好使用 hold on 确保当前的 hold 状态为 on（hold 的状态可以使用“ishold”函数测试）。具体过程及结果如图 3-16 所示。

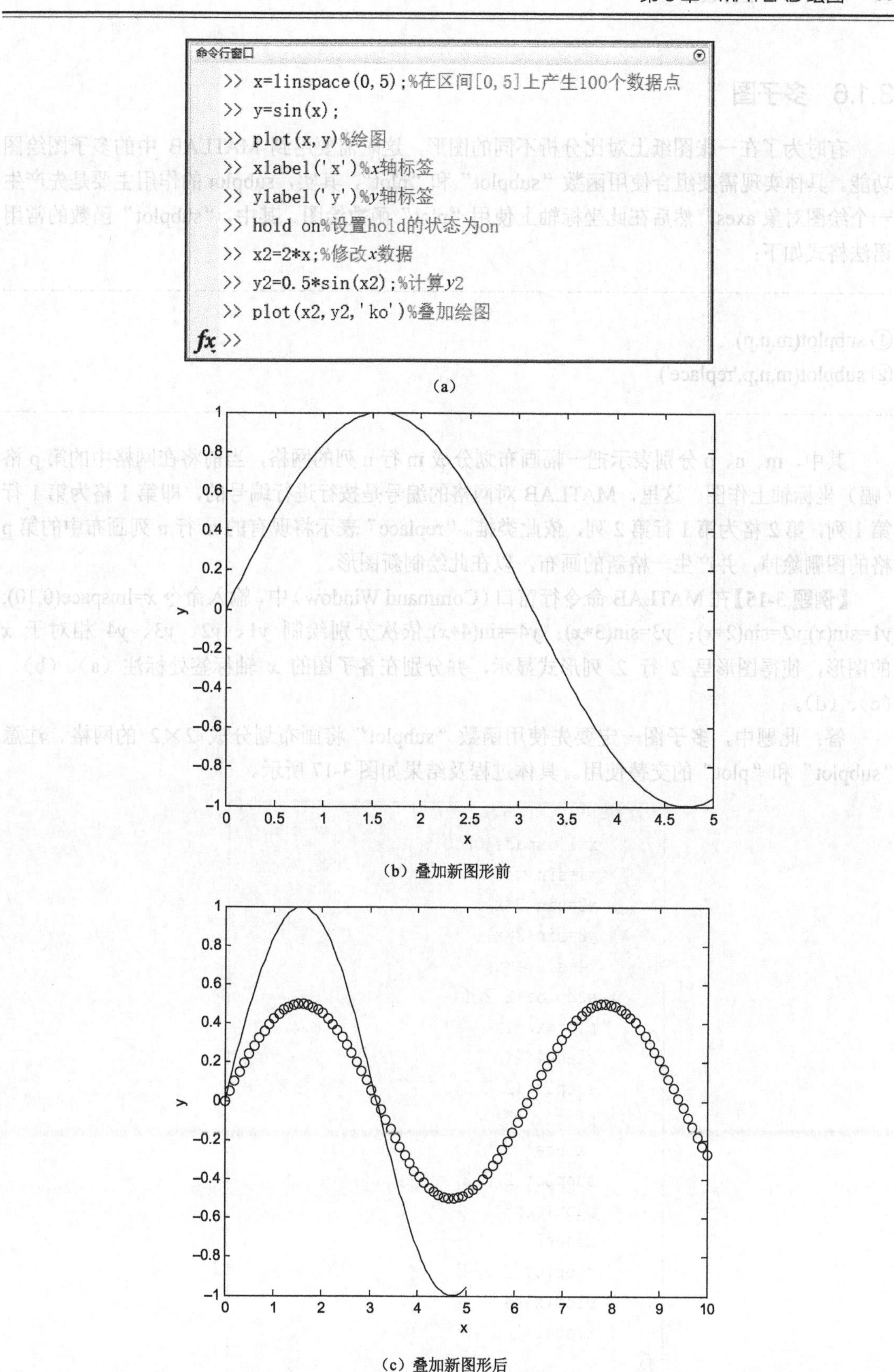
命令行窗口
>> x=linspace(0,5);%在区间[0,5]上产生100个数据点
>> y=sin(x);
>> plot(x,y)%绘图
>> xlabel('x')%x轴标签
>> ylabel('y')%y轴标签
>> hold on%设置hold的状态为on
>> x2=2*x;%修改x数据
>> y2=0.5*sin(x2);%计算y2
>> plot(x2,y2,'ko')%叠加绘图
fx >>
(a)
x
y
(b) 叠加新图形前
x
y
(c) 叠加新图形后

图 3-16　图形叠加示例

3.1.6 多子图

有时为了在一张图纸上对比分析不同的图形，这时需要用到 MATLAB 中的多子图绘图功能。具体实现需要组合使用函数“subplot”和“plot”，其实，subplot 的作用主要是先产生一个绘图对象 axes，然后在此坐标轴上使用“plot”函数绘图。其中，“subplot”函数的常用语法格式如下：

---

① subplot(m,n,p)
② subplot(m,n,p,'replace')

其中，m、n、p 分别表示把一幅画布划分成 m 行 n 列的网格，当前将在网格中的第 p 格（幅）坐标轴上作图。这里，MATLAB 对网格的编号是按行进行编号的，即第 1 格为第 1 行第 1 列，第 2 格为第 1 行第 2 列，依此类推。“replace”表示将现有的 m 行 n 列画布中的第 p 格的图删除掉，并产生一格新的画布，以在此绘制新图形。

【例题 3-15】在 MATLAB 命令行窗口（Command Window）中，输入命令 *x*=linspace(0,10); *y*1=sin(*x*);*y*2=sin(2**x*)；*y*3=sin(3**x*)；*y*4=sin(4**x*);依次分别绘制 *y*1、*y*2、*y*3、*y*4 相对于 *x* 的图形，使得图形呈 2 行 2 列形式显示，并分别在各子图的 *x* 轴标签处标注（a）、（b）、（c）、（d）。

答：此题中，多子图一定要先使用函数“subplot”将画布划分成 2×2 的网格。注意“subplot”和“plot”的交替使用。具体过程及结果如图 3-17 所示。

```
命令行窗口
>> x=linspace(0,10);
>> y1=sin(x);
>> y2=sin(2*x);
>> y3=sin(3*x);
>> y4=sin(4*x);
>> subplot(2,2,1)%产生第1个网格画布
>> plot(x,y1)%绘图
>> xlabel('(a)')%子图a
>> subplot(2,2,2)%产生第2个网格画布
>> plot(x,y2)
>>  xlabel('(b)')%子图b
>> subplot(2,2,3)%产生第3个网格画布
>> plot(x,y3)
>> xlabel('(c)')%子图c
>> subplot(2,2,4)%产生第4个网格画布
>> plot(x,y4)
>> xlabel('(d)')%子图d
fx >>
```

（1）

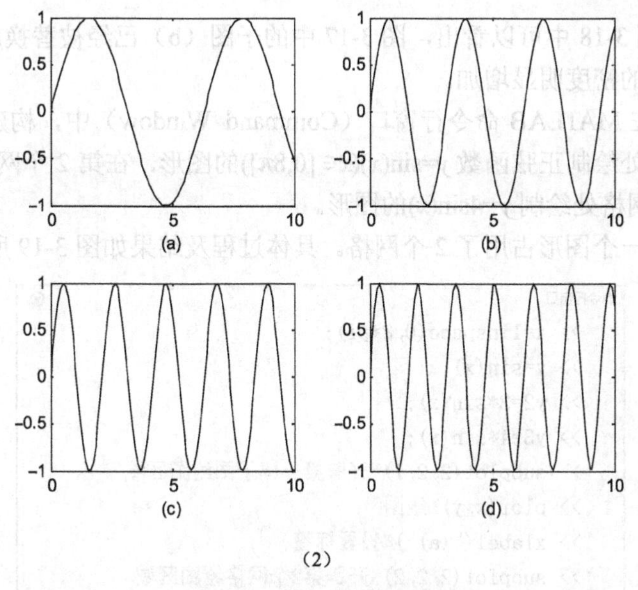

（2）

图 3-17 多子图绘图示例 1

【例题 3-16】在 MATLAB 命令行窗口（Command Window）中，在例题 3-15 的基础上，将其子图（b）的图替换为 *y*5=sin(10**x*)的图形。

答：实际工作中，可能发现多子图中的某个子图出现不如意的地方，需要对其进行修改，这时可使用函数“subplot(m,n,p,'replace')”，先将该网格中的已有图形删除，然后绘制所需图形，从而避免重新绘制所有子图，起到降低工作量的目的。具体过程如图 3-18 所示。

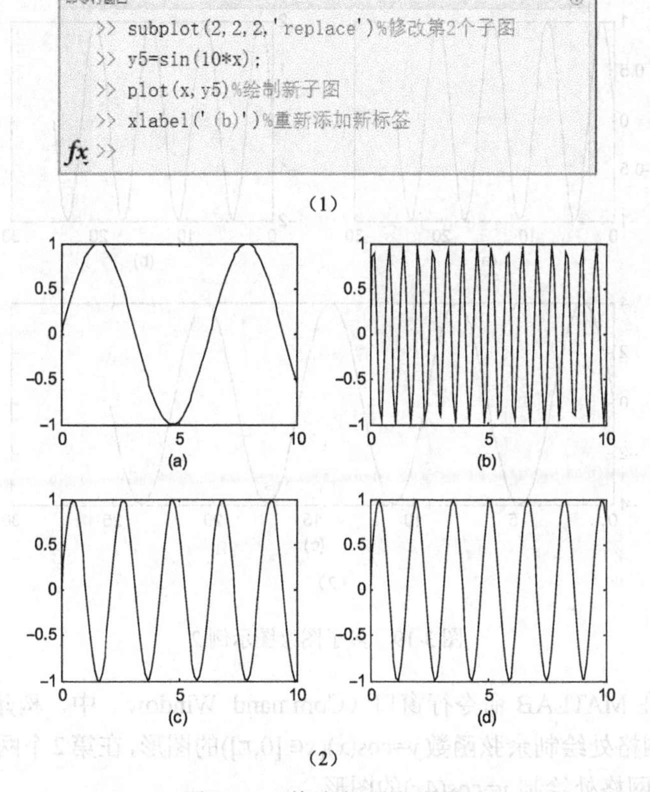

（2）

图 3-18 “修改多子图”示例

从图 3-17 和图 3-18 中可以看出，图 3-17 中的子图（b）已经被替换成图 3-18 中的子图（b），新子图中线的密度明显增加。

【例题 3-17】在 MATLAB 命令行窗口（Command Window）中，构建 2×2 形式的多子图，在第 1 个网格处绘制正弦函数 $y=\sin(x)(x\in[0,8\pi])$的图形，在第 2 个网格处绘制 $y=2\sin(x)$的图形，在第 3,4 网格处绘制 $y=4\sin(x)$的图形。

答：注意最后一个图形占用了 2 个网格。具体过程及结果如图 3-19 所示。

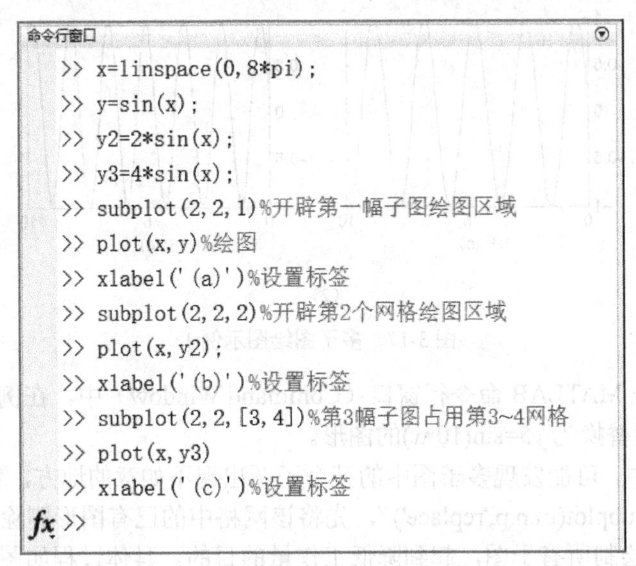

（1）

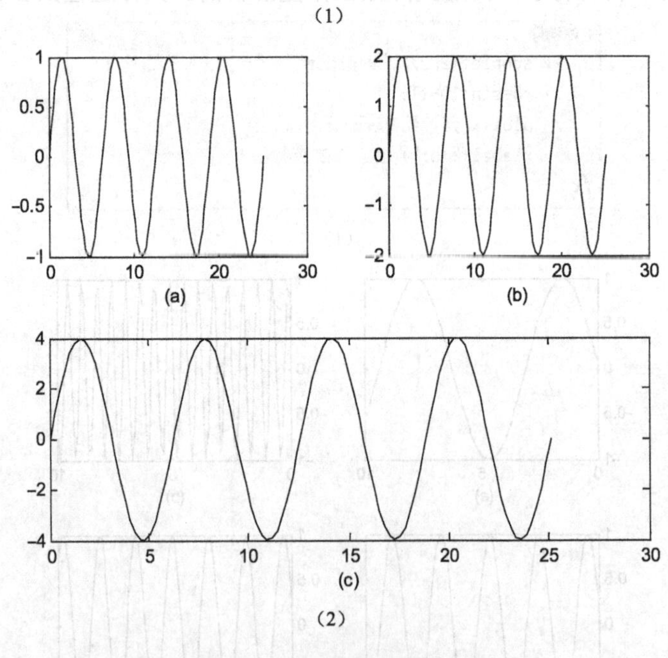

（2）

图 3-19　多子图绘图示例 2

【例题 3-18】在 MATLAB 命令行窗口（Command Window）中，构建 2×2 形式的多子图，在第 1、第 3 个网格处绘制余弦函数 $y=\cos(x)(x\in[0,\pi])$的图形，在第 2 个网格处绘制 $y=\cos(2x)$的图形，在第 4 个网格处绘制 $y=\cos(4x)$的图形。

答：注意多子图中的第1幅子图占据了第1和第3网格。具体过程及结果如图3-20所示。

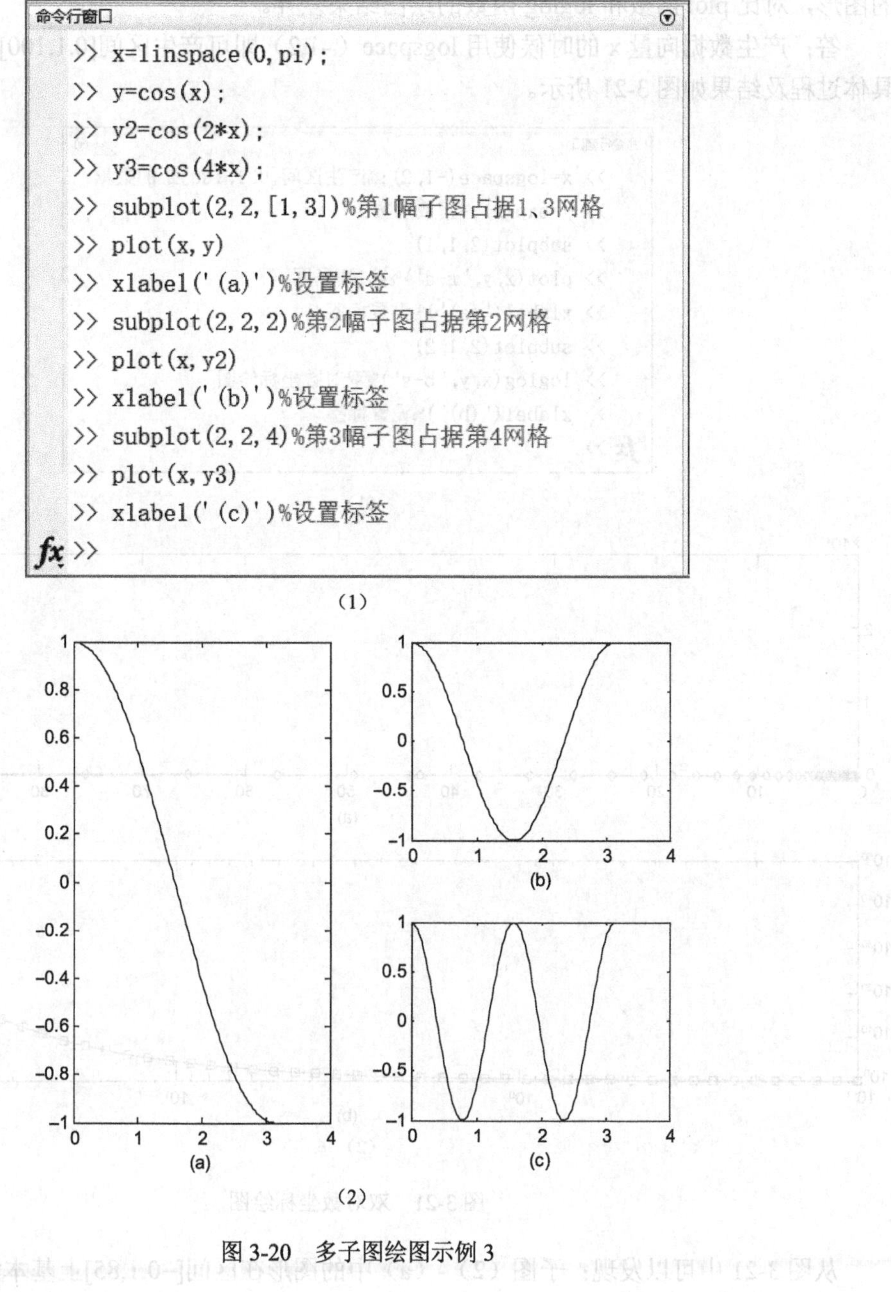

图3-20　多子图绘图示例3

3.1.7　对数比例坐标轴

对于某些取值过大或过小的数据，采用对数绘图形式，可以更好地展现数据的变化趋势。MATLAB中对数比例绘图主要有双对数坐标、半对数坐标绘图。

（1）双对数坐标

MATLAB中，双对数坐标绘图需要使用函数“loglog”来实现，即在x轴、y轴按对数比例绘制图形。

【例题 3-19】在 MATLAB 命令行窗口（Command Window）中，绘制 $y=e^x$（$x\in[0.1,100]$）的图形，对比 plot 函数和 loglog 函数的绘图结果差异。

答：产生数据向量 x 的时候使用 logspace（–1,2）即可产生区间[0.1,100]上的数据向量。具体过程及结果如图 3-21 所示。

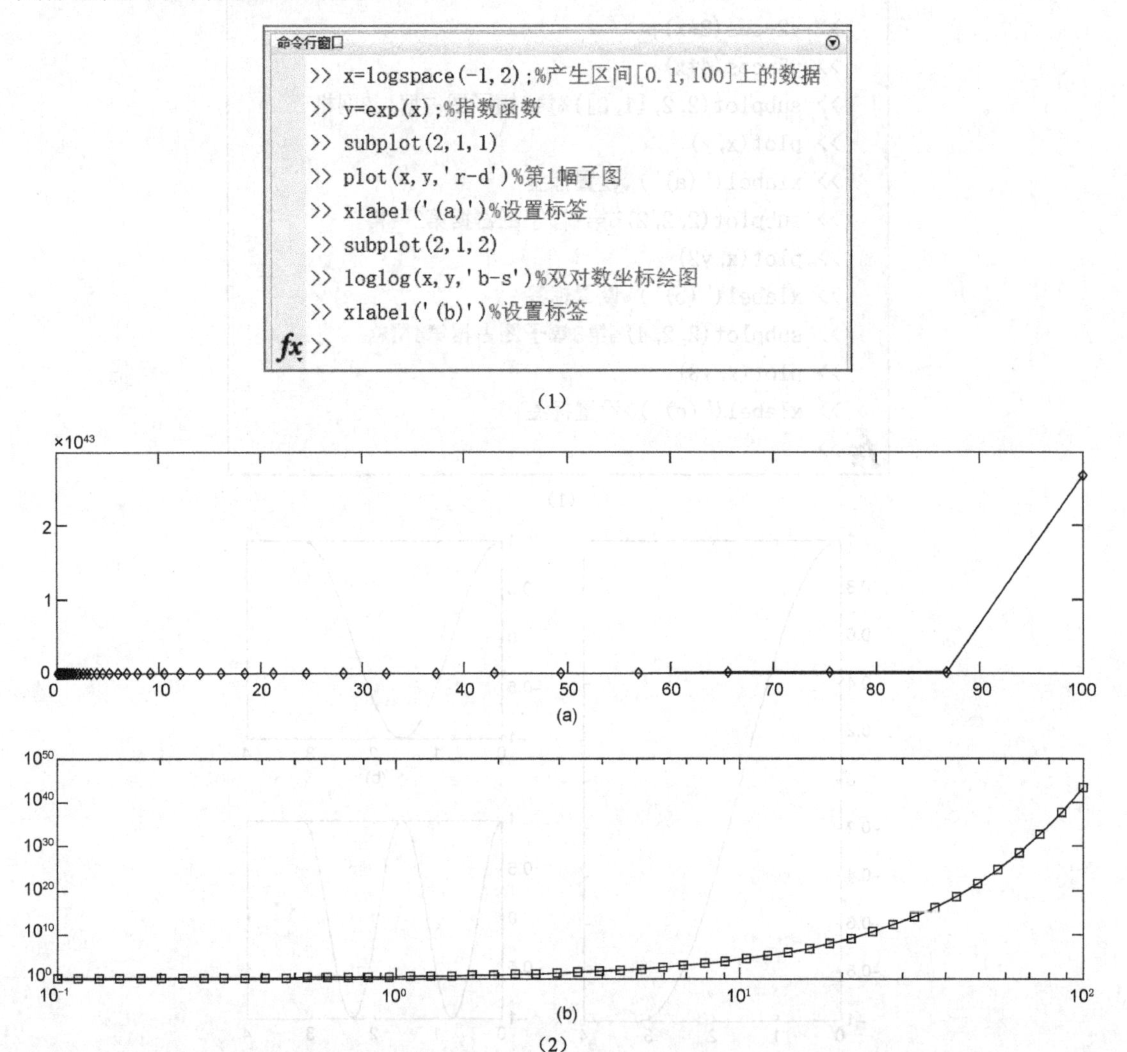

图 3-21　双对数坐标绘图

从图 3-21 中可以发现：子图（2）-（a）中的图形在区间[–0.1,85]上基本没有变化，而实际情况是随着自变量 x 的增加，因变量 y 是呈缓慢增长趋势的，这在子图（2）-（b）中得到了较好的体现。

（2）半对数坐标

MATLAB 中，还可以实现绘制图形时，只对某一个坐标轴的数据按对数比例缩放，相关的函数为“semilogx”“semilogy”。其中，“semilogx”表示 x 轴上的数据按比例缩放，“semilogy”表示 y 轴上的数据按比例缩放。

【例题 3-20】在 MATLAB 命令行窗口（Command Window）中，令 x=0∶1000,y=log(x),

使用plot函数和semilogx分别绘制该函数图形，对比绘图结果差异。

答：当x轴和y轴的数据取值相差较大时，对于较大的数据对应的坐标轴，将数据在该坐标轴上按对数比例缩放，以使所绘图形变化趋势更明显。具体过程及结果如图3-22所示。

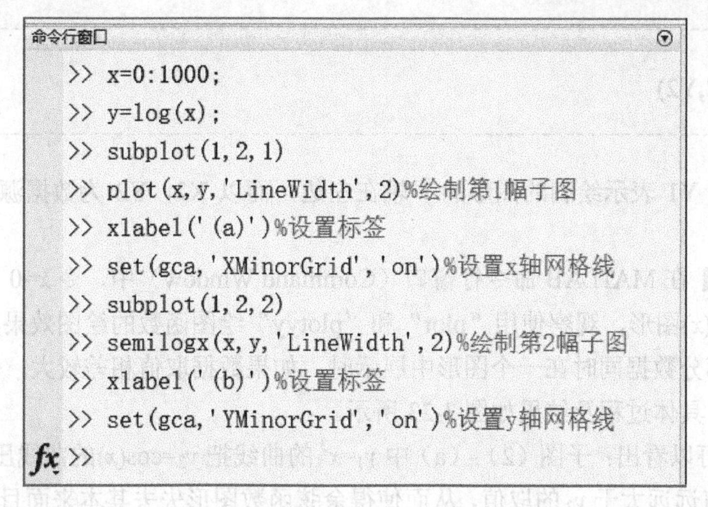

(1)

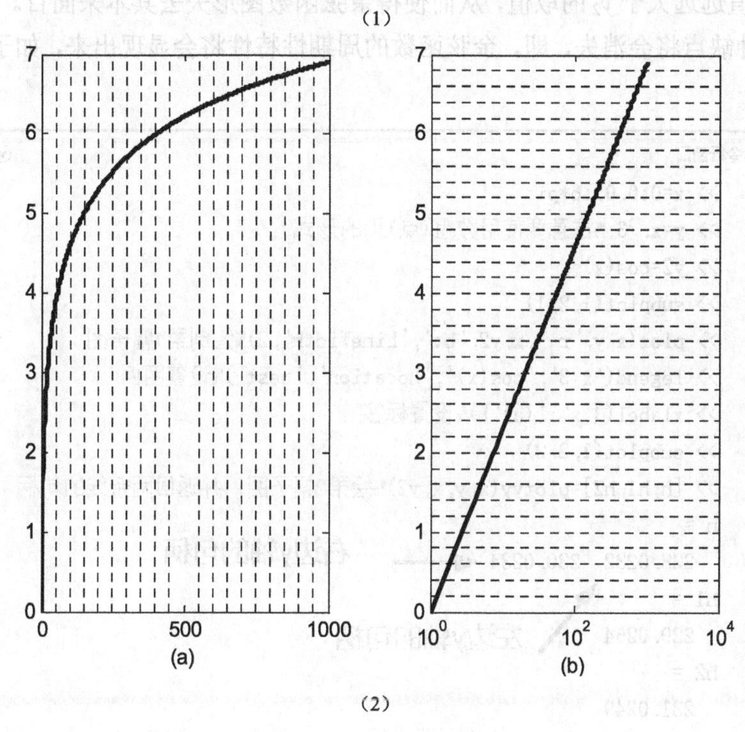

(2)

图3-22 半对数坐标绘图

从图3-22中可以发现：子图（2）-（a）在因变量取值达到3之前，基本看不出自变量和因变量之间的缓慢增长趋势，而这种增长趋势在子图（2）-（b）中得以明显展示。

3.1.8 双纵坐标绘图

数据的单位不一致的情形，需要采用双纵坐标绘图。此外，有些数据取值对比非常明显，即部分数据过大，部分数据过小，如果将这些数据在同一坐标系下绘制图形，则会出现使得取值较小的数据的图形失真，因而，也需要采用双纵坐标绘图。MATLAB 中的双纵坐标绘图函数为“plotyy”。其语法格式如下：

```
plotyy(X1,Y1,X2,Y2)
```

其中，X1，Y1 表示绘制的图形的 y 轴在左边，而以 X2，Y2 为数据源绘制的图形的 y 轴在右边。

【例题 3-21】在 MATLAB 命令行窗口（Command Window）中，令 x=0：0.01：6*pi，绘制 $y=x^3$ 和 $y=\cos(x)$图形，观察使用“plot”和“plotyy”绘图函数的绘图效果异同。

答：不同部分数据同时在一个图形中展示时，如果数据取值相差较大，使用双纵坐标绘图效果会更好。具体过程及结果如图 3-23 所示。

从图 3-23 可以看出：子图（2）-（a）中 $y_1=x^3$ 的曲线把 $y_2=\cos(x)$的曲线压制成一条直线，这是由于 y_1 的值远远大于 y_2 的取值，从而使得余弦函数图形失去其本来面目。当使用双纵坐标绘图时，这种缺点将会消失，即，余弦函数的周期性特性将会显现出来，如子图（2）-（b）所示。

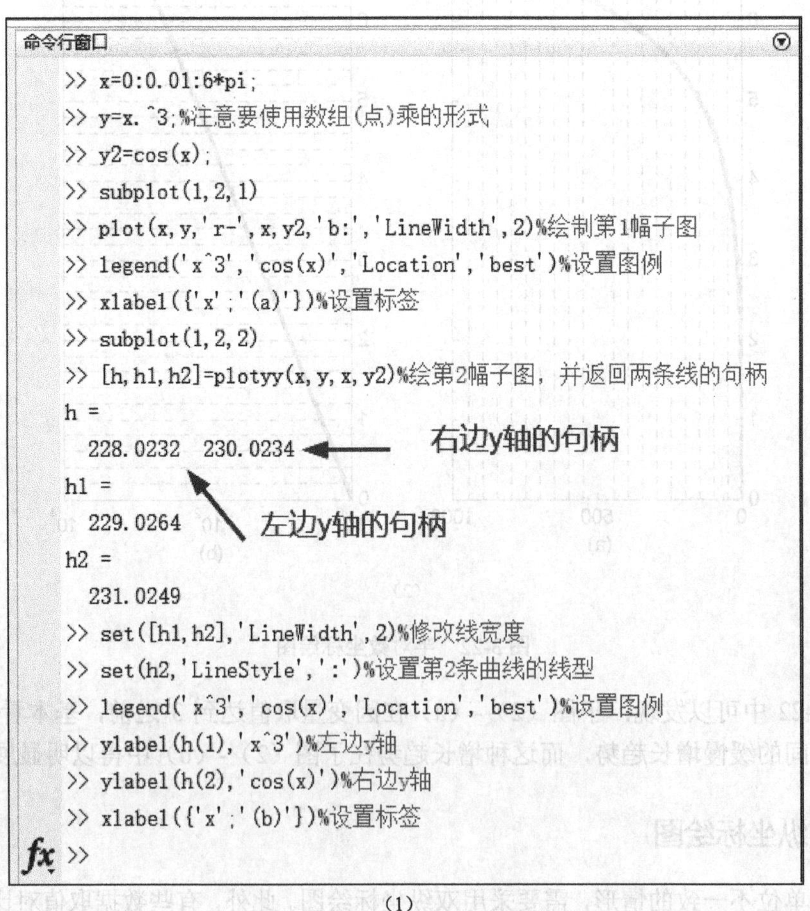

（1）

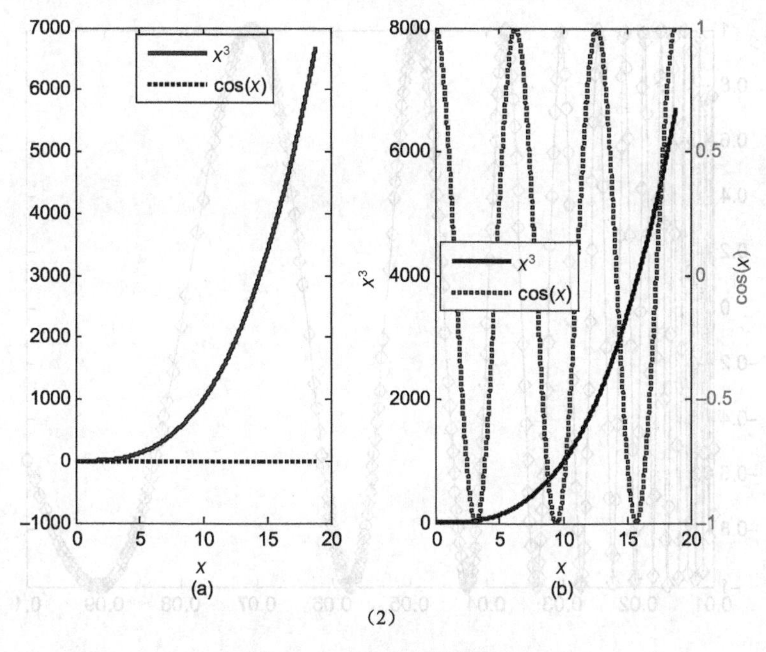

（2）

图 3-23 双纵坐标绘图示例

3.1.9 泛函绘图

所谓的泛函就是函数的函数，MATLAB 中的泛函绘图是指：使用一个函数作为某绘图函数的参数，即在该绘图函数中，函数变成了它的自变量。MATLAB 中的泛函绘图函数为“fplot”。其语法格式如下：

```
fplot(fun,limits)
fplot(fun,limits,LineSpec)
```

其中，“fun”表示：①函数名字；②只有一个自变量的函数表达式，以字符串形式出现；③函数句柄。“limits”表示坐标轴范围。“LineSpec”表示线型、颜色、标记符号等信息字符串。

【例题 3-22】在 MATLAB 命令行窗口（Command Window）中，利用“fplot”函数直接绘制 y=sin(1/x)在区间[0.01,0.1]上的图形，并按“r-d”（红色，实线，菱形符号）绘制线型等信息。

答：注意函数表达式一定要以字符串形式表示，且表达式中只能包含有一个自变量。

具体代码如下：

```
>> fplot('sin(1/x)',[0.01,0.1],'r-d')
```

具体结果如图 3-24 所示。

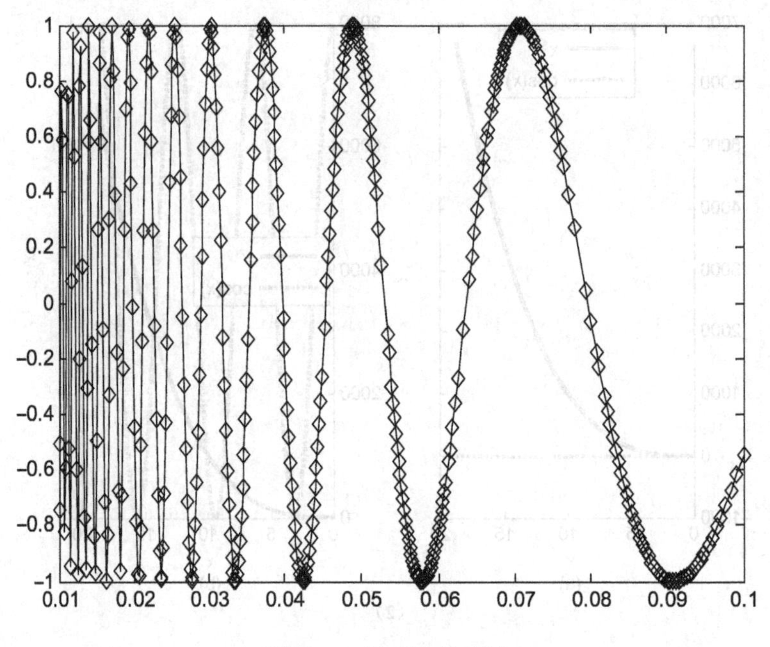

图 3-24 泛函绘图示例

3.1.10 简易函数绘图

MATLAB 还提供了对显示函数和隐式函数的简易绘图函数“ezplot”（easy-to-use function plotter）。其常用的语法格式如下：

```
ezplot(fun)
ezplot(fun,[xmin,xmax])
ezplot(fun,[xmin,xmax,ymin,ymax])
```

其中，fun 可以是显式函数，也可以是隐式函数，在未明确指定坐标轴范围时，自变量 x 的取值范围缺省为（-2π，2π）。

【例题 3-23】在 MATLAB 命令行窗口（Command Window）中，以 1×2 的形式绘制多子图，在相应的网格中分别绘制 $y=x^2$（显函数）和 $x^2-y^4=0$（隐函数）的图形。

答：使用函数表达式为函数“ezplot”的参数时，需要将表达式表示成字符串的形式。具体过程及结果如图 3-25 所示。

命令行窗口

```
>> subplot(1,2,1)
>> ezplot('x^2')%显函数绘图
>> xlabel('(a)')%设置标签
>> subplot(1,2,2)
>> ezplot('x^2-y^4')%隐函数绘图(表达式含有因变量y)
>> xlabel('(b)')%设置标签
fx >>
```

（1）

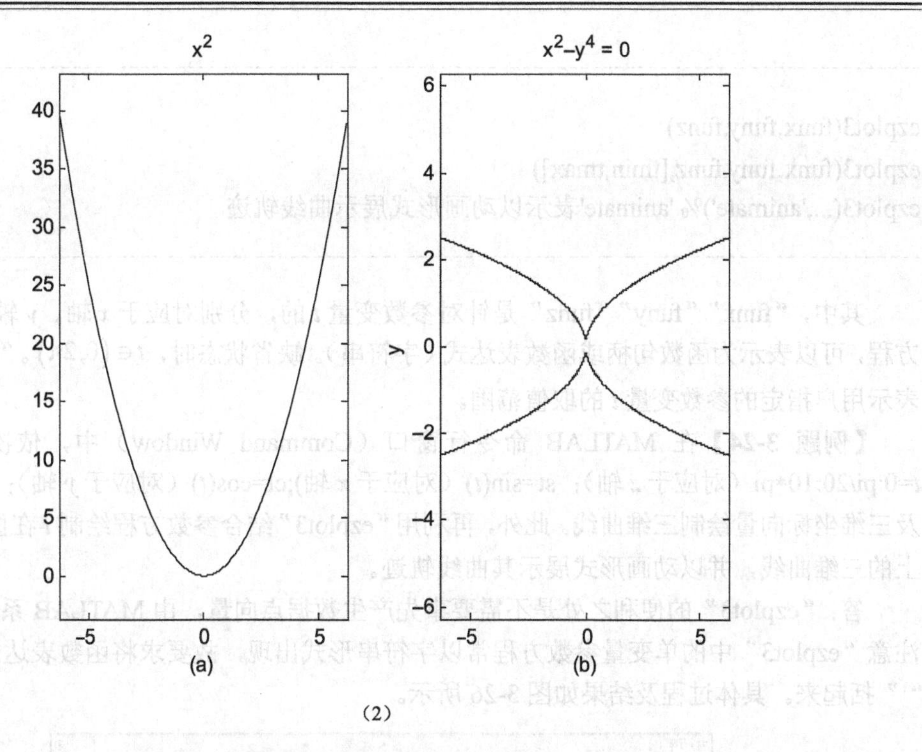

（2）

图3-25 简易函数绘图示例

从图3-25可以发现，采用“ezplot”函数绘图过程中，自动将函数表达式作为字符串（隐函数的表达式更完整）添加到相应的标题中。

3.2 三维图形绘制

在实际工作中，待研究问题的维度可能较高，超过二维，MATLAB可以在三维空间对相关数据可视化，使得直观展现的信息更多、更全面，有助于研究人员更好地观察、分析相关数据特征，直观地找出相关数据呈现的趋势或规律。常用的有三维曲线绘图、三维曲面绘图及三维网格绘图。

3.2.1 三维曲线绘图

MATLAB提供了在三维空间绘制三维曲线的函数“plot3”，其常用语法格式如下：

```
plot3(X1,Y1,Z1)
plot3(X1,Y1,Z1,LineSpec)
```

其中，X1、Y1、Z1分别表示三维曲线在x轴、y轴、z轴上的坐标。“LineSpec”表示线型等信息字符串。

此外，MATLAB还提供了简易三维曲线绘图函数“ezplot3”。其常用语法格式如下：

```
ezplot3(funx,funy,funz)
ezplot3(funx,funy,funz,[tmin,tmax])
ezplot3(...,'animate')% 'animate'表示以动画形式展示曲线轨迹
```

其中，“funx”“funy”“funz”是针对参数变量 t 的，分别对应于 x 轴、y 轴、z 轴的参数方程，可以表示为函数句柄或函数表达式（字符串）。缺省状态时，$t\in(0,2\pi)$。“tmin”“tmax”表示用户指定的参数变量 t 的取值范围。

【例题 3-24】 在 MATLAB 命令行窗口（Command Window）中，依次输入指令：t=0:pi/20:10*pi（对应于 z 轴）；st=sin(t)（对应于 x 轴);ct=cos(t)（对应于 y 轴）；利用“plot3”及三维坐标向量绘制三维曲线。此外，再利用“ezplot3”结合参数方程绘制 t 在区间（0,10*pi）上的三维曲线，并以动画形式展示其曲线轨迹。

答：“ezplot3”的便利之处是不需要事先产生数据点向量，由 MATLAB 系统自动控制。注意“ezplot3”中的单变量参数方程常以字符串形式出现，故要求将函数表达式用一对撇号“'”括起来。具体过程及结果如图 3-26 所示。

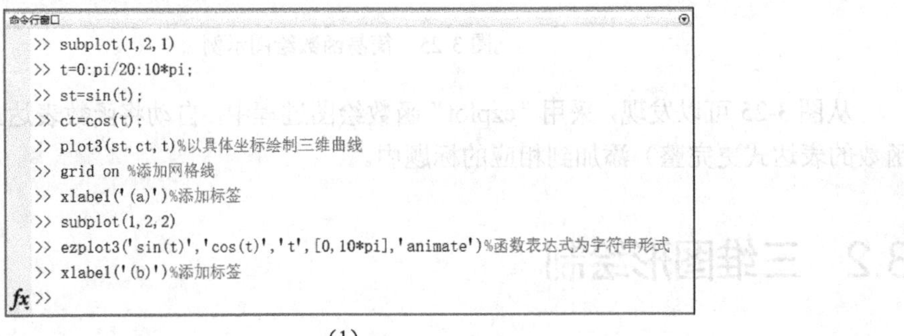

（1）

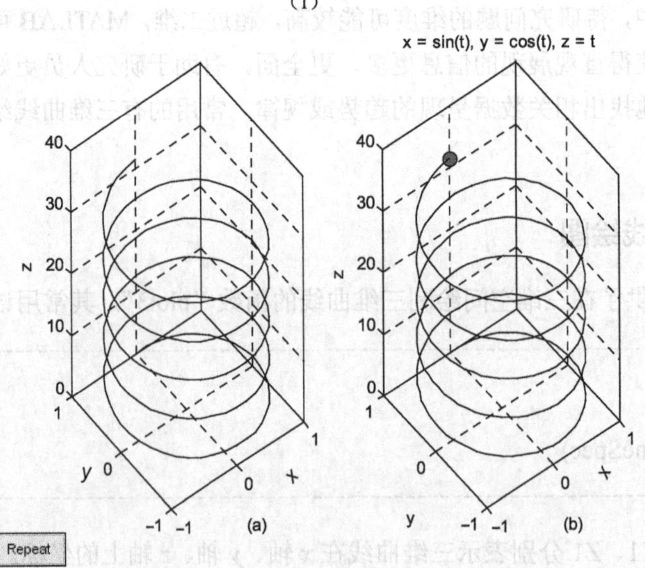

（2）

图 3-26 三维曲线绘图

从图3-26可以看出：子图（2）-（b）比子图（2）-（a）多一个红色的圆点，这是函数“ezplot3”中的参数“animate”产生的动画功能，该圆点会以动画形式展示曲线的空间轨迹，同时可以通过单击按钮“Repeat”重复曲线轨迹动画过程。此外，子图（2）-（b）由MATLAB系统自动添加了以“参数方程表达式”为字符串的标题。

此外，绘图过程中使用了命令“grid on”在图形中添加网格线，某种程度上可以使得三维效果更逼真些。

3.2.2 三维曲面绘图

为了绘制三维曲面图，需要构造二维平面上的网格数据点，该功能常常借助“meshgrid”函数实现。其语法格式如下：

```
[X,Y] = meshgrid(x,y)
```

其中，x、y为向量，X、Y为以x、y为基础产生的矩阵。

在产生x–y平面上的矩阵X、Y后，根据Z=f（X,Y）计算Z坐标，然后即可采用三维绘图函数绘制三维图形。

MATLAB中绘制三维曲面的函数为“surf”，其常用的语法格式如下：

```
surf(X,Y,Z)
```

此外，MATLAB还提供了简易三维曲面绘图函数“ezsurf”，其常用的语法格式如下：

```
ezsurf(fun)%fun(x,y)中的x,y取值范围缺省为(−2π,2π)
ezsurf(fun，domain)%domain表示x,y取值范围
```

其中，“fun”表示函数句柄或者字符串形式的函数表达式。比surf函数便利的地方是：函数ezsurf不需要使用meshgrid函数求x–y平面上的矩阵。

【例题3-25】在MATLAB命令行窗口（Command Window）中，利用surf函数绘制$Z=X^2+Y^2$的曲面图($X=-6:6;Y=-6:6$)，同时使用ezsurf函数绘制$Z=\sin(XY)$($X\in[-2,\ 2]$, $Y\in[-4,\ 4]$)的曲面图。

答：注意surf函数在利用meshgrid函数求出$x–y$平面上的网格点矩阵之后，要记得使用数组乘（.*）、数组乘方（.^）或者数组除（./），此外，ezsurf函数中的函数表达式需要以字符串的形式表示,且需要使用矩阵乘（*）、矩阵乘方（^）或矩阵除（/）。具体过程及结果如图3-27所示。

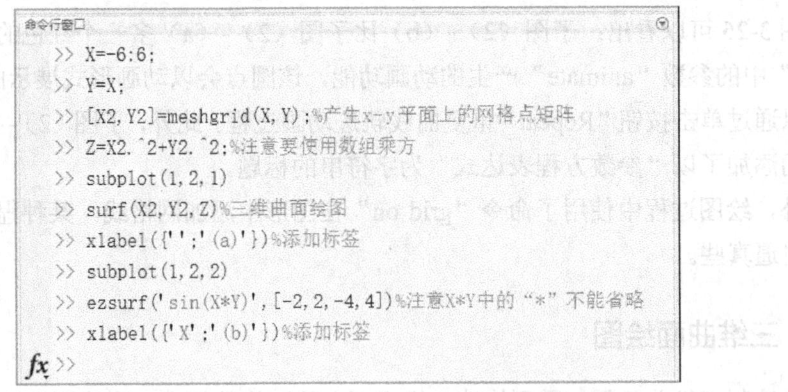

（1）

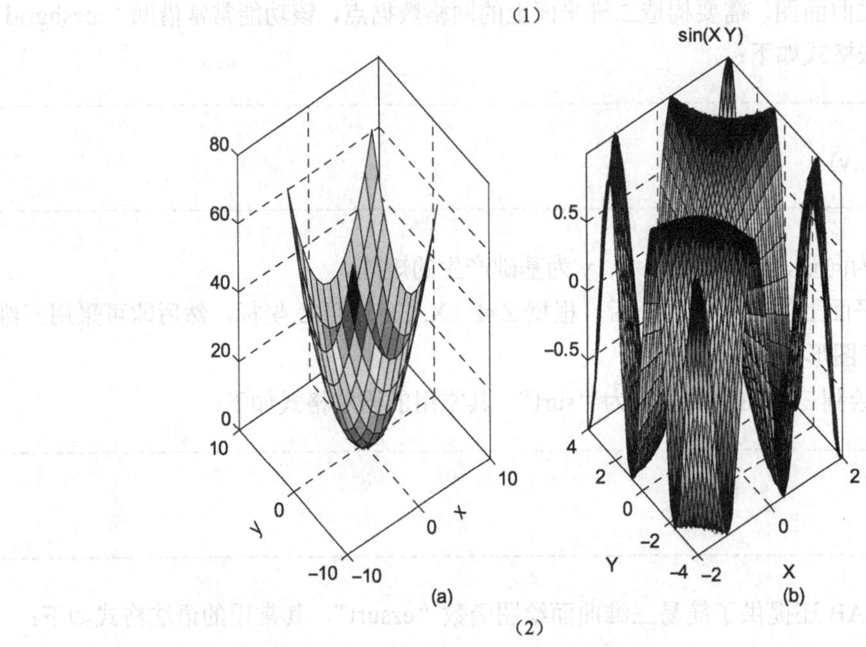

（2）

图 3-27　三维曲面绘图示例

3.2.3　三维网格绘图

另一种特殊形式的三维曲面绘图就是三维网格绘图，在 MATLAB 中由函数“mesh”实现。如同函数“surf”绘图过程，该形式的绘图也需要先由“meshgrid”函数产生 x–y 平面上的矩阵 X、Y，在利用函数表达式求出 Z 后，方可调用。“mesh”函数的常用语法格式如下：

```
mesh(X,Y,Z)%X、Y、Z 含义同函数“surf”中的信息
```

此外，MATLAB 还提供了简易三维网格绘图函数“ezmesh”，其常用的语法格式如下：

```
ezmesh(fun)%“fun”同函数“ezsurf”中的信息
```

3.3 特殊图形绘制

MATLAB除了提供了基本的二维绘图和三维绘图函数以外，为了满足不同学科对数据可视化的不同需求，还提供了一些特殊图形绘制函数。

3.3.1 极坐标绘图

有时，采用极坐标系描述图形中的几何关系比使用直角坐标系更方便。

在平面内取一个定点 *O*，叫作极点，引一条射线 *OX*，称作极轴，再选定一个长度单位和角度的正方向（通常取逆时针方向），对于平面内任何一点 *M*，用 rho 表示线段 *OM* 的长度，rho 叫做点 *M* 的极径，theta 表示从 *OX* 到 *OM* 的角度，theta 叫作点 *M* 的极角，有序数对（rho,theta）即为点 *M* 的极坐标，这样建立的坐标系叫做极坐标系。极坐标的两个关键参数为“极角（theta）”和“极径（rho）”，MATLAB 提供了函数“polar”在极坐标系下绘制极坐标图形。其常用语法格式如下：

```
polar(theta,rho)%theta-极角，rho-极径
```

此外，MATLAB 还提供了简易极坐标绘图函数“ezpolar”。其常用的语法格式如下：

```
ezpolar(fun)%在区间（0,2π)上绘制极坐标图
```

其中，“fun”表示函数句柄或者字符串形式的函数表达式，满足 rho=fun(theta)，即该函数描述了极径和极角之间的函数关系。

【例题 3-26】 在 MATLAB 命令行窗口（Command Window）中，使用“polar”函数绘制 $\rho=1+2\theta\left[\theta\in(0,10\pi)\right]$ 的图形，利用“ezpolar”函数绘制 $\rho=1+\cos\theta\sin\theta\left[\theta\in(0,2\pi)\right]$ 的图形。

答：注意极角和极径参数位置不要写错。具体过程及结果如图 3-28 所示。

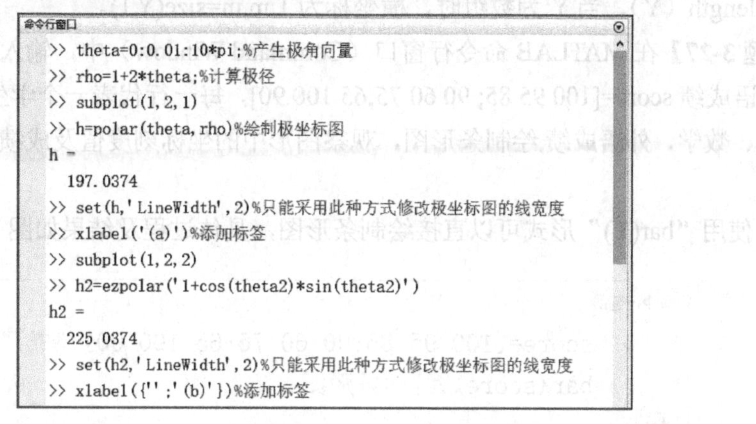

（1）

图 3-28

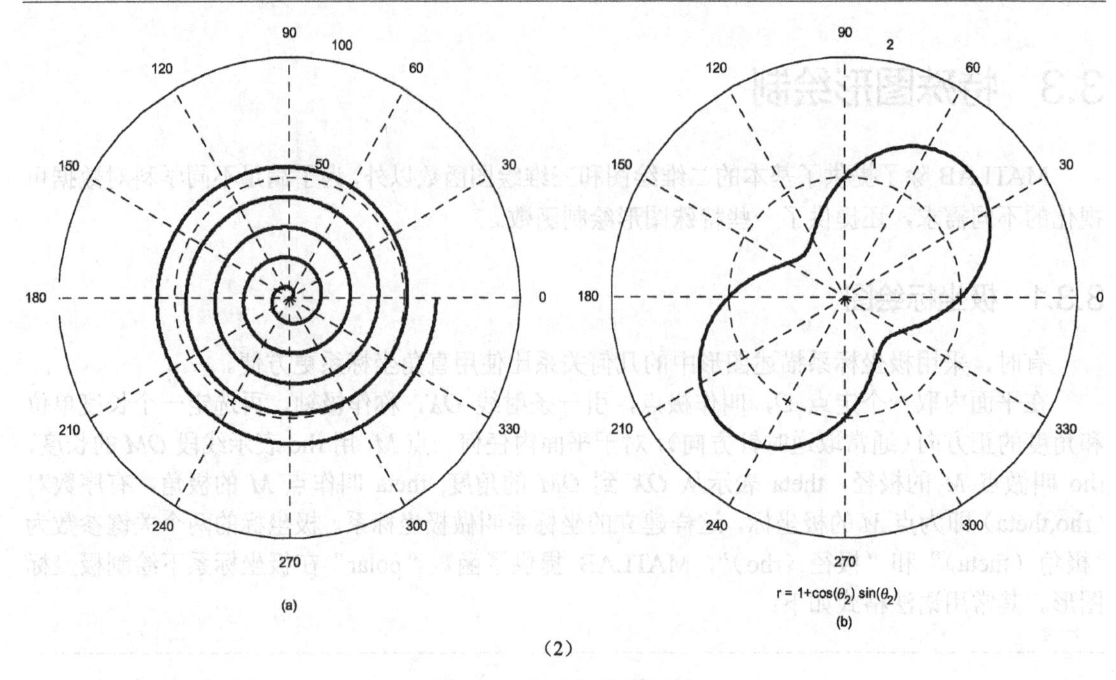

（2）

图 3-28 极坐标绘图示例

3.3.2 条形图

条形图是工作、学习中常见的图形之一。MATLAB 提供了函数“bar”来绘制条形图（bar chart）。其常用语法格式如下：

```
bar(Y)     %绘制 Y 中每一列的条形图
bar(x,Y)   %在指定的位置 x 处绘制 Y 中每一列的条形图
bar(___,width)%width 表示条形图中“条”的宽度
```

其中，Y 中每一列的每一个元素都会绘制成条形图中的一个“条”，当 Y 为向量时，横坐标为 1:length（Y），当 Y 为数组时，横坐标为 1:m,m=size(Y,1)。

【例题 3-27】在 MATLAB 命令行窗口（Command Window）中，输入 3 个学生的语文、数学、外语成绩 score=[100 95 85; 90 60 75;65 100 90]，每一行代表一个学生，第 1～3 列依次表示语文、数学、外语成绩,绘制条形图，观察图形中的坐标刻度值及成绩数组行、列与图形的关系。

答：使用“bar(Y)”形式可以直接绘制条形图，具体过程及结果如图 3-29 所示。

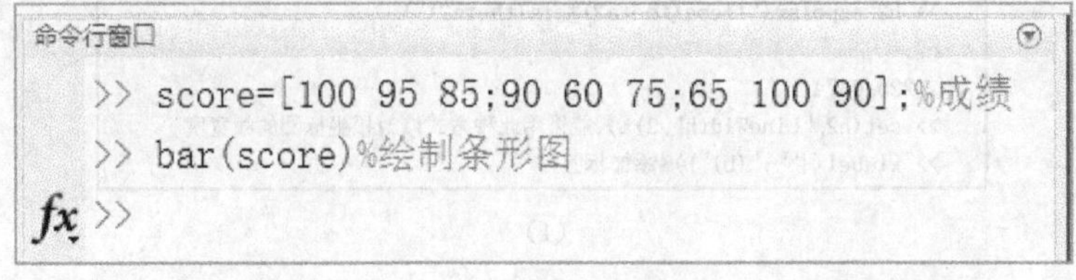

（a）

100
90
80
70
60
50
40
30
20
10
0
1
2
3

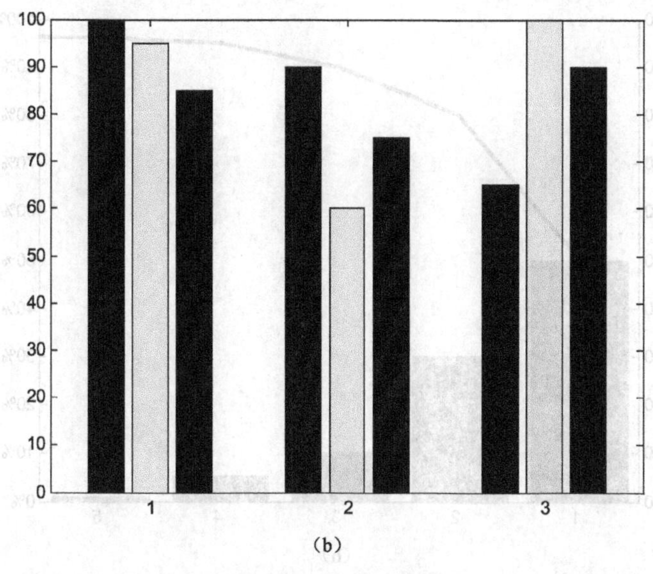

(b)

图 3-29 条形图示例

3.3.3 帕累托绘图

帕累托图（Pareto Chart）是以意大利经济学家 V.Pareto 的名字而命名的，可以用于表示有多少结果是由已确认类型或范畴的原因所造成，常用于质量管理中。

MATLAB 提供了绘制帕累托图的函数“Pareto”，其常用的语法格式如下：

```
pareto(Y)
```

【例题 3-28】在 MATLAB 命令行窗口（Command Window）中，输入命令绘制 Pareto 图。

答：注意 Pareto 图只绘制数据累积百分比为前 95%的数据的 Pareto 图形，其中曲线表示数据占数据总和的累积百分比，且绘图之前是 MATLAB 系统自动先对所有数据排序。具体过程及结果如图 3-30 所示。

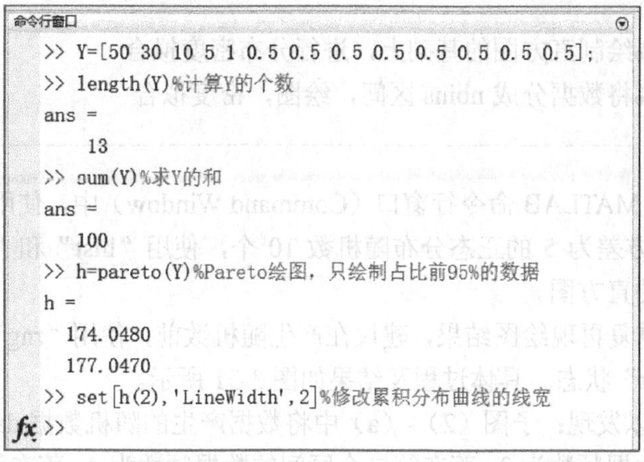

命令行窗口
>> Y=[50 30 10 5 1 0.5 0.5 0.5 0.5 0.5 0.5 0.5 0.5];
>> length(Y)%计算Y的个数
ans =
13
>> sum(Y)%求Y的和
ans =
100
>> h=pareto(Y)%Pareto绘图，只绘制占比前95%的数据
h =
174.0480
177.0470
>> set(h(2),'LineWidth',2)%修改累积分布曲线的线宽
fx >>

(a)

图 3-30

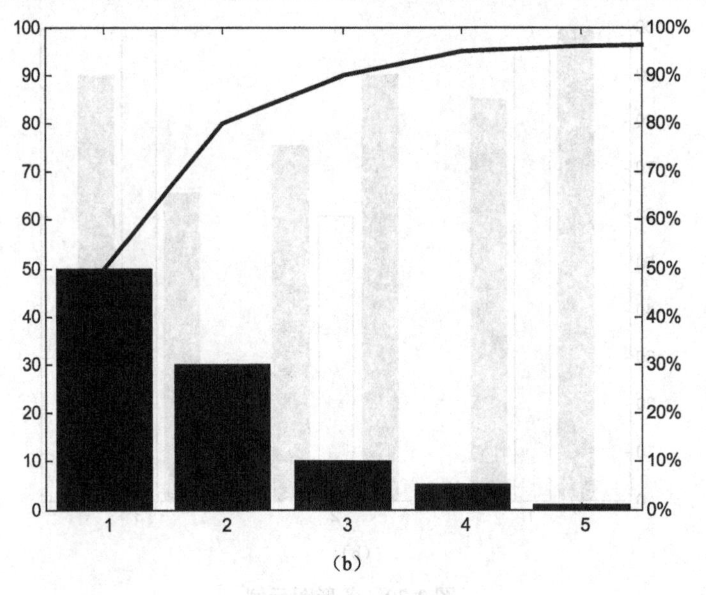

（b）

图 3-30 Pareto 图

3.3.4 直方图

直方图形式上比较类似条形图，但和条形图不同的是：直方图是将数据分成若干区间，来观察每个区间上包含数据点的频数。MATLAB 提供了直方图函数“hist”，常用的语法格式如下：

```
hist(data)            %缺省情形下，将数据 data 分成 10 个区间
hist(data,nbins)      %将数据 data 分成 nbins 个区间
```

此外，MATLAB 还提供了对直方图进行正态分布密度拟合的功能，具体函数为“histfit”，常用的语法格式如下：

```
histfit(data)         %绘制直方图的基础上，进行分布密度拟合
histfit(data,nbins)   %将数据分成 nbins 区间，绘图，密度拟合
```

【例题 3-29】在 MATLAB 命令行窗口（Command Window）中，使用“normrnd”随机产生均值为 75，标准方差为 5 的正态分布随机数 10 个，使用“hist”和“histfit”绘制直方图和带正态分布拟合的直方图。

答：为了可以重复再现绘图结果，建议在产生随机数前，使用“rng”函数设置随机数发生器状态为“default”状态。具体过程及结果如图 3-31 所示。

从图 3-31 中可以发现：子图（2）-（a）中将数据产生的随机数据 data 分成了 3 个区间，落在第一个区间的数据频数为 3，落在第二个区间的数据频数为 4，落在第三个区间的数据频数为 3。

```
命令行窗口
>> rng('default')%使得每次产生的随机数一样
>> data=normrnd(75,5,1,10)%产生10个正太分布随机数
data =
  Columns 1 through 5
   77.6883   84.1694   63.7058   79.3109   76.5938
  Columns 6 through 10
   68.4616   72.8320   76.7131   92.8920   88.8472
>> subplot(1,2,1)
>> hist(data,3)%分成3个区间
>> xlabel['(a)']%添加标签
>> subplot(1,2,2)
>> histfit(data,3)%分成3个区间
>> xlabel['(b)']%添加标签
fx >>
```

(1)

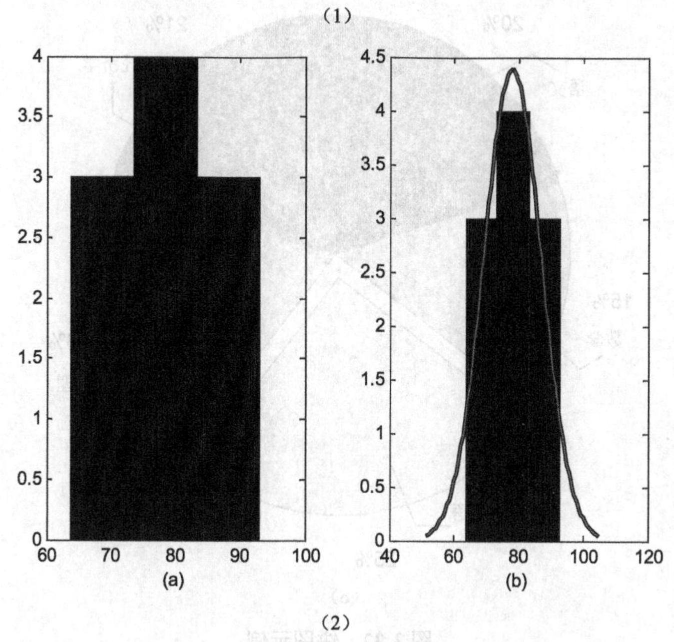

(2)

图 3-31　直方图示例

3.3.5　饼图

为了分析各个数据在数据总和中的占比情况，有时绘制饼图来直观表示它们的比例关系。MATLAB 提供了“二维饼图”和“三维饼图”绘制函数“pie”和“pie3”。常用的语法格式如下：

```
pie(X)
pie(X,explode)
pie3(X)
pie3(X,explode)
```

其中，“X”表示绘制饼图的数据，“X”中的每一个元素作为饼图的一块。“explode”用一个元素为 0 或 1 的行向量表示饼图中的某一个是否裂开表示。

【例题 3-30】在 MATLAB 命令行窗口（Command Window）中，输入小明的五门功课（语文、数学、英语、物理、经济学）成绩：score=[80,60,100,75,82]，绘制饼图看看小明各门功课相对于总评成绩的占比，并让英语成绩在饼图中裂开表示。

答：注意“explode”参数长度应与 X 的长度一致。具体过程及结果如图 3-32 所示。

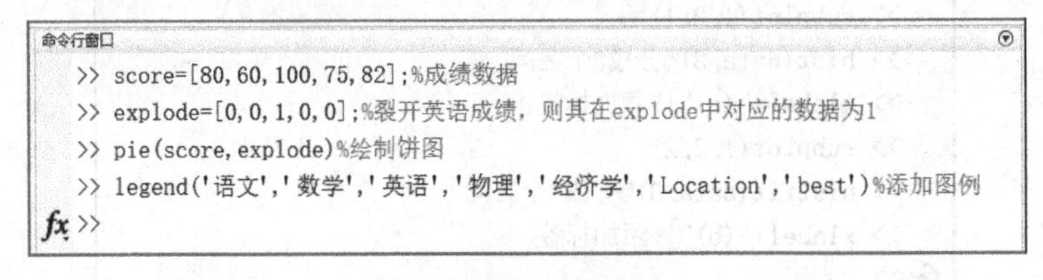

(a)

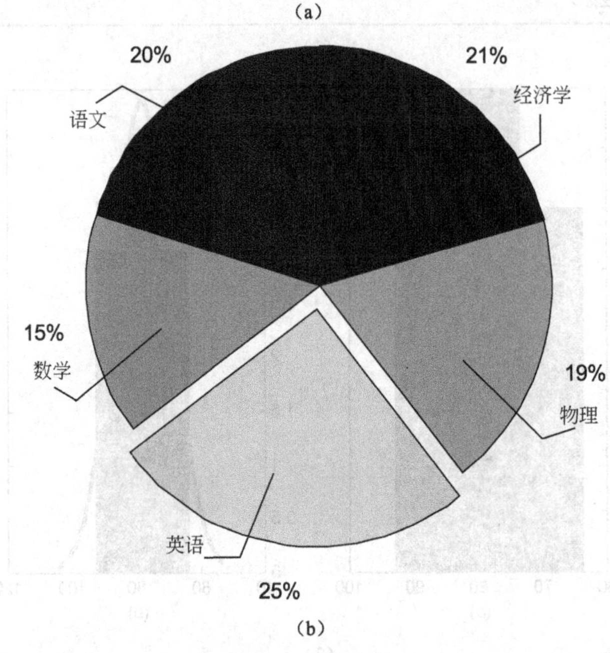

(b)

图 3-32 饼图示例

3.3.6 火柴杆图

MATLAB 中，绘制“火柴杆图”的函数为“stem”，其常用语法格式如下：

```
stem(Y)   %绘制 Y 中数据元素的火柴杆图，高度为 Y 值
stem(X,Y)%在位置 X 处绘制 Y 的火柴杆图
stem(___,'fill') %fill 表示填充图形中的小圆圈(火柴头)
```

【例题 3-31】在 MATLAB 命令行窗口（Command Window）中，绘制余弦函数在区间 [0,2π]上的火柴杆图。

答：具体过程及结果如图 3-33 所示。

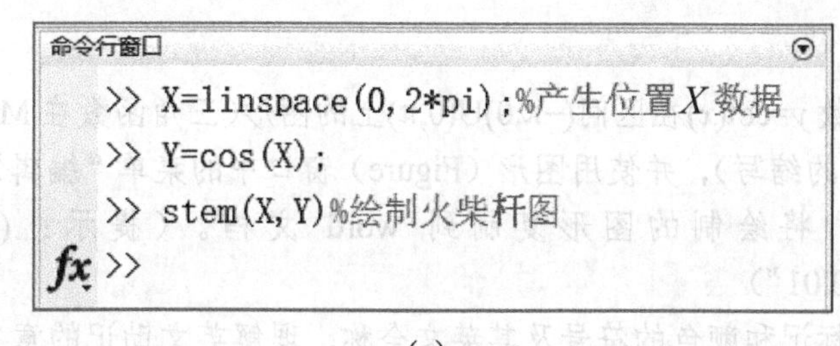

(a)

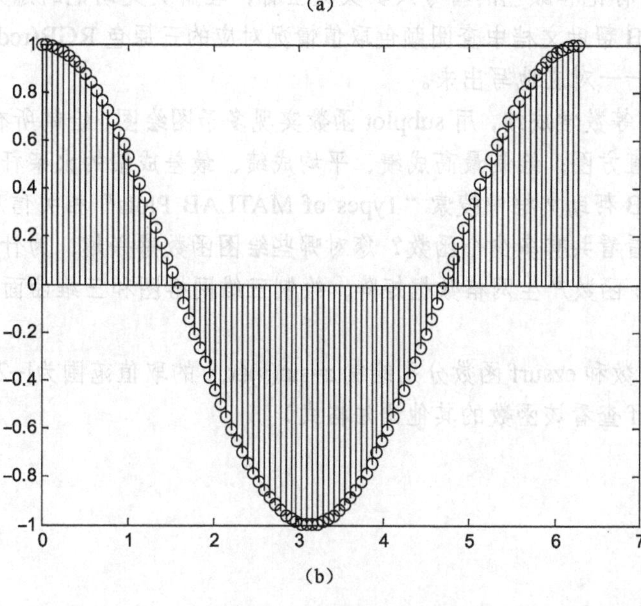

(b)

图3-33 火柴杆图示例

3.4 课外延伸

在此推荐一些书籍或者资料

① http://cn.mathworks.com/matlabcentral/fileexchange/5961-magnify（放大局部图形的小程序）。

② https://cn.mathworks.com/videos/creating-a-basic-plot-interactively-101423.html（MATLAB交互式绘图视频资料）。

③ https://cn.mathworks.com/videos/using-basic-plotting-functions-101615.html（MATLAB基本函数绘图视频资料）。

④ http://www.mathworks.com/support （MATLAB 故障排除等技术支持，例如，免费注册用户后可以查看相关bug报告）。

3.5 习题

① 在命令行窗口(Command Window)提示符后面，输入命令绘制正弦函数在区间[0,6*pi]上的图形，依次添加相应坐标轴标签和标题，观察图形显示形式的变化。然后在命令提示符“>>”后依次输入命令“grid on”“grid off”，仔细观察依次输入每条命令前后，图形显示形式

的变化。

② 绘制余切函数 y=cot(x)在区间(−π,0)U(0,π)上的图形(三角函数在 MATLAB 中为"cot", cot 为英文 cotangent 的缩写)，并使用图形（Figure）窗口中的菜单"编辑" -> "复制图形(F)"复制绘制的图形，将绘制的图形复制到 word 文档。(提示：(−π,0) 可以表示为">>−pi+0.01:0.01:0−0.01")

③ 写出线型、标记和颜色的符号及其英文全称，理解英文助记的意义。

④ 在 MATLAB 帮助文档中查阅颜色取值情况对应的三原色 RGB(red, green, blue)向量值，并以列表形式一一对应地写出来。

⑤ 使用班级高等数学成绩，用 subplot 函数实现多子图绘图，绘制所有学生成绩曲线图；绘制学生成绩分布直方图；绘制最高成绩、平均成绩、最差成绩的火柴杆图。

⑥ 在 MATLAB 帮助文档中搜索"Types of MATLAB Plots"相关信息，查看 MATLAB 提供的绘图函数，看看共有多少个函数？您对哪些绘图函数感兴趣，为什么？

⑦ 使用 sphere 函数产生网格数据矩阵，绘制三维网格图和三维曲面图。(提示：>>doc sphere)

⑧ 利用 surf 函数和 ezsurf 函数分别绘制 z=sin(y)(x, y 的取值范围为[−2,2])的三维曲面图。(建议：>>doc ezsurf 查看该函数的其他语法格式)

第4章 MATLAB 程序设计

当你想在你的代码中找到一个错误时，这很难；当你认为你的代码是不会有错误时，这就更难了。

——Steve McConnell，《代码大全》的作者

MATLAB 除了可以在命令行窗口（Command Window）里输入行命令以外，当需要编写多行程序时，在命令行窗口里实现则显得极为不便，尤其是需要修改某一行代码时，命令行窗口的功能则显得十分拙劣。其实不然，主要是多行程序代码应该在 MATLAB Editor 编辑器里编辑、保存、修改、执行。

而解决问题的程序往往有若干行，因此，在此郑重声明，凡是多行程序一律建议在 MATLAB Editor 编辑器里实现。

解决问题的源程序主要依靠三种程序结构来实现，即顺序结构（语句）、选择结构（语句）和循环结构（语句）。MATLAB 也像其他程序设计语言一样，需要借助这些语句来实现复杂的程序，同时是掌握 MATLAB 程序设计的重要基础知识，也是深入学习 MATLAB 的重要技能。

4.1 顺序语句

所谓顺序语句，即表示按顺序执行程序语句，其流程如图 4-1 所示。在绘制流程图的过程中，椭圆符号一般表示开始（begin）和结束（end），矩形符号表示普通程序语句，具体参见图 4-2。

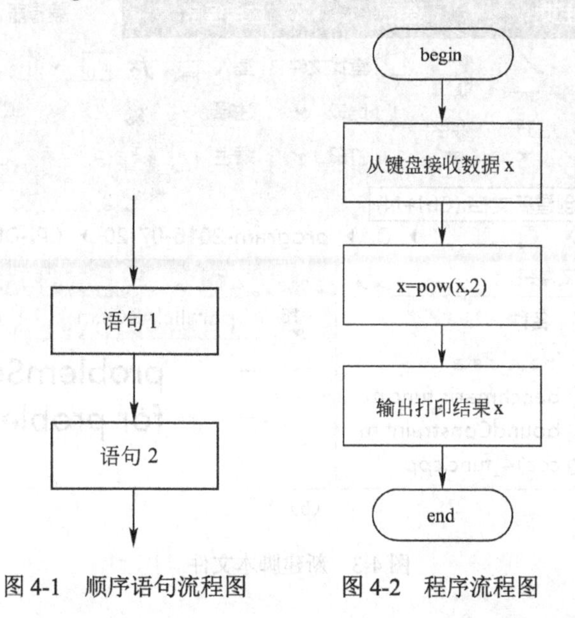

图 4-1 顺序语句流程图　　图 4-2 程序流程图

语法表示如下：

```
expression                    %执行表达式命令，并显示其值
var=experession;              %将表达式赋值给变量 var；“；”不显示结果
```

【例题 4-1】利用 MATLAB 代码编辑器，编程实现从键盘接收数据，并计算其平方，然后输出结果。（输出命令：disp，建议使用 help 或 doc 查看 disp 的用法。）

首先，依照图 4-3 中箭头指向的“+”后（或者直接按快捷键 Ctrl+N）实现新建脚本文件，在新产生的缺省名称为 untitled（或者 untitled2，untiled3,…）的编辑器里编写代码，并保存为 ch4_2_01.m 的文件，当我们输入为 ch4-2-1.m 时，程序会弹出如图 4-4 所示的提示对话框：要求程序名称满足以下 3 点①必须以字母开头；②仅能包含字母、数字、下划线；③MATLAB 命名中大小写是不同的。该例题的具体代码如图 4-5 所示。

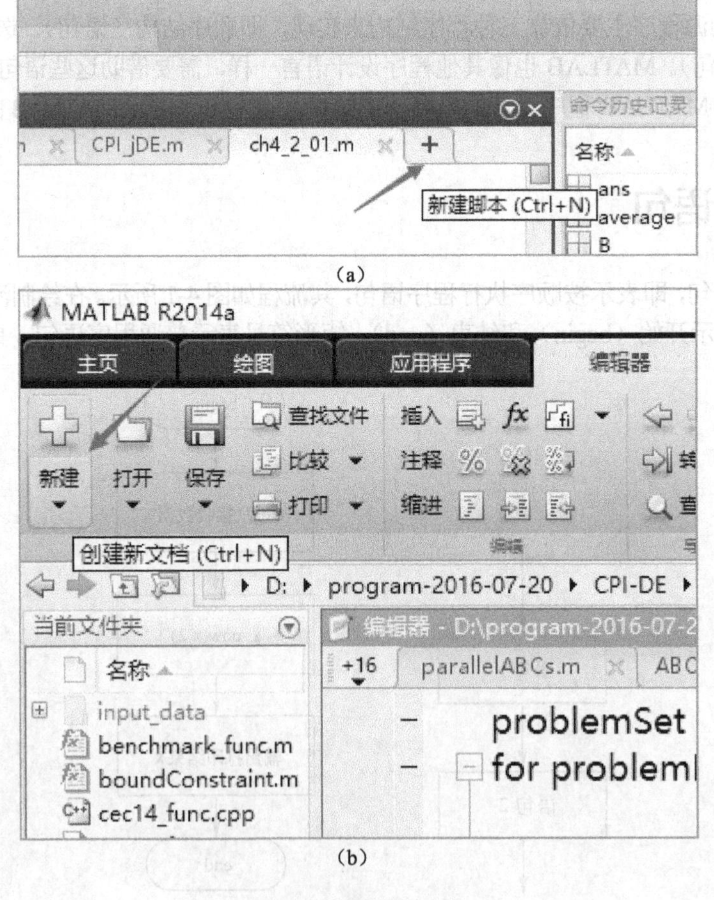

图 4-3 新建脚本文件

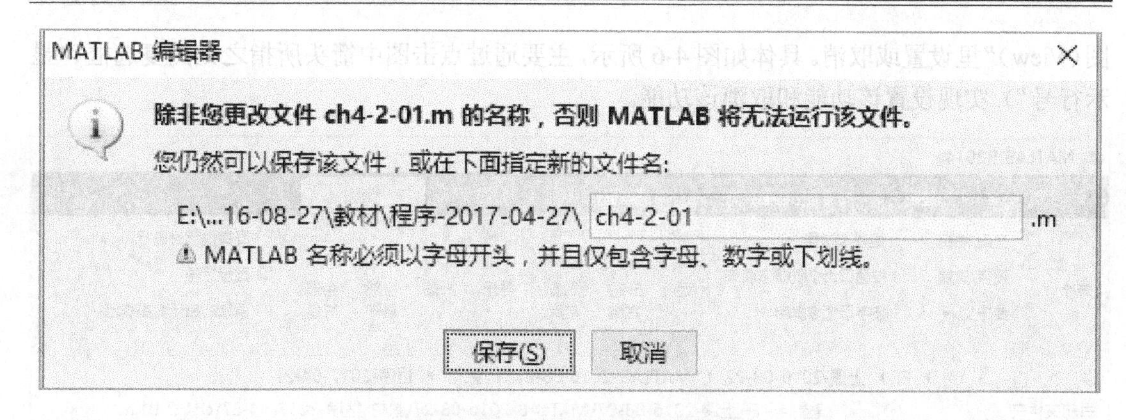

图4-4 MALTAB程序命名规则

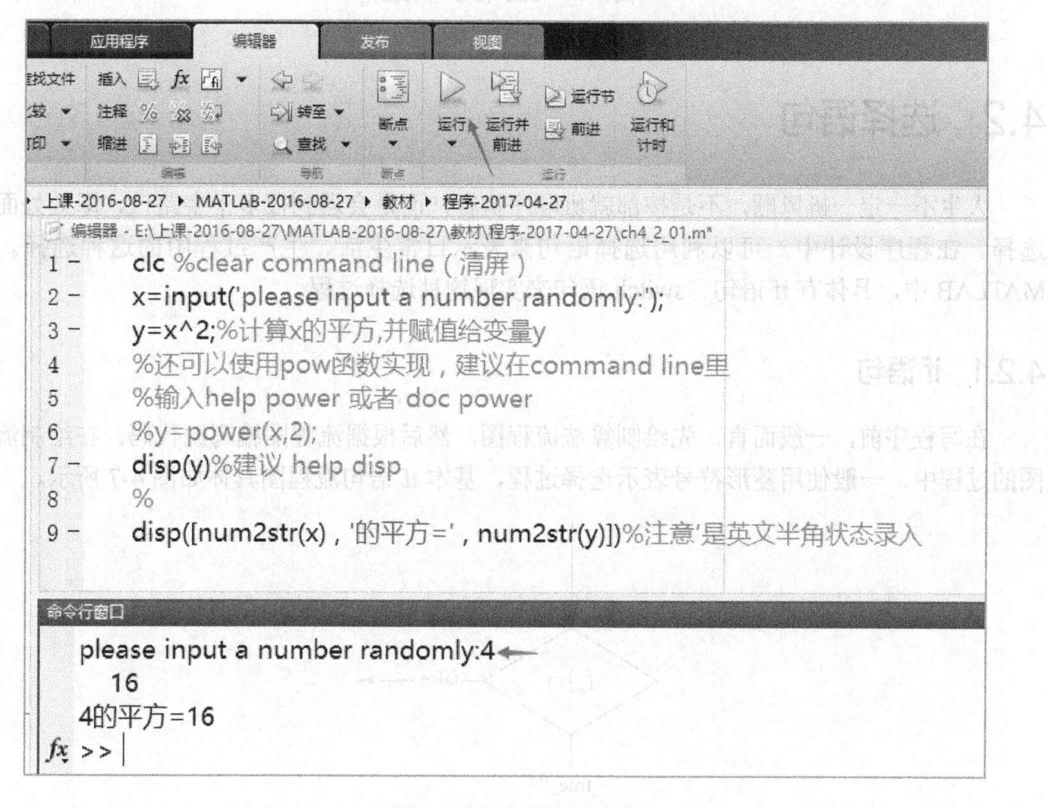

图4-5 源代码及结果

图4-5命令行窗口中命令行提示符“>>”后有一竖线，这是光标在此闪烁而被复制下来了。读者在截图时需要选择一个光标闪烁切换的瞬间进行截图，这样就不会有这一竖线了。

当点击图4-5编辑器标签页上方的▷按钮时，程序开始执行，变成图中命令行窗口（command window）里的情形，等待用户在“:”后面输入数据，当输入4后，依次执行了两条disp语句显示输出结果。

从图4-5中可以看出第9条语句的disp函数稍显复杂，使用到了num2str函数将一个数字转换为字符串，并使用到了通过数组实现不同字符串（数组元素）的连接。

值得提醒的是，为了便于阅读及调试程序，MATLAB可以显示行号，该功能可以在“视图（View）”里设置或取消。具体如图 4-6 所示，主要通过点击图中箭头所指之处的复选框（“显示行号”）实现设置该功能和取消该功能。

图 4-6 “显示行号”设置

4.2 选择语句

人生不一定一帆风顺，不是按部就班顺序执行，而是会遇到很多十字路口，即处处面临选择。在程序设计中，可以利用选择语句来表示日常生活、生产过程中的这种选择。在 MATLAB 中，具体有 if 语句、switch 语句来实现这种选择过程。

4.2.1 if 语句

在写程序前，一般而言，先绘制算法流程图，然后根据流程图编写源代码。在绘制流程图的过程中，一般使用菱形符号表示选择过程，基本 if 语句流程图具体如图 4-7 所示。

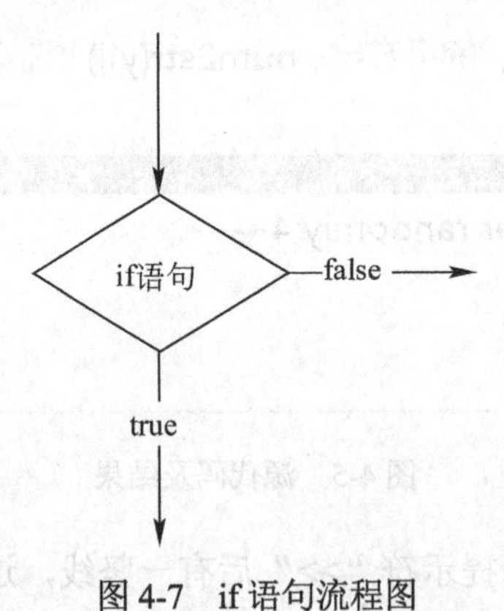

图 4-7 if 语句流程图

4.2.1.1 if 语句基本形式

if 语句常常用于选择判断，然后根据判断的结果为真（true）或假（false）来决定如何执行程序语句，可以达到改变程序执行顺序的目的。在 MATLAB 中，非 0 即是真，0 即为假。

最基本的 if 语句语法格式如下：

```
if expression
```

```
    statement-1;%注意缩进编排，一般缩进 2～4 个字符
    …； %注意代码都是在英文、半角状态录入，包括“；”
    statement-n;%也可以使用快捷键 Ctrl+I 实现缩进编排
end %注意 end 和 if 关键字最好对齐，便于检查程序
```

【例题 4-2】打开 MATLAB 代码编辑器，编程实现：从键盘输入两个数 a、b，如果 a 大于 b，则 a、b 值互换。最后输出 a、b 的值。（如果 a=3，b=2，则输出“a=2”和“b=3”。）

答：该题有判断，故需要 if 语句实现，同时，两个变量有可能需要交换其值，这时应考虑设置临时变量来实现。具体程序如图 4-8 所示。

```
编辑器 - E:\上课-2016-08-27\MATLAB-2016-08-27\教材\程序-2017-04-27\ch4_3_00.m
1 -   clc%清屏
2 -   a=input('Enter the first number:');
3 -   b=input('Enter the second number:');
4 -   if a > b
5 -       temp=a;%需要设置一个临时中转变量存放a的值
6 -       a=b;
7 -       b=temp;
8 -   end
9 -   disp(['a=',num2str(a)]);
10 -  disp(['b=',num2str(b)]);
命令行窗口
  Enter the first number:7
  Enter the second number:5
  a=5
  b=7
fx >>
```

图 4-8 源程序及结果

【例题 4-3】打开 MATLAB 代码编辑器，编程实现：从键盘输入一个正整数，判断该数是否是奇数，如果是奇数输出“该数是奇数”。并借助 Visio 等软件绘制程序流程图。

答：通过同时按下 Ctrl+N 组合键，新建一个名为 ch4_3_01.m 的 MATLAB 源程序文件，然后在 Editor 编辑器里输入代码，具体如图 4-9 所示。

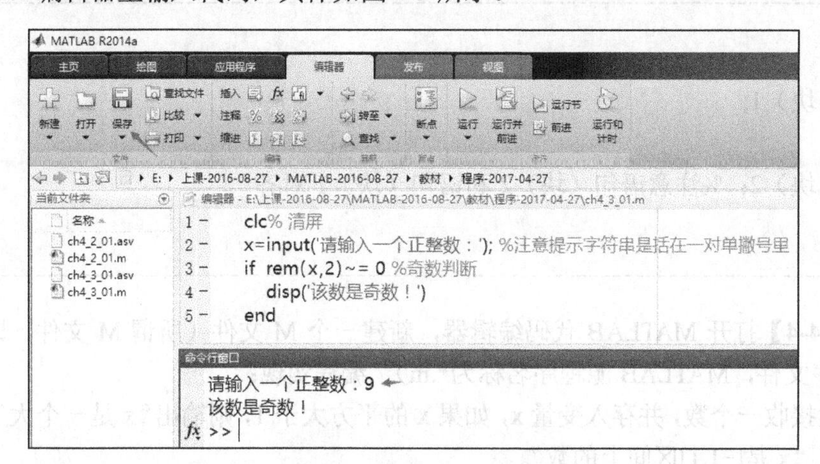

图 4-9 源程序及结果

注：在编辑器里新建脚本文件后，单击图中“保存”按钮，保存程序文件为 ch4_3_01.m，然后编写代码，并提醒大家注意随时保存源代码文件，以防止因诸如意外断电停机等事件丢失代码。

根据图 4-9 的源程序代码，绘制其流程图如图 4-10 所示。

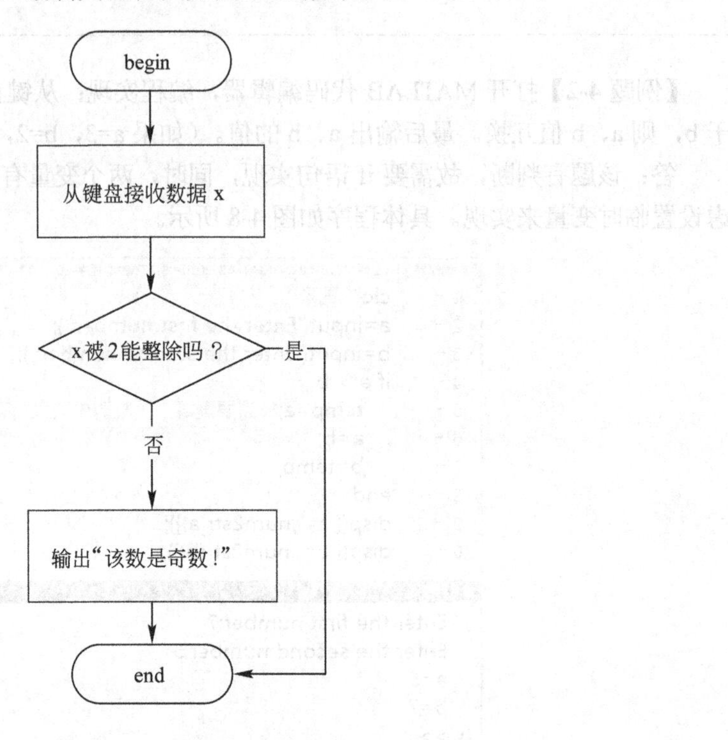

图 4-10 程序流程图

4.2.1.2 if-else-end 语句

除了简单的判断语句，还有二重选择情形，即表达式为真，执行语句（块）1，而当表达式为假时，执行语句（块）2。所谓的语句块即是由多条语句组成的复合语句。具体语法格式如下：

```
if 表达式
    语句（块）1;
else
    语句（块）2; %注意语句（块）2 和语句（块）1 对齐
end
```

【**例题 4-4**】打开 MATLAB 代码编辑器，新建一个 M 文件（所谓 M 文件，即是后缀名为.m 的程序文件，MATLAB 源程序名称为*.m），编程实现：

从键盘接收一个数，并存入变量 x，如果 x 的平方大于 1，则输出“x 是一个大于 1 的数”，否则，输出“x 是[−1,1]区间上的数”。

答：打开编辑器，新建一个脚本文件，并保存为 ch4_3_02.m 的文件。根据题意可知该算法流程图如图 4-11 所示。

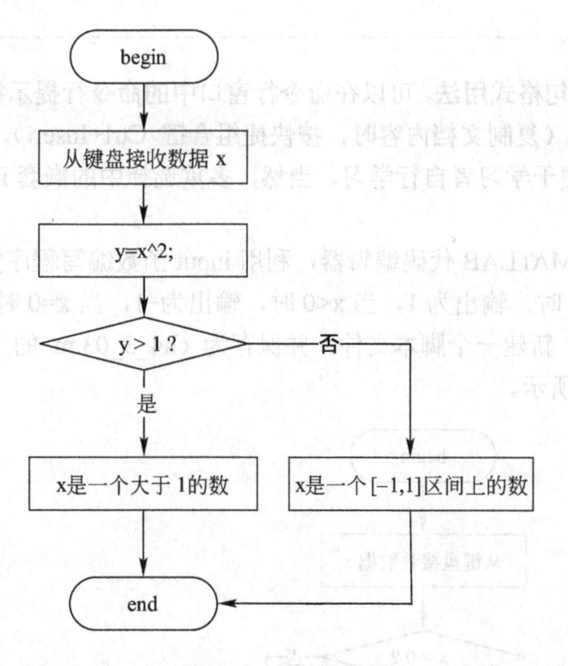

图 4-11　算法流程图

根据算法流程图，在编辑器里编写具体程序如图 4-12 所示。

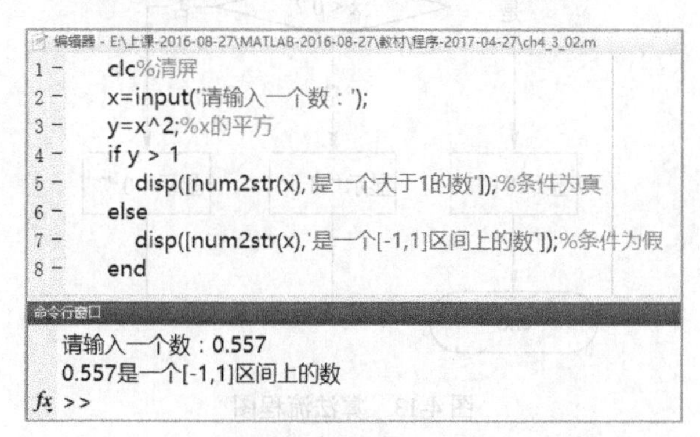

图 4-12　源程序及结果

4.2.1.3　if 语句的嵌套

日常生产、生活中还存在比上述更复杂的选择情况，即多重选择的情形，这时需要借助 if-elseif-else-end 语句形式来实现。其语法格式如下：

```
if expression
    语句（块）1;
elseif expression
    语句（块）2;
else
    语句（块）3;%注意关键字对齐，养成良好的缩进编排风格习惯
```

end

MATLAB 的 if 语句格式用法，可以在命令行窗口中的命令行提示符“>>”之后输入“doc if”调用文档帮助系统（复制文档内容时，按快捷组合键 Ctrl+Insert），进而查询其语法和系统自带的相关例子，便于学习者自行学习。当然，多重选择中的嵌套 if 语句中可以嵌套多个 elseif 分支语句。

【例题 4-5】 利用 MATLAB 代码编辑器，利用 input 函数编写程序实现从键盘接收数据，赋值给变量 x，当 x>0 时，输出为 1，当 x<0 时，输出为−1，当 x=0 时，输出为 0。

答：打开编辑器，新建一个脚本文件，并保存为 ch4_3_03.m 的文件。根据题意可知该算法流程图如图 4-13 所示。

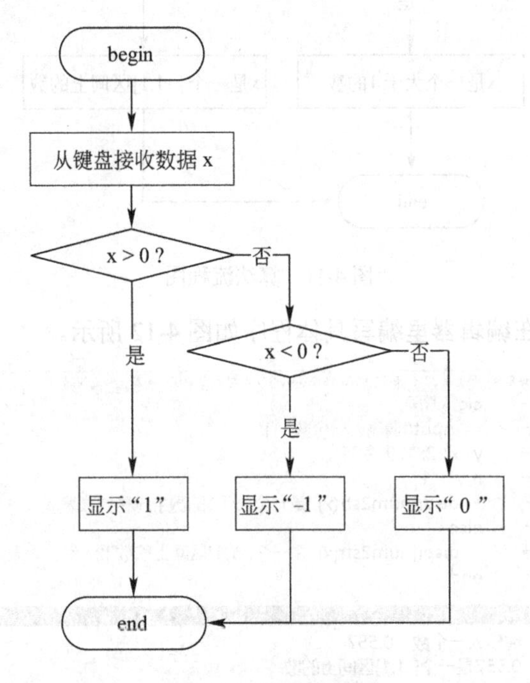

图 4-13 算法流程图

根据算法流程图，在编辑器里编写具体程序如图 4-14 所示。

```
编辑器 - E:\上课-2016-08-27\MATLAB-2016-08-27\教材\程序-2017-04-27\ch4_3_03.m
1 -  clc%清屏
2 -  x=input('Please enter a number:');
3 -  if x > 0
4 -      disp(1);
5 -  elseif x < 0 %注意elseif是连在一起的，中间没有空格
6 -      disp(-1)
7 -  else
8 -      disp(0)
9 -  end
命令行窗口
  Please enter a number:168
      1
fx >>
```

图 4-14 源程序及结果

4.2.2　switch 语句

日常遇到的多分支选择结构，如果使用多个 elseif 语句实现，程序结构会变得较为复杂，尤其是当遇到特定的几种分支情形时，即具体的几种枚举情形，此时使用 switch-case-end 语句更为简洁、合适。其语法格式如下：

```
switch switch_expression
    case case_expression
        语句（块）1；
    case case_expression
        语句（块）2；
    ...
    otherwise
        语句（块）；
end
```

需要注意的是，switch 语句中 case 表达式表示的是具体的某种枚举情况，即只能是使用关系运算符中的相等“==”与否情形。此外，与 C 语言中的 switch 语句不同的是：MATLAB 中，只执行第 1 次匹配的 case 表达式后的语句，其后的 case 表达式即使也匹配 switch 表达式，也不会被执行，因此，MATLAB 中 case 表达式后的语句无须与 break 语句组合使用。另外，该结构中的 otherwise 语句也不是必须使用的表达式。

【例题 4-6】借助 MATLAB 代码编辑器，利用 input 函数编写程序实现从键盘接收数据，赋值给变量 x，当 x 等于 1 时，输出“该人学历为博士”，当 x 等于 2 时，输出“该人学历为硕士”，当 x 等于 3 时，输出“该人学历为本科”，当 x 等于 4 时，输出“该人学历为专科”，当 x 等于 5 时，输出“该人学历为高中”，对于其他情形，则输出“该人学历为其他”。

答：打开编辑器，新建一个脚本文件，并保存为 ch4_3_04.m 的文件。根据题意可知：该题主要是通过输入的数据代码判断某人的学历身份，主要有 5 种具体的学历身份可以匹配，因此，使用 switch 语句编程实现可以较好地表达这种枚举情形。具体源代码如图 4-15。

```
编辑器 - E:\上课-2016-08-27\MATLAB-2016-08-27\教材\程序-2017-04-27\ch4_3_04.m*
1 -  clc%清屏
2 -  x=input('Enter a number:');
3 -  switch x %switch 表达式
4 -      case 1 %case表达式
5 -          disp('该人学历为博士');
6 -      case 2
7 -          disp('该人学历为硕士');
8 -      case 3
9 -          disp('该人学历为本科');
10 -     case 4
11 -         disp('该人学历为专科');
12 -     case 5
13 -         disp('该人学历为高中');
14 -     otherwise
15 -         disp('该人学历为其他');
16 - end %注意关键词对齐，养成良好的编程习惯
命令行窗口
  Enter a number:1
  该人学历为博士
fx >>
```

图 4-15　源程序及结果

【例题 4-7】借助 MATLAB 代码编辑器，对于已有数据 x=[10,20,70],利用 input 函数编写程序实现从键盘接收数据，赋值给字符串变量 str，实现条形图、饼图、三维饼图等不同图形类型的选择绘图。

答：由于是根据已有数据,从 3 种具体的绘图形式中选择某一种形式绘制图形，可知，使用 switch 语句来枚举这 3 种绘图形式是比较合理的，具体代码如图 4-16 所示，程序执行相关结果如图 4-17 所示。

```
编辑器 - E:\上课-2016-08-27\MATLAB-2016-08-27\教材\程序-2017-04-27\ch4_3_05.m
1 -   clc%清屏
2 -   x=[10,20,70];%用于绘图的原始数据
3 -   str=input('Enter a string variable:','s');%建议doc input，'s'表示输入字符串
4 -   switch str % switch 表示
5 -       case 'bar'
6 -           bar(x); %画条形图
7 -           title('Bar Graph');%语句块中可以有多条语句
8 -       case {'pie','pie3'} %元胞数组，可以存储不等长的字符串
9 -           pie3(x);%画三维饼图
10 -          title('Pie Chart');%图的题目
11 -          legend('First','Second','Third');%图例，建议doc legend
12 -      otherwise
13 -          warning('没有匹配的绘图类型. No plot created.');%警告
14 -  end
15 -  set(gcf,'Color','white');%设置图形背景色为白色
命令行窗口
  Enter a string variable:pie3
fx >>
```

图 4-16　源程序及结果

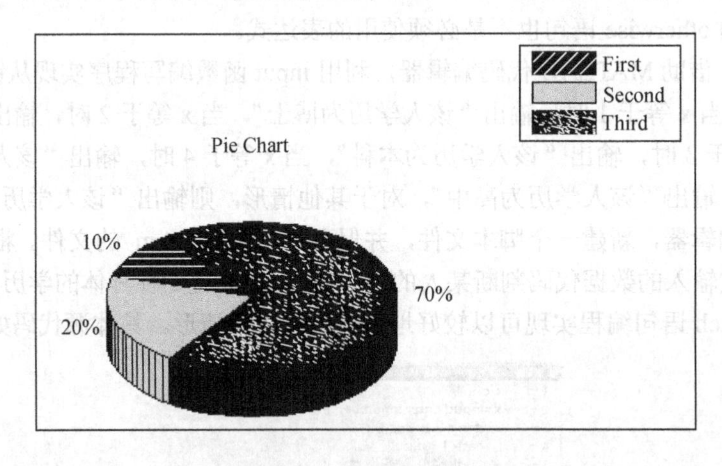

图 4-17　三维饼图结果

4.3 循环语句

在一个程序中，当某个条件为真时，需要重复执行某些操作，这就是所谓的循环。许多实际问题都需要用到循环结构来实现某些操作的重复，例如铁路动车循环发车、求若干整数之和等。这样，程序设计者需要借助循环语句来实现算法，循环语句作为程序中的三种基本

结构之一，和顺序语句、选择语句共同作为解决各种复杂问题的基本程序设计单元，熟练掌握循环语句是迈向设计复杂程序的基础。

MATLAB 中，循环语句主要有 for 循环和 while 循环。

4.3.1 for 循环

MATLAB 程序设计中，对于执行特定次数的循环“操作（语句)”，使用 for 语句来实现。其语法格式如下：

```
for index = values
    程序语句（块）;
end
```

其中，语法中的 values 可以有以下几种形式：

① initValue：endValue %步长缺省为 1

② intiValue:step:endValue %步长为 step

③ valArray %迭代变量 index 依次访问数组的每 1 列

【例题 4-8】借助 MATLAB 代码编辑器，使用 for 循环编程计算 $\sum_{i=1}^{100} i$。

答：从题意可知该问题是对 1～100 之间的所有整数加和，所以执行加和的操作次数是固定不变的，使用 for 循环比较方便实现。其算法思路流程如图 4-18 所示。

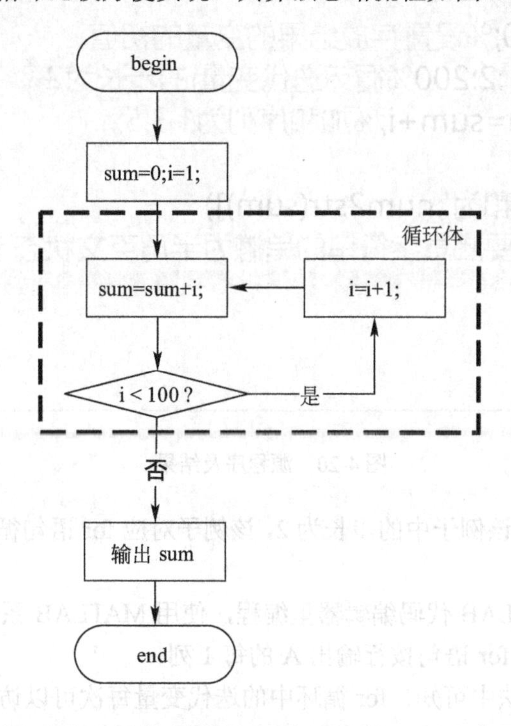

图 4-18　算法流程图

依据图 4-18 的算法流程图，可以方便地编写出相关源程序，具体程序如图 4-19 所示。

编辑器 - E:\上课-2016-08-27\MATLAB-2016-08-27\教材\程序-2017-04-27\ch4_3_06.m*

```
1 -     clc%清屏
2 -     sum=0;%设置存放结果的变量的初值
3 -     for i=1:100%循环迭代变量i的缺省步长为1
4 -       sum=sum+i;
5 -     end
6 -     disp(['和为',num2str(sum)])
7       %一定要注意字符串的单撇为半角英文状态下输入
```

命令行窗口

```
和为5050
fx >>
```

图 4-19　源程序及结果

【例题 4-9】借助 MATLAB 代码编辑器，使用 for 循环编程计算 $\sum_{i=1}^{100}(2\times i-1)$。

答：如上例题一样，该问题依然可以方便使用 for 语句来编程计算。具体代码如图 4-20 所示。

Editor - E:\上课-2016-08-27\MATLAB-2016-08-27\教材\程序-2017-04-27\ch4_3_07.m

ch4_3_07.m

```
1 -     clc%清屏
2 -     sum=0;%设置存放结果的变量的初值
3 -     for i=1:2:200%循环迭代变量i的步长为2
4 -       sum=sum+i;%加和序列为1,3,5,...
5 -     end
6 -     disp(['和为',num2str(sum)])
7       %一定要注意字符串的单撇为半角英文状态下输入
```

Command Window

```
和为10000
fx >>
```

图 4-20　源程序及结果

从图 4-20 可以看出，该例子中的步长为 2，该例子对应 for 语句循环迭代表达式中 values 使用的第二种形式。

【例题 4-10】在 MATLAB 代码编辑器里编程，使用 MATLAB 系统自带的 magic 函数产生 5 阶魔方阵 A，并使用 for 语句按行输出 A 的每 1 列。

答：从 for 语句的语法中可知，for 循环中的迭代变量每次可以访问矩阵的 1 列，因此，可以借助 for 循环依次访问魔方阵 A 的每 1 列。具体过程及结果如图 4-21 所示。

```
编辑器 - E:\上课-2016-08-27\MATLAB-2016-08-27\教材\程序-2017-04-27\ch4_3_08.m*
1 -   clc%清屏
2 -   format compact%紧凑显示结果
3 -   A=magic(5) %产生5阶魔方阵，并显示结果(无分号"；")
4 -   disp('------以下为A的转置--------');
5 -   i=1;
6 -   for index=A%每次迭代访问A中的1列
7 -      disp(['第',num2str(i),'行：',num2str(index')]);%转置显示结果
8 -      i=i+1;
9 -   end
```

```
命令行窗口
A =
    17    24     1     8    15
    23     5     7    14    16
     4     6    13    20    22
    10    12    19    21     3
    11    18    25     2     9
------以下为A的转置--------
第1行：17  23   4  10  11
第2行：24   5   6  12  18
第3行：1   7  13  19  25
第4行：8  14  20  21   2
第5行：15  16  22   3   9
fx >>
```

图 4-21　源程序及结果

4.3.2　while 循环

MATLAB 程序设计中，对于“操作（语句）”循环执行次数不确定的情形，一般使用 while 循环来编程。其语法格式如下：

```
while expression
   程序语句（块）；
end
```

当表达式为真时，不断执行 while 循环体内的程序语句（块）。

【例题 4-11】 2012 年 1 月，我国银行一年定期存款利率为 3.5%,若将 10 万元钱于当月 1 号存入银行，请问多长时间后会连本带利翻一番（假定利率保持不变）？

答：设 M0 为本金，r 为年率，M 为一年后的连本带息，则 M=M0*（1+r）,到底需要多少年？这个问题事先不知道，需要通过计算，则采用 while 循环来编程实现较合适。具体过程及结果如图 4-22 所示。

【例题 4-12】 编程计算π的近似值，可以利用的公式为 $\frac{\pi}{4}=1-\frac{1}{3}+\frac{1}{5}-\frac{1}{7}+\cdots$，要求近似值的最后一项的绝对值小于 toL=1e−5。要求只能使用 while 循环，并显示 π 的近似值。同时测试程序执行时间。（当 toL 分别等于 1e−7,1e−8,1e−9,1e−10 时，程序执行时间发生了什么变化，请大家自行测试）。

编辑器 - E:\上课-2016-08-27\MATLAB-2016-08-27\教材\程序-2017-04-27\ch4_3_09.m

```
1 -  clc%清屏
2 -  M0=10;%初始值-本金
3 -  n=0;%连本带息存银行n年
4 -  M=M0;
5 -  r=1+3.5/100;
6 -  while M<2*M0%当连本带息未翻番时执行循环
7 -      M=M*r;%一年后的连本带息
8 -      n=n+1;
9 -  end
10 - disp([num2str(n),'年后,',num2str(M0),'万元连本带息可以翻番.']);
```

命令行窗口

```
21年后，10万元连本带息可以翻番
fx >>
```

图 4-22　源程序及结果

答：从π的计算公式可以看出，每一项的正负号在交替变化，因此随着循环迭代的进行，需要按奇偶数进行控制，此外，分母基本是按奇数形式有规律变化，程序设计的重点是写出公式中的通项表达式，然后循环叠加即可，还有就是循环迭代的次数是个未知数，故采用 while 循环编程实现比较合适。最后，需要注意循环加和的 4 倍才是所要计算的π的值。具体过程及结果如图 4-23 所示。

编辑器 - E:\上课-2016-08-27\MATLAB-2016-08-27\教材\程序-2017-04-27\ch4_3_10.m*

```
1 -  clc%清屏
2 -  tic%开启秒表计时，建议doc tic
3 -  i=1;
4 -  sum=0;
5 -  a=(2*i-1)*(-1)^(i-1);%控制正负号
6 -  item=1/a;
7    %注意指数的输入形式
8 -  toL=1e-5;
9 -  while abs(item)>=toL%绝对值函数abs
10 -     sum=sum+item;
11 -     i=i+1;
12 -     a=(2*i-1)*(-1)^(i-1);
13 -     item=1/a;%第i项
14 - end
15 - disp(4*sum);%显示pi的结果
16 - toc%测算程序执行所花费的时间
```

命令行窗口

```
    3.1416
时间已过 0.102330 秒。
fx >>
```

图 4-23　源程序及结果

值得注意的是，图 4-23 计算程序花费时间的代码 tic 和 toc 需要成对出现。建议读者在命令行窗口里的命令行提示符“>>”后面输入 doc tic 或 doc toc 以查看更详细的帮助信息。

4.3.3　循环语句的嵌套

循环语句中，无论其循环体是单条语句、多条语句还是空语句，整个循环语句在语法形式上可以当作是一条语句。因此，循环语句本身也可以出现在任何需要一条语句的地方。当然也可以作为循环体中的一条语句。这样，就形成了循环语句的嵌套。

循环的嵌套是指一个循环体内又包含另一个完整的循环结构。内嵌的循环中还可以嵌套其他循环，这样，就形成了多层嵌套。

【例题 4-13】在 MATLAB 代码编辑器里编写代码，在命令行窗口里输出打印如下形式的图形。

```
      *
    * * *
  * * * * *
* * * * * * *
```

答：可以看出图形是一个用若干“*”构成的正三角形，图中符号之间有一定的空间间隔，大约 1 个空格“字符”左右，图形符号共有 4 行，且随着行数的增加图形符号也由少增多，且与行数编号 i 存在 2*i-1 的关系，可以看出控制行数的变化需要一层 for 循环，控制每行的星号（*）个数需要一层 for 循环，此外，每一行中星号（*）前的空格数也在随行号变化而变化，因此，也需要一层 for 循环控制空格的输出。

根据上述分析可知该算法的流程图如图 4-24 所示。

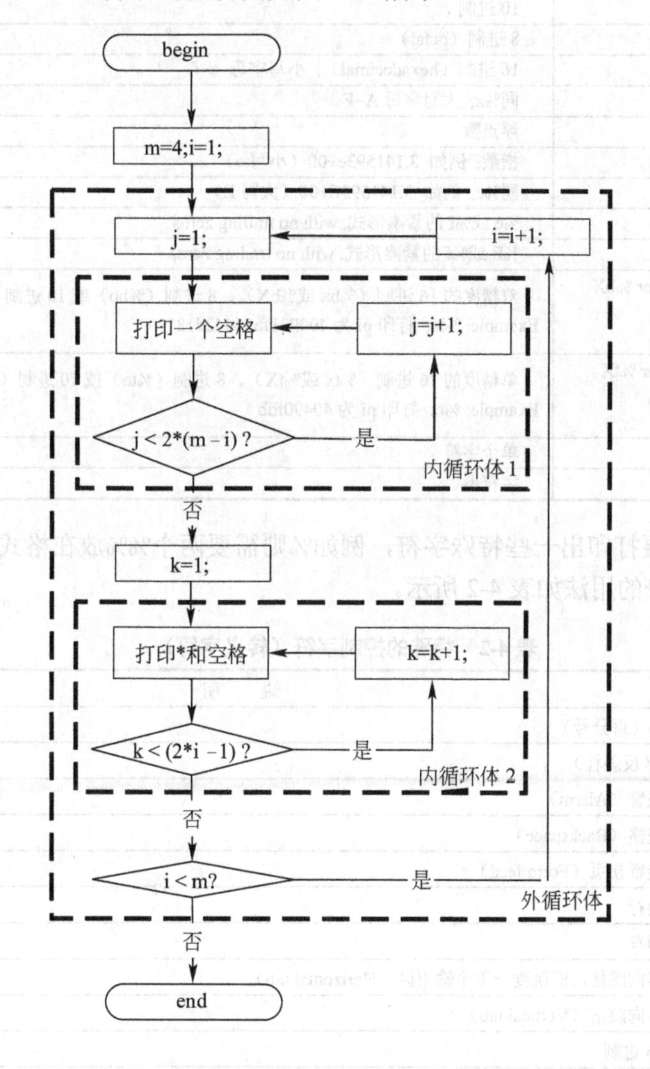

图 4-24 双层循环算法流程图

为了有规律地输出星号（*）和空格，这里先介绍一个 MATALB 系统自带的输出函数 fprintf。

fprintf 函数主要用于向文件写入数据。而且可以控制写入数据的格式。其常用的语法格式如下：

```
fprintf（formatSpec,A1,...,An）
```

其中，“formatSpec”表示格式控制字符串，其控制字符格式及其说明如表 4-1 所示。格式控制字符用于控制待输出打印数据 A1，…，An 的格式化输出。

表 4-1　格式控制字符串

值 类 型	控 制 字 符	说 明
整型，符号整型	%d or %i	10 进制（decimal）
整型，无符号整型	%u	10 进制
	%o	8 进制（octal）
	%x	16 进制（hexadecimal），小写字母 a~f
	%X	同%x，大写字母 A~F
浮点数	%f	浮点数
	%e	指数，例如 3.141593e+00（小写 e）
	%E	同%e，例如 3.141593E+00（大写 E）
	%g	%e 或%f 的紧凑形式，with no trailing zeros
	%G	%E 或%f 的紧凑形式，with no trailing zeros
	%bx or %bX %bo %bu	双精度的 16 进制（%bx 或%bX）、8 进制（%bo）或 10 进制（%bu）值 Example: %bx 打印 pi 为 400921fb54442d18
	%tx or %tX %to %tu	单精度的 16 进制（%tx 或%tX），8 进制（%to）或 10 进制（%tu）值 Example: %tx 打印 pi 为 40490fdb
字符	%c	单个字符
	%s	字符串

此外，有时需要打印出一些特殊字符，例如%则需要两个%%放在格式控制字符串中。这些特殊的控制字符的用法如表 4-2 所示。

表 4-2　特殊的控制字符（转义字符）

控 制 字 符	说 明
%%	%（百分号）
\\	\（反斜杠）
\a	报警（Alarm）
\b	退格（Backspace）
\f	走纸换页（Form feed）
\n	换行
\r	回车
\t	横向跳格，即跳到一下个输出区（Horizontal tab）
\v	竖向跳格（Vertical tab）
\xN	16 进制
\N	8 进制

fprintf函数的一些使用频率较高的用法如图4-25所示。

```
命令行窗口
>> fprintf('%8.6f\n',pi)%8表示总输出宽度为8,6表示小数点后6位
3.141593
>> %小数点本身也占一位
>> fprintf('%6.2f\n',pi)
  3.14
>> %可以看出3从第3位开始输出，相对于上面的数据3.141593
>> fprintf('%-6.2f\r',pi)
3.14
>> %-6.2f中的'-'表示左对齐，
>> fprintf('%+6.2f\r',pi)
+3.14
>> fprintf('%+6.2f\n',-pi)%'+'号表示带符号输出
-3.14
>> fprintf('% 6.2f\n',pi)%6之前的' '空格表示前面填空格
  3.14  3前面填充2个空格
>> fprintf('% 8.2f\n',pi)%
    3.14  3前面填充4个空格
```

图4-25　fprintf用法举例

fprintf函数作为MALTAB系统中的一个低级文件I/O（Input/Output）函数，有更多的使用规则和Demos，请在命令行窗口里执行“>>doc fprintf”查看更详细的帮助文档。

例题4-13的源程序及结果如图4-26所示。

```
编辑器 - E:\上课-2016-08-27\MATLAB-2016-08-27\教材\程序-2017-04-27\ch4_3_11.m*
1 -   clc%清屏
2 -   m=4;%共4行*
3 -   for i=1:m
4 -       for j=1:2*(m-i)
5 -           fprintf(' ');%输出1个空格
6 -       end
7 -       for j=1:2*i-1
8 -           fprintf('* ');%*号后有1空格
9 -       end
10 -      fprintf('\n');%\n,转义字符,换行,注意缩进编排
11 -  end

命令行窗口
      *
    * * *
  * * * * *
* * * * * * *
fx >>
```

图4-26　源程序及结果

【例题 4-14】在 MATLAB 代码编辑器里编写代码，在命令行窗口里输出打印如下形式的九九乘法表。

```
1 x  1 =  1
2 x  1 =  2  2 x  2 =  4
3 x  1 =  3  3 x  2 =  6  3 x  3 =  9
4 x  1 =  4  4 x  2 =  8  4 x  3 = 12  4 x  4 = 16
5 x  1 =  5  5 x  2 = 10  5 x  3 = 15  5 x  4 = 20  5 x  5 = 25
6 x  1 =  6  6 x  2 = 12  6 x  3 = 18  6 x  4 = 24  6 x  5 = 30  6 x  6 = 36
7 x  1 =  7  7 x  2 = 14  7 x  3 = 21  7 x  4 = 28  7 x  5 = 35  7 x  6 = 42  7 x  7 = 49
8 x  1 =  8  8 x  2 = 16  8 x  3 = 24  8 x  4 = 32  8 x  5 = 40  8 x  6 = 48  8 x  7 = 56  8 x  8 = 64
9 x  1 =  9  9 x  2 = 18  9 x  3 = 27  9 x  4 = 36  9 x  5 = 45  9 x  6 = 54  9 x  7 = 63  9 x  8 = 72  9 x  9 = 81
```

答：考虑到乘法表中的结果有大量两位数存在，同时为了清晰表示，各列数据之间一般留一个空格，所以选用函数“fprintf”来控制输出数据。此外，发现每个乘法式子中的第 1 个数和行号相同，第 2 个数都是从 1 开始，并以 1 为步长增加到和行号一样大小，这样，可以考虑用双层 for 循环语句来实现，外层 for 循环控制行号的变化，而内层循环控制乘法式子中的第 2 个数的变化。根据分析，可以写出 MATALB 源程序，具体如图 4-27 所示。

编辑器 - E:\上课-2016-08-27\MATLAB-2016-08-27\教材\程序-2017-04-27\ch4_3_12.m

```
1 -   clc%清屏
2 -   for i=1:9 %控制行数
3 -       for j=1:i %控制列数
4 -           result=j*i;%乘法结果
5 -           fprintf('%3d x%3d =%3d',i,j,result);%打印乘法表
6 -       end
7 -       fprintf('\n');%控制换行
8 -   end
9     %注意缩进编排的程序设计风格
```

图 4-27　源程序

【例题 4-15】在 MATLAB 代码编辑器里编写代码，实现在命令行窗口里输出打印如下形式的数字图案。

```
1
1  2
1  2  3
1  2  3  4
1  2  3  4  5
1  2  3  4  5  6
1  2  3  4  5  6  7
1  2  3  4  5  6  7  8
1  2  3  4  5  6  7  8  9
1  2  3  4  5  6  7  8  9 10
1  2  3  4  5  6  7  8  9 10 11
1  2  3  4  5  6  7  8  9 10
1  2  3  4  5  6  7  8  9
1  2  3  4  5  6  7  8
1  2  3  4  5  6  7
1  2  3  4  5  6
1  2  3  4  5
1  2  3  4
1  2  3
1  2
1
```

答：从图形可以看出图形变化主要分成 2 部分：上半部分显示为一个直角三角形，下半部分也显示为一个直角三角形。二者的区别主要是：上半部分图形每行数字个数随着行数的增加而增加，下半部分则恰恰相反。为此，可以考虑用两个 for 循环语句分别绘制上半部分数字图形和下半部分数字图形。

就数字图案上半部分的数据而言，随着行数的增加，每行数字个数增加。这样，就需要一条 for 循环语句控制行号的变化，一条 for 循环语句控制输出每行数字，即需要双层 for 循环语句来实现上半部分数字图案的绘制。

就数字图案下半部分的数据而言，随着行数的增加，每行数字个数减少。同上半部分数字图案的构思一样，下半部分数字图案也需要双层 for 循环语句来实现下半部分数字图案的绘制。需要注意的是：由于下半部分数字个数是随着行数的增加而减少，因此，需要考虑 for 循环语句中的步长为负数来实现。

综合以上分析，可得该算法的源程序如图 4-28 所示。

```
1 -      clc%清屏
2 -      n=input('Enter a number (<100):');%输入一个数
3 -   for i=1:n
4 -       for j=1:i
5 -           fprintf('%3d',j)
6 -       end
7 -       fprintf('\n');%换行
8 -   end
9 -   for i=n-1:-1:1%步长为-1，倒序输出
10 -      for j=1:i
11 -          fprintf('%3d',j)
12 -      end
13 -      fprintf('\n');%换行
14 -  end
```

图 4-28　源程序

值得注意的是，当命令行窗口（Command Window）的字体类型设置的不合适的时候，可能导致“fprintf”函数输出打印到命令行窗口的星号（*）或数字等不能有效对齐，这时请将命令行窗口的字体类型设置为“桌面代码”。具体操作步骤为：依次点击“主页（HOME)”—“预设（Preferences)”，打开“预设项（Preferences)”界面，具体设置如图 4-29 所示。

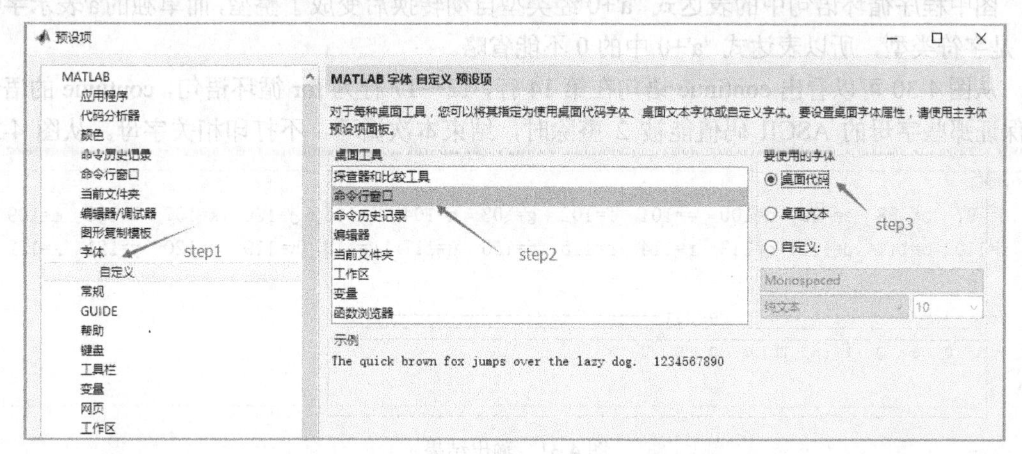

图 4-29　命令行窗口字体设置

4.4 其他流程控制语句

在程序设计过程中，经常需要提前终止循环、跳出子程序、显示错误信息等，此类情形需要用到其他流程控制语句来实现这些功能。

4.4.1 continue 语句

continue 语句主要用在 for 循环语句和 while 循环语句中，用于结束本次循环。

【例题 4-16】 在 MATLAB 代码编辑器里编写代码，首先，输出打印 26 个英文小写字母及其 ASCII 码值，每行输出 13 个字母及其 ASCII 码值；然后打印输出那些字母的 ASCII 码值不能被 2 整除的字母。

答：注意字符类型和 ASCII 值之间的转换方法。具体过程及结果如图 4-30 所示。

```
编辑器 - E:\上课-2016-08-27\MATLAB-2016-08-27\教材\程序-2017-04-27\ch4_4_1.m
1 -    clc%清屏
2      %读者可以在命令提示符后输入>>'a'+0查看字母a的ASCII码值
3 -    num=0;%计数器
4 -    for i='a'+0:1:'a'+25 %26个英文字母，注意最后一个字母是'a'+25
5 -        num=num+1;
6 -        fprintf('%c=%3d  ',i,i);%打印字母及其ASCII码值
7 -        if ~rem(num,13)%控制每行输出13对字母和数字
8 -            fprintf('\n');%换行
9 -        end
10 -   end
11 -   fprintf('\n------------------------result--------------------------\n')
12 -   for i='a'+0:1:'a'+25
13 -       if ~rem(i,2)%~表示对表达式取反
14 -           continue;%结束本次循环，循环继续寻找不被2整除的英文字母
15 -       end
16 -       fprintf('%3c',i);
17 -   end
18 -   fprintf('\n');
```

图 4-30　源程序

图中程序循环语句中的表达式 'a'+0 经类型自动转换后变成了整型，而单独的'a'表示字符 a，是字符类型，所以表达式 'a'+0 中的 0 不能省略。

从图 4-30 可以看出 continue 语句在第 14 行，12～17 行为 for 循环语句，continue 的语句是保证那些字母的 ASCII 码值能被 2 整除时，结束本次循环，不打印相关字母。从图 4-31

```
命令行窗口
a= 97  b= 98  c= 99  d=100  e=101  f=102  g=103  h=104  i=105  j=106  k=107  l=108  m=109
n=110  o=111  p=112  q=113  r=114  s=115  t=116  u=117  v=118  w=119  x=120  y=121  z=122

-------------------------result-----------------------------
  a  c  e  g  i  k  m  o  q  s  u  w  y
fx >>
```

图 4-31　输出结果

可以看出，b 字母的 ASCII 码值为 98，能被 2 整除，这时 continue 语句结束本次循环，没有执行 16 行的字母打印程序语句，但该 for 循环并没有结束，而是继续判断字母 c 的 ASCII 值是否被 2 整除，显然，字母 c 的 ASCII 码值 99 不能被 2 整除，继续执行了 16 行的打印输出语句。故 continue 的作用是中断当次循环，并不能终止整条 for 循环语句（该例中的整条 for 循环语句要执行 26 次）。

4.4.2　break 语句

break 语句主要用在 for 循环语句和 while 循环语句中，相对于 continue 语句，break 语句用于结束本层循环，即 break 语句用于终止整条循环语句。但是，对于一个多层循环程序（循环语句嵌套），break 语句只终止所在的内层循环体，不会结束其外层循环。

【例题 4-17】 在 MATLAB 编辑器里编写代码，在已知 $y=1+\frac{1}{2}+\frac{1}{3}+\cdots+\frac{1}{n}$，求 y 不超过 6 的最大的 n 值，以及 n 对应的 y 值。要求使用 break 语句。

答：具体过程及结果如图 4-32 所示。

```
编辑器 - E:\上课-2016-08-27\MATLAB-2016-08-27\教材\程序-2017-04-27\ch4_4_3.m*
1 -   clc%清屏
2 -   y=0;
3 -   n=1;
4 -   while 9%非零即为真
5 -       y=y+1/n;%求数列和
6 -       if y>6
7 -           break;%结束while（整层）循环
8 -       end
9 -       n=n+1;
10 -  end
11 -  disp(['最大的n=',num2str(n-1)]);%打印最大的n
12 -  fprintf('y=%8.7f\n',y-1/n);%打印y,注意大于6的那部分要减掉
13 -  disp('----------对比分析---------');
14 -  fprintf('导致break语句执行的y=%8.7f\n',y);%打印导致while循环终止的y

命令行窗口
  最大的n=226
  y=5.9999614
  ----------对比分析---------
  导致break语句执行的y=6.0043667
fx >>
```

图 4-32　源程序及结果

在嵌套循环中，break 语句仅仅结束 break 语句所在的内层循环，并会执行内层循环“end 语句”之后的程序。

【例题 4-18】 在 MATLAB 代码编辑器里编写代码，打印部分九九乘法表，只打印例题 4-14 图中的前 3 列。

答：程序思路和例题 4-14 中类似，最直观、简洁的办法就是在前面程序中的内层 for 循环语句中加入 break 语句。具体实现如图 4-33 所示。

```
编辑器 - E:\上课-2016-08-27\MATLAB-2016-08-27\教材\程序-2017-04-27\ch4_4_3_1.m*
1 -   clc%清屏
2 -   for i=1:9 %控制行数
3 -       for j=1:i %控制列数
4 -           result=j*i;%乘法结果
5 -           if j>=4
6 -               break;%终止(内层)for循环
7 -           end
8 -           fprintf('%3d x%3d =%3d',i,j,result);%打印乘法表
9 -       end
10 -      fprintf('\n');%控制换行
11 -  end
```

```
命令行窗口
  1 x  1 =  1
  2 x  1 =  2  2 x  2 =  4
  3 x  1 =  3  3 x  2 =  6  3 x  3 =  9
  4 x  1 =  4  4 x  2 =  8  4 x  3 = 12
  5 x  1 =  5  5 x  2 = 10  5 x  3 = 15
  6 x  1 =  6  6 x  2 = 12  6 x  3 = 18
  7 x  1 =  7  7 x  2 = 14  7 x  3 = 21
  8 x  1 =  8  8 x  2 = 16  8 x  3 = 24
  9 x  1 =  9  9 x  2 = 18  9 x  3 = 27
fx >>
```

图 4-33 源程序及结果

从图 4-33 中可以看出，该程序共有 11 行代码，包括 2 层 for 循环语句。其中，外层 for 循环语句包括 2～11 行，内层 for 循环语句包括 3～9 行。break 语句在第 6 行，处于内层 for 循环中。

从图 4-33 中的命令行窗口里显示的结果来看，所有第 4 列及其以后的乘法公式都没有打印。从结果的第 4 行开始，一般就会出现第 4 列的乘法公式，但这时第 5 行的 if 语句判断结果首次为真，则执行第 6 行的 break 语句，break 语句的作用是终止内层 for 循环，即把程序带往内层循环的 end 语句（第 9 行）之后，即开始执行第 10 行语句，也就是换行。之后，程序开始执行外层循环（又从第 2 行开始），又陆续打印了命令行窗口中第 5～9 行的部分乘法公式（前 4 列），同样，每次执行内层循环时，都会在第 5 行 if 语句判断为真的情形下执行 break 语句，这就形成了九九乘法表只有前 3 列的形式。这说明 break 语句每次仅仅终止了所在的内层 for 循环语句（3～9 行）。

4.4.3 return 语句

return 语句主要用于终止当前程序的执行，并返回到调用函数或键盘。

【例题 4-19】在 MATLAB 代码编辑器里编写代码，从键盘任意输入一个数 x，求其倒数 $\frac{1}{x}$。

答：该问题的要点是要保证 $\frac{1}{x}$ 有意义。在 MATLAB 中，由于 $\frac{1}{0}$ 的结果是可以得出 inf（正无穷大）的，不会像其他高级程序设计语言（例如，C 语言），系统出现报错的情形。但是，

在 MATLAB 中，任何数据也不录入的情形下，MATLAB 是会报错的。报错的例子如图 4-34 所示。

为了避免这种报错，可以加入判断语句，使得所写程序代码更为完备。具体程序如图 4-35 所示。

```
>> x=input('enter a number')
enter a number
x =
     []
>> 1/x
错误使用 /
矩阵维度必须一致。
```

图 4-34 空数据的错误使用

```
编辑器 - E:\上课-2016-08-27\MATLAB-2016-08-27\教材\程序-2017-04-27\ch4_4_4.m
1 -  clc%清屏
2 -  x=input('Enter a number:');
3 -  if isempty(x)%isempty 函数用于判断x是否为空?是，返回1，否，返回0
4 -     disp('x is an empty array.');
5 -     return;%正常结束程序，等待重新执行程序
6 -  end
7 -  disp(['1/x=',num2str(1/x)])
8

命令行窗口
  Enter a number:8
  1/x=0.125
fx >>
```

图 4-35 例题 4-19 的源程序及结果

4.4.4 error 和 warning 语句

error 和 warning 用于在程序设计过程中主动发出错误和警告信息。其中，error 语句在显示错误信息的同时终止程序的执行；而 warning 语句仅仅显示警告信息，程序仍会继续运行。

【例题 4-20】在 MATLAB 编辑器里编写代码，从键盘循环接收数据，首先判断其是否是字母字符，若不是，则给出警告信息："x 是数字 字符."（此处 x 用真实输入数据替换）；然后判断其是否为空，若为空，则发出错误信息"x is an empty array."。

答：具体过程及结果如图 4-36 所示。

从图 4-36 中的命令行窗口显示的结果可以看出，当遇到第 7 行源代码中的 warning 语句时，在命令行窗口中给出了警告信息，但是 while 循环并没有被终止，继续执行了第 9 行的输入语句，而且在输出打印输入的字母字符"e"之后，while 循环又被执行了 1 次，这次在未输入任何数据的情况，导致了第 11 行 if 语句为真，进而触发了第 12 行的 error 语句，执行 error 语句之后，给出了错误信息，并终止了整个程序的执行（包括 while 循环语句）。

```
Editor - E:\上课-2016-08-27\MATLAB-2016-08-27\教材\程序-2017-04-27\ch4_4_5.m
ch4_4_5.m
1 -     clc%清屏
2 -     x=input('Enter a character:','s');%输入字母字符
3       %在MATLAB中"空(矩阵)"被当作 假(false)
4 -     while x~='#' %当输入字符不等于'#'字符时，执行while循环
5 -        y=str2num(x);%str2num 将字符串转换为数字,若x非数字字符，则y为空(矩阵)
6 -        if isnumeric(y) && ~isempty(y)%isnumeric函数用于判断该数是否是数字
7 -           warning([x,'是数字 字符.']);%需要注意的是若y是空，则isnumeric(y)依然返回1(true)
8 -        end
9 -        x=input('Enter a character again:','s');
10         %注意输入语句的位置应在下面if语句之前，否则while循环提前结束
11 -        if isempty(x)%isempty 函数用于判断x是否为空?是，返回1，否，返回0
12 -           error('x is an empty array.');%提示错误信息，并终止程序
13 -        end
14 -    end

Command Window
  Enter a character:w
  Enter a character again:9
  Warning: 9是数字 字符.          warning
  > In ch4_4_5 at 7
  Enter a character again:e
  Enter a character again:
  Error using ch4_4_5 (line 12)   error
  x is an empty array.
fx >>
```

图 4-36　源程序及结果

此外，需要注意 isempty 和 isnumeric 的用法，他们均返回的是逻辑 1 或 0（true 或 false），显示的是数字 1 或 0，但不能掩盖其为逻辑类型的本质。当其返回值再次被相关逻辑函数判断时，是针对其逻辑值进行的判断，而非数字 1 或 0。具体信息可以从图 4-37 看出：x 未被输入任何数据，因而 x 是一个空矩阵，这时，y=isempty（x）返回的是逻辑类型的 1，而非数字类型，这样，z 的值为 0 就不奇怪了。此外，读者也可以通过“工作区（Workspace）”查看 x、y、z 的数据类型及其值来验证。

```
命令行窗口
  >> x=input('Enter a character:','s');
  Enter a character:
  >> y=isempty(x)%y返回的是逻辑 1，即y是逻辑变量
  y =
       1
  >> z=isnumeric(y)%y是逻辑1，即y是逻辑型数据，非数字
  z =
       0
fx >>
```

图 4-37　两个逻辑函数的辩证分析

4.4.5　input 语句

input 语句用来请求用户从键盘输入数据，并将输入数据存放到相应变量。input 有两种使用模式，其常用语法格式分别如下：

---

result = input（prompt）　%用于输入数字

```
str = input（prompt,'s'） %用于输入字符（串）
```

其中，语法中的 prompt 表示“提示信息”，用于提示用户输入相关数据。's'则表示输入的是字符类型的数据，相应的变量 str 也自动变为字符类型(char)。相应地，没有参数's'的 input 命令则用于输入数字类型的数据。

此外，对于第一种使用方法，有以下 2 种情形值得注意：

① 当没有输入任何信息，而是直接按 return 键，则返回一个空矩阵，并赋值给 result。

② 当输入了任何非法的数据，MATLAB 首先显示相关错误信息，然后重新显示提示信息，等待用户输入正确的数据。

4.4.6 pause 语句

pause 语句用于临时中止程序运行。在 MATLAB 中，该命令有多种调用形式，具体语法格式如下：

```
pause %暂停程序执行，按任意键继续
pause（n）%暂停程序执行，n（可以为小数）秒后继续
pause on %pause 命令开关，允许执行 pause 命令
pause off %pause 命令开关，禁用执行 pause 命令
pause query %查询 pause 命令是开（on）或关（off）
state = pause（'query'）%查询 pause 命令状态的结果
oldstate = pause（newstate）% pause 切换到 newstate 状态
```

【例题 4-21】在 MATLAB 代码编辑器里编写代码，编写程序测试 pause 命令的各种用法。

答：根据其语法格式，发现 pause 命令具有多种重载形式。具体过程及结果如图 4-38 及图 4-39 所示。

```
Editor - E:\上课-2016-08-27\MATLAB-2016-08-27\教材\程序-2017-04-27\ch4_4_6.m
ch4_4_6.m
1 -  clc%清屏
2 -  pause off %禁用pause命令
3 -  pause query %查询当前pause的开关状态，直接显示结果
4 -  pause%等待用户按任意键继续，起作用的前提是pause状态为on
5 -  disp('任性继续...');
6 -  state=pause('query');%2017-12-01 modify
7 -  if strcmp(state,'off')%strcmp是字符串比较函数
8 -      pause on%打开pause状态开关为on
9 -  end
10 - pause(3.15);%3.15秒后继续
11 - disp('3.15秒后，真的继续了...');
12 - disp('请先按任意键,才能继续...');
13 - pause%等待用户按任意键继续
14 - disp('你先按了任意键,继续...');
15 - state=pause('query');%查询当前pause的开关状态
16 - disp(['当前状态为:',state]);
17 - oldstate=pause('on');%切换状态为on，并返回前一状态信息
18 - disp(['前一状态为:',oldstate]);
19 - disp('下面这个命令似乎进入死循环了...,按Ctrl+C吧.')
20 - pause(inf)%暂停 正无穷 秒，相当于进入死循环了，只能按Ctrl + C
```

图 4-38　pause 命令的各种用法示例

程序执行的相关结果如图 4-39 所示。可以发现第 2 行代码禁用了 pause 功能，这样第 3 行代码查询 pause 状态的结果如图 4-39 所示的“off”状态，第 4 行的 pause 没有发挥作用（因第 3 行禁用了此功能），也就是无须任何反应情形下，程序直接执行了第 5 行代码，并显示了文本信息：“任性继续…”，第 6～8 行是一个 if-end 语句，对当前状态和 “off” 状态进行了比较判断，结果为真的情形下，执行了开启 pause 功能的第 7 行代码，紧接着，可以发现第 9、12 行代码真正执行了，在此过程中可以感受到短暂的暂停及等待用户按任意键才能继续的状态，尤其是第 19 行代码的执行，如果不按“Ctrl+C”的情况下，感觉时间流逝的比较长。建议读者执行图 4-38 程序的过程中观察图 4-39 结果的变化，体会 pause 命令的作用范围和使用方法。

```
命令行窗口
ans =
off
任性继续...
3.15秒后，真的继续了...
请先按任意键，才能继续...
你先按了任意键，继续...
当前状态为:on
前一状态为:on
下面这个命令似乎进入死循环了...，按Ctrl+C吧.
操作在以下过程中被用户终止 ch4 4 6 (line 19)

fx >>
```

图 4-39　例题 4-21 程序执行结果

4.4.7　try-catch 语句

try-catch 语句是一种试探性执行语句，同时准备捕获其错误的机制。作用是用于保证程序设计者编写的代码更为健壮，其语法格式如下：

```
try
    语句（块）1;
catch exception
    语句（块）2;
end
```

其中，exception 为异常表达式，是一个可选项。有兴趣的读者可以通过在命令行窗口执行“>>doc try”查看更详细的信息。

对于 try-catch 语句，MATLAB 系统可以捕捉（catch）到 try 语句对应的语句（块）1 执行过程中的错误情况。当且仅当执行语句块（1）发生错误时，MATLAB 才执行与 catch 语句对应的语句块（2）。也就是说，在编程时，若语句（块）1可能会出现异常，则用try语句将其包括起来，并在catch语句对应的语句（块）2中对所遇到的异常问题进行分析、判断和解决。

【例题4-22】在MATLAB代码编辑器里编写代码，从键盘接收数字型数据，使用try-catch语句保证用户输入字符型数据时不显示错误信息。

答：input命令在接收数字型数据时，如果输入了字符型数据，则会显示错误，具体代码如图4-40所示。因此，需要将input命令置于try语句块中来增强程序的健壮性。具体程序及结果如图4-41所示。

```
命令行窗口
>> x=input('Please enter a number:')
Please enter a number:t
错误使用 input
未定义函数或变量 't'。
Please enter a number:8
x =
     8
fx >>
```

图4-40 input错误输入示例

```
编辑器 - E:\上课-2016-08-27\MATLAB-2016-08-27\教材\程序-2017-04-27\ch4_4_7.m
1 -  clc%清屏
2 -  try
3 -      x=input('Please enter a number:');
4        %input会要求用户不断输入数据，直到输入正确
5 -  catch
6 -      disp('请输入数字型数据.');
7        %由于input命令本身不断把程序控制权返回给try语句中的input
8        %故catch只是掩盖了input的错误信息，没有获得程序执行权
9        %故disp没有被执行
10 - end
11 - disp(['程序继续了,没有错误信息,输入了正确的数字：',num2str(x)]);
12

命令行窗口
Please enter a number:w
Please enter a number:t
Please enter a number:9
程序继续了,没有错误信息,输入了正确的数字：9
fx >>
```

图4-41 源程序及结果

【例题4-23】在MATLAB代码编辑器里编写代码，测试只有try语句（块）中出现错误，catch语句捕获后，catch语句块中的语句才会被执行。

答：问题需要展示try语句（块）绝对正确的情形和有错误出现的情形时，随后提供观

察catch语句（块）是否被执行的情景。具体程序及结果如图4-42所示。

```
编辑器 - E:\上课-2016-08-27\MATLAB-2016-08-27\教材\程序-2017-04-27\ch4_4_8.m
1 -    clc%清屏
2 -  try
3 -      disp('...没错呀...');
4 -    catch
5 -      disp('...看来，没露脸的机会了...');%try语句没有错，则不执行
6 -    end
7
8 -  try
9 -      y=[];%
10 -     z=x/y;  %出错的表达式
11 -   catch
12 -     disp('Error,请检查try语句块中的表达式.');%try语句块出错，执行
13 -   end
命令行窗口
  ...没错呀...
  Error,请检查try语句块中的表达式.
fx >>
```

图4-42 源程序及结果

从图4-42可以看出，第一个try语句块中的第3行语句没有错误，则catch语句块中的第5行没有被执行。第二个try语句块中的第10行出错了，并被catch捕获了，catch语句块中的第12行被执行。故只有try语句发生了错误，catch语句捕获后，catch语句块中的语句才会被执行。

4.5 课外延伸

在此推荐一些书籍或者资料。

① 看看运筹学里的最短路径问题。

李引珍.管理运筹学[M], 北京：科学出版社，2012.

程杰.大话数据结构[M], 北京：清华大学出版社，2011.

黄雍检，陶冶，钱祖平.最优化方法——MATLAB应用[M]，北京：人民邮电出版社，2010.

② 请通过互联网搜索“杨辉三角”有关知识。

4.6 习题

① 使用input函数输入一个数，然后判断该数能否同时被2和5整除。

② 利用MATLAB Editor编辑器，写一个后缀名为.m的程序文件，输入a、b、c三个数，输出其中最小的一个。(注意文件名的命名需要讲究见名之意。)

③ (a) 将100～200之间的所有素数打印出来；(b) 每行打印5个。

④ 利用韦达定理求方程式$ax^2+bx+c=0$的根。分别考虑：a.有两个不等的实根；b.有两个相等的实根。c.画出算法流程图。

⑤ 利用 for 循环、while 循环分别求$\sum_{i=1}^{100}(2i+1)$；利用 Visio 或 Diagram 软件工具绘制算法流程图。

⑥ 利用 rand 函数产生 1 行 10 列的一个数组，利用循环将最大的数找出来。

⑦ 利用 randn 函数产生 5 行 1 列的一个数组，a.利用 while 循环对数据进行排序，b.利用 for 循环对数据进行排序，要求结果是从小到大。

⑧ 利用循环编程计算$\sum_{n=1}^{20}n!$。

⑨ 求一个 3 阶方阵 A=[1 2 3;4 5 6;7 8 9]的副对角线上的元素之和。

⑩ 求$s_n=a+aa+aaa+\cdots+\underbrace{a\cdots a}_{n}$之值，其中$a$是正整数，由键盘输入，$n$也由键盘输入。

⑪ 编程计算$s_n=1+2^2+3^3+\cdots+n^n$，n由键盘输入。

⑫ 求下面数列前 n 项之和，n 由键盘输入。

$$1+\frac{1}{1+2}+\frac{1}{1+2+3}+\cdots+\frac{1}{1+2+\cdots+n}$$

⑬ 编程寻找 100～999 之间的所有水仙花数，所谓“水仙花数”是指一个三位数，其各位数字的立方和等于该数本身。例如，$153=1^3+5^3+3^3$，故 153 是水仙花数。

⑭ 一个数如果恰好等于它的因子之和，这个数就称为“完数”。例如 6 的因子为 1、2、3，而 6=1+2+3，因此 6 是完数。编程寻找 1000 以内的所有完数，并按下面的格式输出：

6: its factors are 1,2,3.

⑮ 利用循环编程计算$\sum_{k=1}^{100}k+\sum_{k=1}^{50}k^2+\sum_{k=1}^{10}1/k$。

⑯ 打印出以下类似图案，对于行数 n 要求从键盘输入（要求使用循环语句完成）。

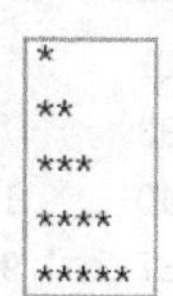

⑰ 打印出以下类似图案，（要求使用循环语句完成）。

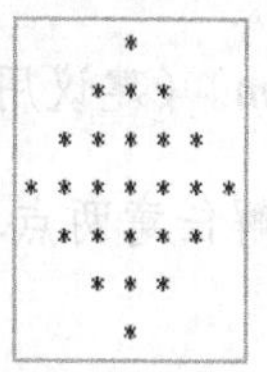

⑱ 打印出以下类似图案，（要求使用循环语句完成）。

```
1 x 1=1  1 x 2=2  1 x 3=3  1 x 4=4  1 x 5=5  1 x 6=6  1 x 7=7  1 x 8=8  1 x 9=9
         2 x 2=4  2 x 3=6  2 x 4=8  2 x 5=10 2 x 6=12 2 x 7=14 2 x 8=16 2 x 9=18
                  3 x 3=9  3 x 4=12 3 x 5=15 3 x 6=18 3 x 7=21 3 x 8=24 3 x 9=27
                           4 x 4=16 4 x 5=20 4 x 6=24 4 x 7=28 4 x 8=32 4 x 9=36
                                    5 x 5=25 5 x 6=30 5 x 7=35 5 x 8=40 5 x 9=45
                                             6 x 6=36 6 x 7=42 6 x 8=48 6 x 9=54
                                                      7 x 7=49 7 x 8=56 7 x 9=63
                                                               8 x 8=64 8 x 9=72
                                                                        9 x 9=81
```

⑲ 打印出以下类似图案，（要求使用循环语句完成）。

```
                  1                                        1
                1 2 3                                    1 2 3
              1 2 3 4 5                                1 2 3 4 5
            1 2 3 4 5 6 7                            1 2 3 4 5 6 7
          1 2 3 4 5 6 7 8 9                        1 2 3 4 5 6 7 8 9
        1 2 3 4 5 6 7 8 9 10 11                  1 2 3 4 5 6 7 8 9 10 11
      1 2 3 4 5 6 7 8 9 10 11 12 13            1 2 3 4 5 6 7 8 9 10 11 12 13
```

⑳ 利用 for 循环编程计算矩阵 $A=\begin{bmatrix}1^1 & 1^2 & 1^3 & 1^4 & 1^5\\ 3^1 & 3^2 & 3^3 & 3^4 & 3^5\\ 5^1 & 5^2 & 5^3 & 5^4 & 5^5\\ 7^1 & 7^2 & 7^3 & 7^4 & 7^5\end{bmatrix}$（括号内的数据仅是表示形式而已）的结果，并显示最终结果。

㉑ 求 Fibonacci 数列：1,1,2,3,5,8,…的前 40 个数，并按每行 4 个数，每列数据右对齐输出打印。数列满足如下公式：

$$F_1 = 1 \quad (n=1)$$
$$F_2 = 1 \quad (n=2)$$
$$F_n = F_{n-1} + F_{n-2} \quad (n \geqslant 3)$$

输出结果如下图所示：

1	1	2	3
5	8	13	21
34	55	89	144
233	377	610	987
1597	2584	4181	6765
10946	17711	28657	46368
75025	121393	196418	317811
514229	832040	1346269	2178309
3524578	5702887	9227465	14930352
24157817	39088169	63245986	102334155

㉒ 编程求使得 $\sum_{i=1}^{m} i^5 > 1e4$ 的最小的 m。（建议用 power 函数）

㉓ 编程实现 Floyd-Warshall 算法求解任意两点之间的距离（提示：3 层循环）。

㉔ 编程打印如下形式的杨辉三角。

```
命令行窗口
Please enter the number of line:12
                                  1
                               1     1
                            1     2     1
                         1     3     3     1
                      1     4     6     4     1
                   1     5    10    10     5     1
                1     6    15    20    15     6     1
             1     7    21    35    35    21     7     1
          1     8    28    56    70    56    28     8     1
       1     9    36    84   126   126    84    36     9     1
    1    10    45   120   210   252   210   120    45    10     1
 1    11    55   165   330   462   462   330   165    55    11     1
```

第5章
M 文件

能说算不上什么，有本事就把你的代码给我看看。

——Linus Torvalds，Linux 之父

我不是一个伟大的程序员，我只是一个具有良好习惯的优秀程序员。

——Kent Beck，极限编程创始人之一

MATLAB 源程序文件是以“.m”为扩展名（后缀）的 ASCII 文件，这些文件顾名思义被称为 M 文件。M 文件本质上是一个 ASCII 码文件，因而可以借助很多字处理软件编写，例如记事本、EditPlus 及 UltraEdit 等。但是，一般建议使用 MATLAB 系统自带的 MATLAB Editor 编辑器编写 M 文件，该编辑器自带了代码自动着色、注释、自动缩进编排等诸多功能，方便对所编写代码进行保存、修改、调试、运行。

5.1 M 文件

M 文件主要有两种形式：M 脚本文件和 M 函数文件，类似于别的程序设计语言里的过程和函数，即 M 脚本文件往往没有输入参数也没有返回值。一般而言，M 函数则有输入参数和一些数据自函数返回给相关调用函数。当函数文件也无输入、输出参数时，则退化为脚本文件，只是形式上使用了 function 关键字而仍被称为函数而已。

5.1.1 M 脚本文件

M 脚本文件，即脚本文件（script file），由 MATLAB 命令语句序列构成，其文件扩展名（后缀）为.m。脚本文件是 MATLAB 中最简单的程序文件形式。

5.1.2 M 函数文件

M 函数文件，即函数文件（function file），其语法格式如下：

```
function [y1,...,yN] = myfun（x1,...,xM）
    语句（块）;
end %可选项，建议 function 和 end 关键字成对出现
```

从其语法格式可以看出，函数由关键字 function 引导，具有自定义的函数名（myfun）、

输入参数 x1,…,xM、输出参数 y1,…,yN 以及实现函数功能的语句（块）。值得注意的是输入参数由圆括号“(”和“)”括起来，输出参数是由方括号“[”和“]”括起来,而当输出参数只有 1 个时，可以省略方括号。

5.1.3 M 文件的创建、编辑与运行

脚本文件和函数文件本质上都是 M 文件，创建的方式都一样，主要通过单击 Tab 标签页“主页（Home）”，然后如图 5-1 所示，单击箭头“1”处的“新建脚本”菜单，或者单击箭头“2”处的下拉菜单中的“脚本（Script）”实现脚本文件的创建，该下拉菜单还单独提供了创建函数的菜单“函数（Function）”。

所创建的脚本文件如图 5-1 中“3”处的编辑器窗口所示，可以看见该脚本文件被命名为“Untitled”,按照 MATLAB 命名规则应该重名为见名知义的脚本文件名，并进行保存。然后在该编辑器里编写代码，当“编辑器-文件名*”的文件名后面出现星号（*）时，是 MATLAB 提醒程序设计者：“源代码目前有了新的改动”，建议及时保存（快捷键 Ctrl+S）。

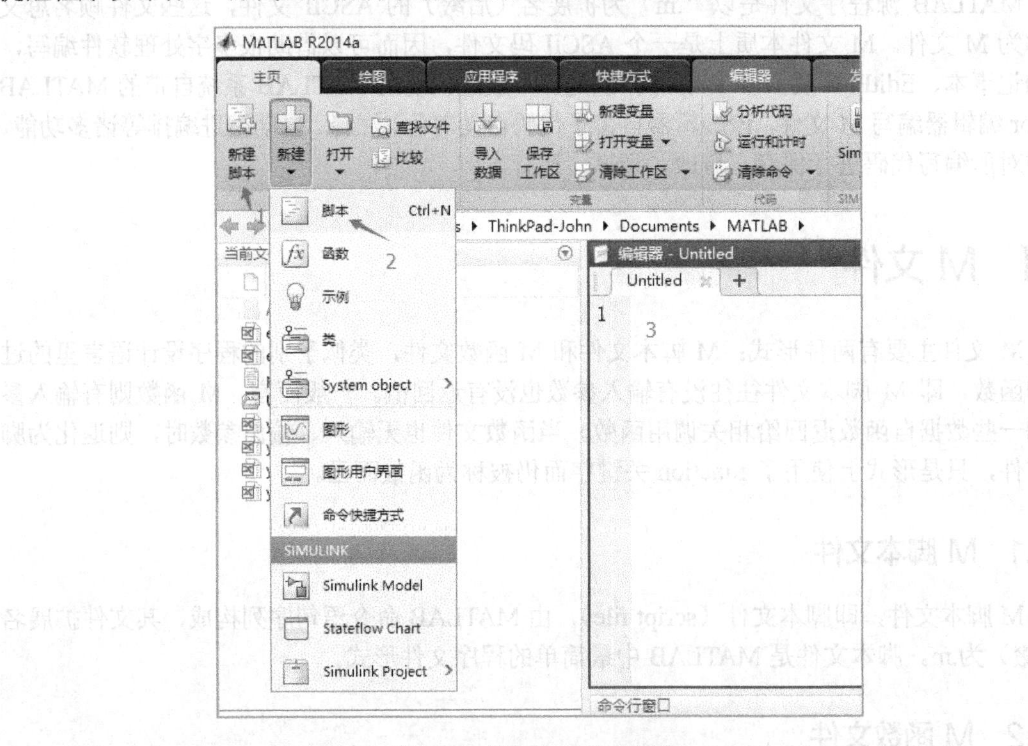

图 5-1 创建的 M 脚本文件

从图 5-1 可以看出，如果当前“编辑器（Editor）”是可见的，则可以单击其下方“标签页（或称为选项卡）”后面的“ + ”实现更为快捷的 M 文件创建。

此外，采用图 5-1 中箭头 2 处的下拉菜单“函数”可以直接创建 M 函数文件，其创建的结果如图 5-2 所示。

对比分析图 5-1 和图 5-2，二者最大的区别就是直接点击创建“函数”下拉菜单，比点击创建“脚本”下拉菜单多了创建函数的语法格式代码。其实，在图 5-1 里也可以编写函数代码，主要是添加如图 5-2 所示的函数语句。因此，这两种创建形式并无本质差别。

M 脚本文件和 M 函数文件在 MATLAB 中的最大区别是：M 脚本文件没有 function 关键

字及相关 function 相关语法，而 M 函数文件必须以 function 关键字引导，并遵循其语法格式要求。

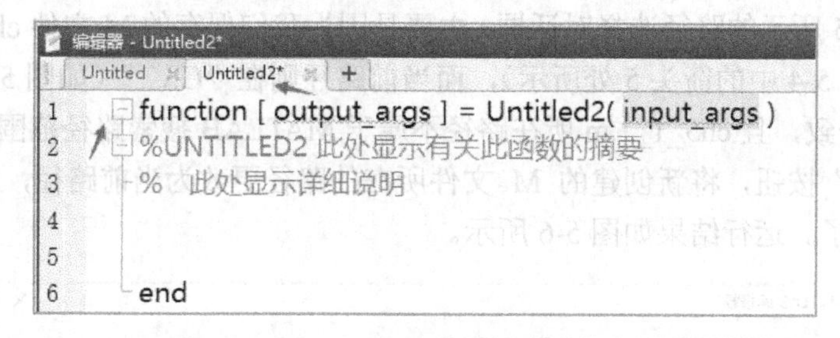

图 5-2 创建的 M 函数文件

【例题 5-1】在 MATLAB Editor 编辑器里编写脚本文件，显示“Hello，MATLAB!”，并执行脚本文件，输出相关结果。

答：该题主要是需要先创建脚本文件，并保存，然后编辑代码和运行。具体代码如图 5-3 所示。

图 5-3 例题 5-1 中的源代码 1

从图 5-3 可以发现，MATLAB“菜单”及“工具条”均不见“编辑器”选项卡，从而无法实现文件的“保存”、“另存为”及“运行”。

这时，只需将光标置于“编辑器”代码窗口，即可出现相关信息功能按钮和菜单，具体如图 5-4 所示。箭头 1 处为“保存”“另存为”等下拉菜单，箭头 2 处为代码编辑的有关注释、缩进编排等功能，箭头 3 处为“运行”等下拉菜单。

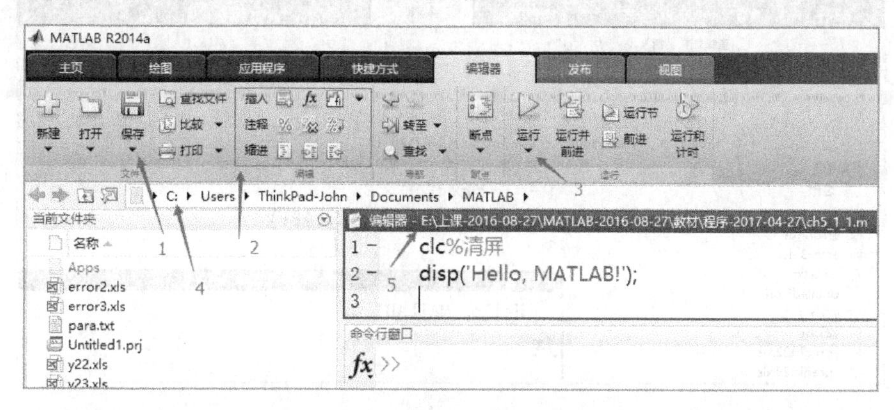

图 5-4 例题 5-1 中的源代码 2

单击“运行”菜单后，出现如图 5-5 所示的信息提示对话框。

出现如图 5-5 所示的路径选择对话框，主要是因为我们保存的 M 文件 ch5_1_1.m 的路径为“E:\...”（如图 5-4 中的箭头 5 处所示），而当前路径则在“C:\...”（如图 5-4 中的箭头 4 处所示），二者不一致，且 ch5_1_1.m 所在路径不属于 MATLAB 搜索路径范围，这时，建议单击“更改文件夹”按钮，将新创建的 M 文件所在的路径更改为当前路径，这样，MATLAB 就可以正常运行了。运行结果如图 5-6 所示。

图 5-5 运行路径选择对话框

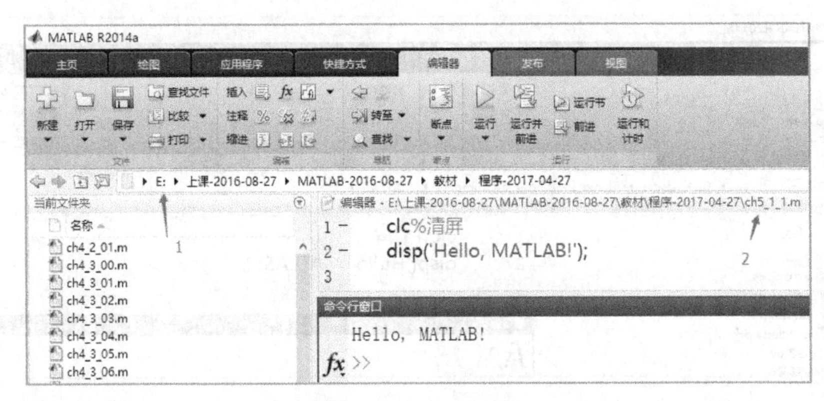

图 5-6 例题 5-1 运行结果

从图 5-6 可以看到箭头 1 处的当前路径和“编辑器”代码窗口里的箭头 2 处的路径一致了，所以，能正常显示结果：“Hello, MATLAB!”。

也可以单击图 5-5 中的“添加到路径”按钮，将该 M 文件所在的路径添加到 MATLAB 搜索路径，这样也能正常运行获得结果，具体如图 5-7 所示。

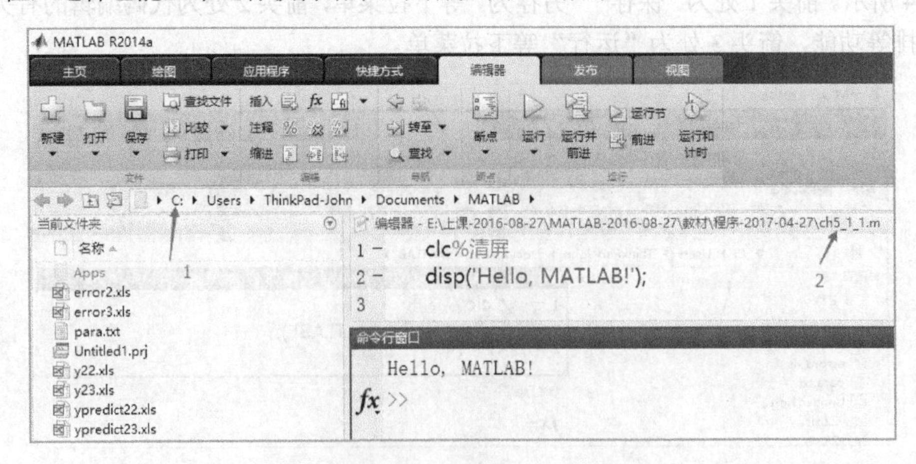

图 5-7 例题 5-1 运行结果（添加到路径）

从图 5-7 中的箭头 1 和箭头 2 处的路径可以看出，二者的路径不一致，将来在进一步对相关文件进行选择、修改等操作时可能带来不便（前一种选择方式执行后，当前文件夹中可以看见正在编辑的文件名及同一个文件夹的其他文件信息），故一般不建议选择这种方式。

其实，单击图 5-5 中的“添加到路径”按钮后，当前文件的路径只是被临时添加到了“MATLAB 搜索路径”中了。

可以通过点击“主页”-“设置路径”按钮查看相关信息，具体如图 5-8 所示。单击“设置路径”后，弹出如图 5-9 所示的“设置路径”对话框，在右边列表框里显示的第一条路径即为当前 M 文件（ch5_1_1.m）所在的路径，此外，该设置会随着 MATLAB 的关闭而消失。

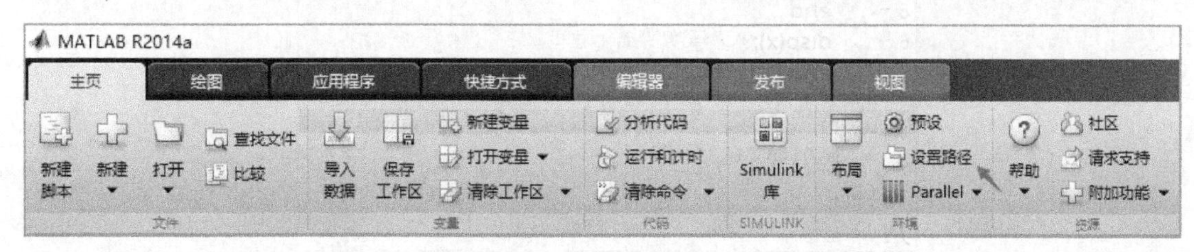

图 5-8　设置路径

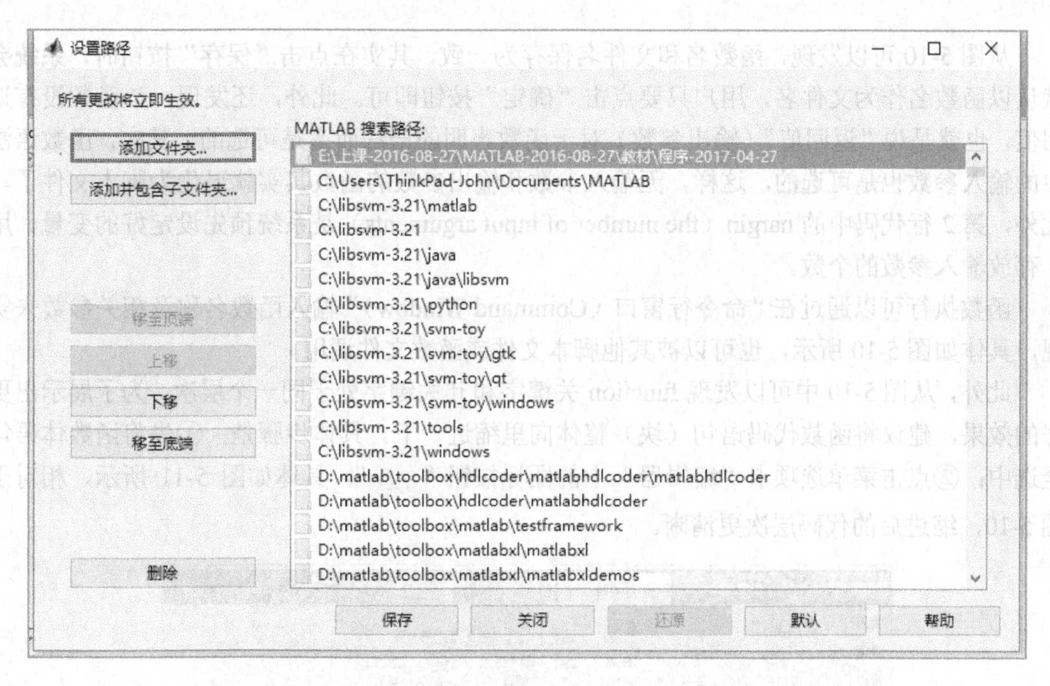

图 5-9　设置路径对话框

总体而言，M 脚本文件创建、编辑、运行相对简单，下面主要介绍 M 函数文件相关知识。

5.2 函数

函数具有功能模块化的优点，便于软件重用，可以减少代码编写和维护的工作量。因而，程序设计人员一般在遵循“高内聚，低耦合”的设计原则下，将某些综合性功能分解为不同的模块，利用函数实现相关功能，降低软件复杂性的同时提升软件的可读性、可维护性等。

【例题 5-2】 在 MATLAB Editor 编辑器里编写函数文件，实现输出打印字符串的功能。

答：输出打印可以利用 MATLAB 内置函数 disp 来实现，只要把这个函数包含在自定义函数里就可以了。具体代码如图 5-10 所示。

编辑器 - E:\上课-2016-08-27\MATLAB-2016-08-27\教材\程序-2017-04-27\myDisp.m

```
1    function myDisp(x)          ← 函数名称        ↑ 文件名
2 -  if nargin<1
3 -      disp('Hi, please enter a parameter.');
4 -      return;%终止程序
5 -  end
6 -  disp(x);%显示字符串
7 -  end
```

命令行窗口

```
>> myDisp('Ok,...')
Ok,...
fx >>
```

图 5-10　例题 5-2 源程序及运行结果

从图 5-10 可以发现，函数名和文件名保存为一致，其实在点击“保存”按钮时，系统会默认以函数名作为文件名，用户只要点击“确定”按钮即可。此外，还发现，该函数没有返回值，也就是说“返回值”（输出参数）对于函数声明的语法而言是可选的，其实，函数语法中的输入参数也是可选的，这样，无输入参数和输出参数的函数其实就退化为脚本文件了。此外，第 2 行代码中的 nargin（the number of input arguments）是系统预先设定好的变量，用于存放输入参数的个数。

函数执行可以通过在“命令行窗口（Command Window）”输入函数名称及相关参数来实现，具体如图 5-10 所示，也可以被其他脚本文件或函数文件调用。

此外，从图 5-10 中可以发现 function 关键字和 if 关键字处于同一个层次，为了展示出更好的效果，建议将函数代码语句（块）整体向里缩进一下。具体步骤是：①先将函数体语句全选中；②点击菜单选项卡“编辑器”中的图标按钮“ ”。具体如图 5-11 所示，相对于图 5-10，缩进后的代码层次更清晰。

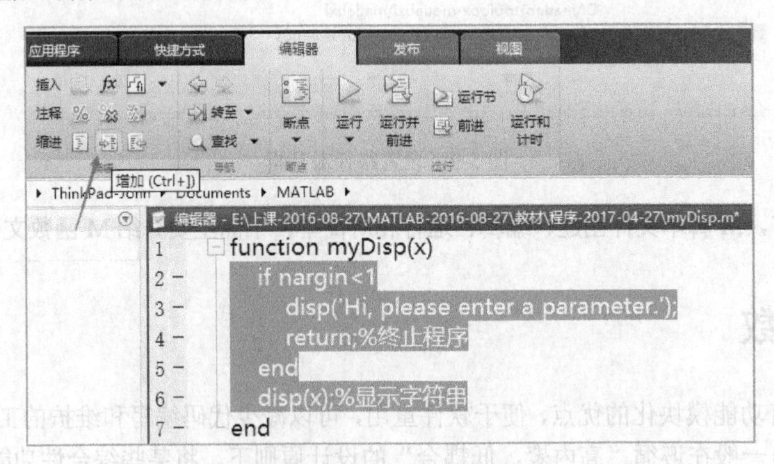

图 5-11　缩进编排示例

需要说明的是：文件保存时最好使函数名与（源程序）文件名一致，当不一致时，以文件名为准。尤其是一个文件里有多个函数时，主函数名与（源程序）文件名一定要一致，以便区分主函数和子函数，一个（源程序）文件中只能有一个主函数。

【例题 5-3】在 MATLAB Editor 编辑器里编写函数文件，计算 n！,并返回结果。

答：从题意可知，该函数有输入参数（n），并有输出参数（result）。阶乘可以利用循环来实现。具体代码如图 5-12 所示。

编辑器 - E:\上课-2016-08-27\MATLAB-2016-08-27\教材\程序-2017-04-27\jieCheng.m

```
1     function result=jieCheng(n)
2 -     if n<0 || fix(n)~=n %fix函数向0方向取整fix(-1.8)=-1,fix(1.8)=1;
3 -         error('请输入自然数!');
4 -     end
5 -     result=1;%赋初值(阶乘)
6 -     for i=1:n
7 -         result=result*i;
8 -     end
9 -   end
```

命令行窗口

```
>> jieCheng(3)
ans =
     6
>> jieCheng(5)
ans =
   120
fx >>
```

图 5-12　例题 5-3 源程序及运行结果

从图 5-12 可以看出，在命令行提示符“>>”后运行自定义阶乘函数 2 次后，均能获得正确的阶乘结果。

除了可以使用循环实现阶乘算法以外，另一个知名的实现方式就是采用“递归”。所谓“递归”就是算法在找到出口之前，一直循环调用函数自身。根据表达式 n！=n*（n-1）!，可以发现该表达式下划线部分明显具有自身迭代的特征，故可以采用“递归”来求 n!。具体代码如图 5-13 所示。

Editor - E:\上课-2016-08-27\MATLAB-2016-08-27\教材\程序-2017-04-27\jieCheng2.m

jieCheng2.m

```
1     function result=jieCheng2(n)
2 -     if n<0 || fix(n)~=n %fix函数向0方向取整fix(-1.8)=-1,fix(1.8)=1;
3 -         error('请输入自然数!');
4 -     end
5       %阶乘——递归算法
6 -     if n==1
7 -         result=1;%递归算法的出口
8 -     else
9 -         result=jieCheng2(n-1)*n;%n!=n*(n-1)!
10 -    end
11 -  end
```

Command Window

```
>> jieCheng2(3)
ans =
     6
>> jieCheng2(5)
ans =
   120
fx >>
```

图 5-13　阶乘的递归实现程序

图 5-13 中第 9 行代码即为递归算法的主要部分，函数 jieCheng2（n）不断调用自身，直到 n 等于 1 时，递归算法找到出口（第 7 行代码）而结束循环调用，并返回阶乘的结果。

递归算法具有思路简洁，易于实现的优点。此外，在某些时候其执行效率也不错，下面对阶乘的两种不同实现进行“耗时”对比分析，具体结果如图 5-14 所示。

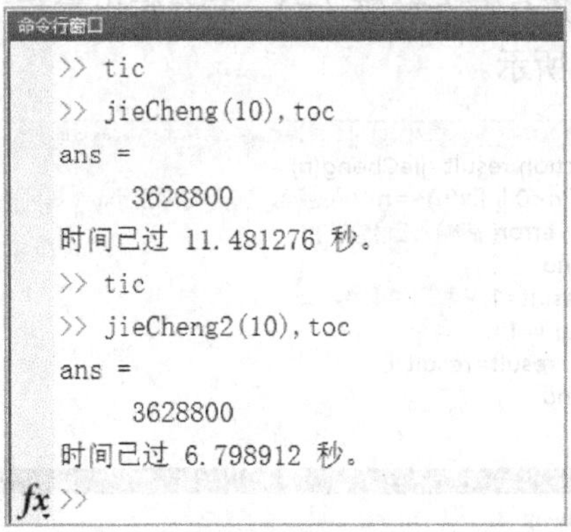

```
命令行窗口
>> tic
>> jieCheng(10),toc
ans =
     3628800
时间已过 11.481276 秒。
>> tic
>> jieCheng2(10),toc
ans =
     3628800
时间已过 6.798912 秒。
fx >>
```

图 5-14　阶乘的两种不同实现：耗时比较

从图 5-14 可以看出，用递归实现阶乘算法的 jieCheng2 相比较用 for 循环实现的 jieCheng 耗时更少，执行效率更高。值得注意的是，并不是递归算法效率在任何场景下都高。

【例题 5-4】在 MATLAB Editor 编辑器里编写函数文件，计算输入向量的均值和标准差，并返回结果。

答：该例子的重点是有多个返回值，所以编写函数的过程中要注意将输出参数用方括号将多个输出参数括起来。具体代码如图 5-15 所示。

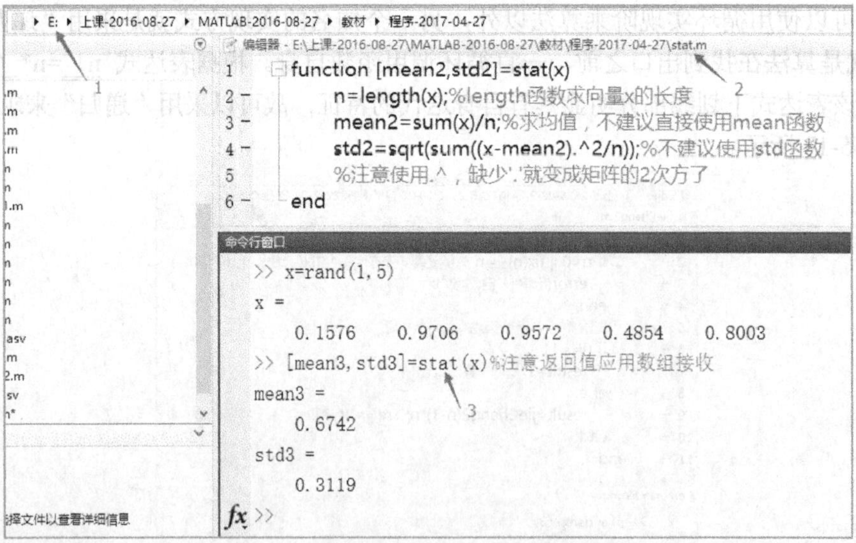

```
▸ E: ▸ 上课-2016-08-27 ▸ MATLAB-2016-08-27 ▸ 教材 ▸ 程序-2017-04-27
编辑器 - E:\上课-2016-08-27\MATLAB-2016-08-27\教材\程序-2017-04-27\stat.m
1    function [mean2,std2]=stat(x)
2 -      n=length(x);%length函数求向量x的长度
3 -      mean2=sum(x)/n;%求均值，不建议直接使用mean函数
4 -      std2=sqrt(sum((x-mean2).^2/n));%不建议使用std函数
5        %注意使用.^，缺少'.'就变成矩阵的2次方了
6 -  end

命令行窗口
>> x=rand(1,5)
x =
    0.1576    0.9706    0.9572    0.4854    0.8003
>> [mean3,std3]=stat(x)%注意返回值应用数组接收
mean3 =
    0.6742
std3 =
    0.3119
fx >>
```

图 5-15　例题 5-4 源程序及运行结果

从图 5-15 可以发现，输出参数具有多个的求均值和标准差的函数 stat（x）能正常运行，并返回结果。要注意的是：只有当箭头 2 和箭头 1 处的路径一致时，才可以在命令行里正常运行箭头 3 处的函数，否则会出现找不到函数的错误信息。

此外，图5-15中函数声明部分“function [mean2,std2]=stat（x）”中的x表示输入形式参数（简称形参），mean2、std2表示输出形式参数，多个参数需要用方括号括起来，参数间使用逗号分隔。图5-15中命令行窗口中的赋值表达式“x=rand（1,5）”中的x代表输入实际参数（简称实参）；而函数调用语句“[mean3,std3]=stat(x)”中的mean3、std3表示输出实际参数，可以发现输入形参和实参是一致的，而输出形参和实参是不一致的，这表明形式参数和实际参数的变量名可以一致，也可以不一致。

从图5-15中命令行窗口运行代码的过程可以发现：①先用rand函数产生了1行5列的向量，并赋值给了x；②在调用函数stat（x）的过程中，刚刚获得数据的实际参数x被带入了函数stat中，其值传递给了同名的形式参数x；③运行函数stat的函数体，计算出了函数体内的局部变量mean2和std2，这两个变量又作为输出形式参数返回了；④输出形式参数mean2、std2的值在函数调用的过程中，传递给了实际参数mean3、std3，这就是形参、实参的相互传递过程。此外，实参是存放在MATLAB的工作区（Workspace）中的，而形参是存放在函数的工作区中的，函数调用结束后，函数的工作区被清除，形参也随之消失。

使用变量的过程中，注意变量的生命周期和作用域。

5.2.1 主函数

一个M函数（源程序）文件（*.m）中可以出现多个函数（function），但只能有一个函数的名字与（源程序）文件名一致，则函数名与文件名一致的函数称为主函数，且主函数应写在所有函数的前面。相应地，其他函数称为子函数。

【例题5-5】在MATLAB Editor编辑器里编写多个函数文件，通过两个子函数分别计算输入向量的均值和标准差，然后由主函数调用子函数返回输入向量的均值和标准差。

答：该例子主要是注意主函数应写在源程序文件最前面，且主函数名应与文件名一致。具体实现代码如图5-16所示。

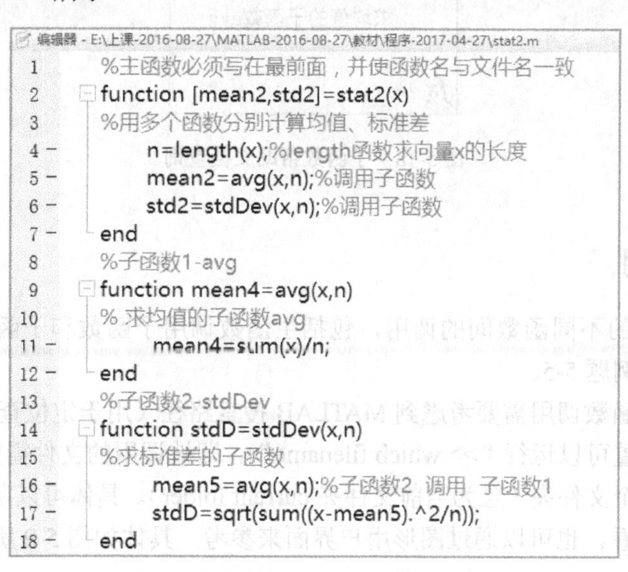

图5-16 例题5-5源程序

程序在命令行中运行后的结果如图5-17所示。可以发现MATLAB工作区只有实参变量，没有形参变量，这是因为形参变量的作用域是在函数空间里。

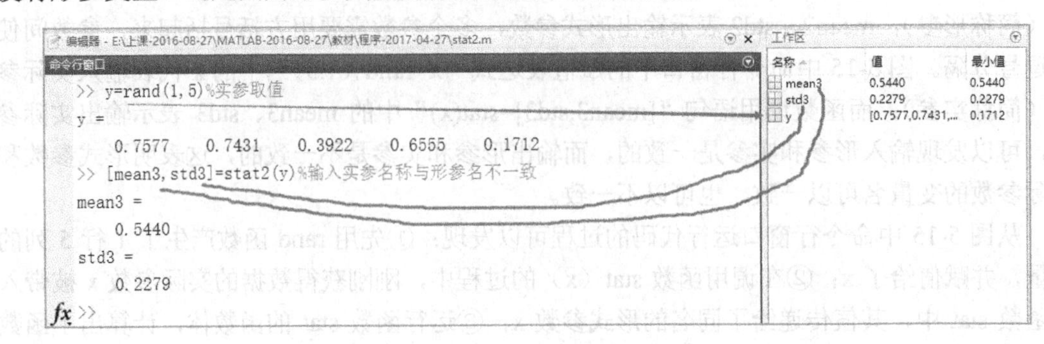

图 5-17　例题 5-5 运行结果

5.2.2　子函数

子函数（Local functions）是相对于主函数而言的，由于一个函数文件中可以有多个函数，但又只能有一个主函数，因而，可能有多个子函数存在。有关子函数的说明如下：

① 子函数之间没有次序之分；

② 子函数只能被同一（源程序）文件中的函数（主函数或子函数）调用，不能被其他（源程序）文件中的函数调用；

③ 但可以使用“help 主函数>子函数”的形式查看子函数的 H1（帮助信息的第一行，为紧接着 function 关键字的第一行帮助信息，一般提供最主要的信息）帮助文档。具体例子如图 5-18 所示（采用了例题 5-5 的自定义的主函数和子函数）。

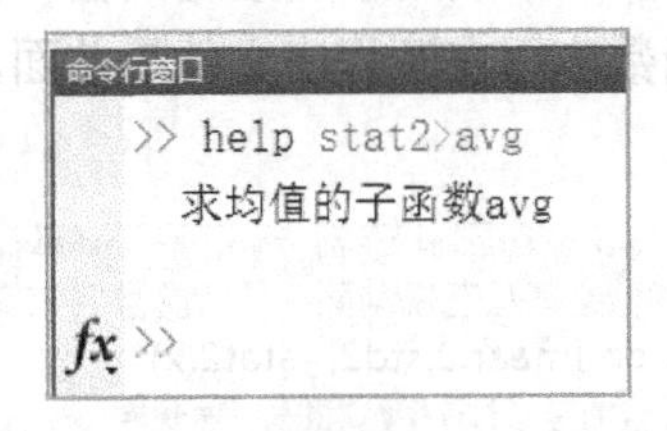

图 5-18　子函数帮助文档查询

5.2.3　函数调用

同一个文件中的不同函数间的调用，包括主函数调用子函数和子函数间的调用相对简单，具体可以参见例题 5-5。

不同文件间的函数调用需要考虑到 MATLAB 搜索路径（用于定位查找 MATLAB 文件，查询一个文件的位置可以运行“>> which filename”），即被调用的文件需要在 MATLAB 搜索路径里或处于同一个文件夹（且为当前文件夹 current folder）。具体可以在命令行提示符后运行“>> path”来查看，也可以通过图形用户界面来参考，具体如图 5-9 所示。

5.2.4　嵌套函数

所谓函数嵌套（Nested functions）就是一个函数（称之为父函数）的函数体内又定义了

另外一个函数,该函数称之为嵌套函数。

嵌套函数的优势是：①可以访问父函数中没有通过输入参数显式传递给嵌套函数的变量；②可以在父函数中为嵌套函数创建一个函数句柄，这个函数句柄除了拥有嵌套函数名以外，还自动地向嵌套函数共享了父函数的输入参数及外部变量（父函数体内声明的变量）的取值。

【例题 5-6】在 MATLAB Editor 编辑器里编写嵌套函数文件，展示嵌套函数访问父函数声明的变量。

答：该问题主要是注意嵌套函数一定要写在父函数的函数体中。具体如图 5-19 所示。

编辑器 - E:\上课-2016-08-27\MATLAB-2016-08-27\教材\程序-2017-04-27\parentFun.m

```
1     function z=parentFun%父函数
2 -       x = 5;%局部变量，相对于嵌套函数的局部变量y而言，可称为外部变量
3 -       z = nestFun;
4
5         function y = nestFun%嵌套函数
6 -           y = x + 1;%嵌套函数可以访问父函数的变量x
7 -       end
8 -   end%注意缩进编排
```

命令行窗口

```
>> z=parentFun
z =
     6
fx >>
```

图 5-19 例题 5-6 的源程序及运行结果

【例题 5-7】在 MATLAB Editor 编辑器里编写嵌套函数文件，定义一个嵌套函数句柄变量并作为父函数的输出参数，实现计算 $y = ax^2 + bx + c$ 的功能，要求参数 a、b、c 由父函数传递，变量 x 由嵌套函数传递，计算过程由嵌套函数实现。

答：主要是熟悉句柄运算符“@”的运用，其实，句柄在某种程度上类似于其他程序设计语言中的指针或引用的功能，相当于把“@”运算符后面的数据的地址赋值给相应的句柄变量，而句柄变量本质也就相当于存放了指向真正变量的指针或引用。具体形式如图 5-20 所示。

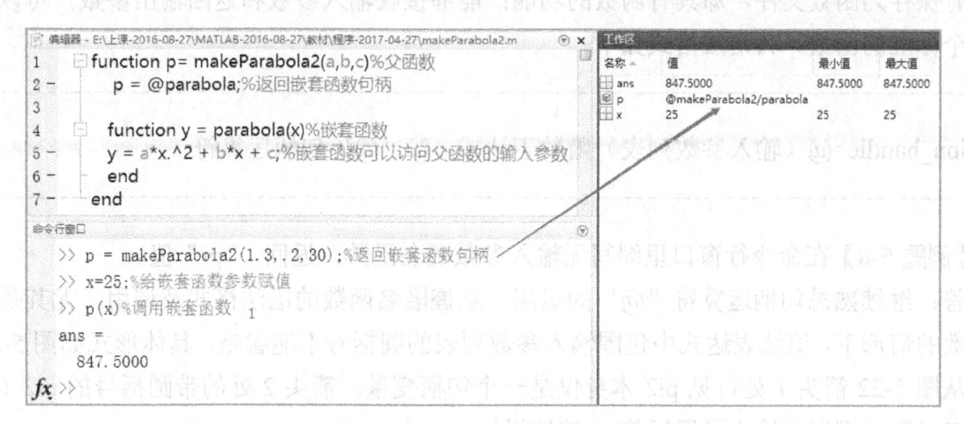

图 5-20 例题 5-7 源程序及运行结果

以图 5-20 的嵌套函数名 parabola 及函数句柄变量 p（类似于 C 语言中的函数指针）为例解释句柄运算符“@”的功能。具体形式如图 5-21 所示。每一个矩形框相当于一个内存地址，框里的东西相当于内存里具体存放的内容。箭头 1 指向的地址里存放的是嵌套函数 parabola，箭头 2 指向的地址里存放的是句柄变量 p，p 本身表示的是嵌套函数 parabola 的地址，所以实际上表达式“p=@parabola”的作用就是箭头 3，即当通过句柄变量 p 调用嵌套函数 parabola 的时候（如图 5-20 中命令行窗口“1”处的代码所示），程序先找到 p 的内存地址（即图 5-21 右边的矩形框），发现地址（矩形框）里存放的是嵌套函数 parabola 的地址，这时候我们可以按地址找到左边的矩形框，即从右边的矩形框按箭头 3 的指向找到左边的矩形框，然后取地址里的嵌套函数并调用,即完成函数调用“>>p()”。

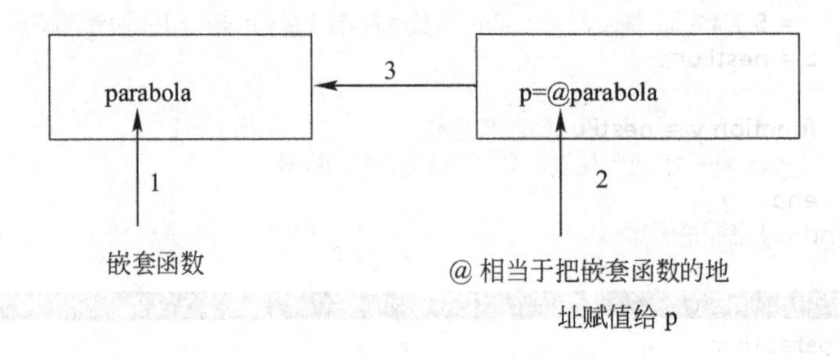

图 5-21　句柄运算符“@”示例

5.2.5　内联函数

所谓内联函数（Inline functions）主要是用“inline”命令创建的一个内联对象，用于简化函数构建（无需编写 M 文件，就可以描述出某种数学关系），但已被更为简洁高效的匿名函数所替代。“inline”属于 MATLAB 将来要废弃的函数命令。

5.2.6　匿名函数

顾名思义，匿名函数（Anonymous functions）即为没有名字的函数，本质是相关语句代码没有保存为函数文件，却具有函数的功能：能够接收输入参数和返回输出参数，可以被当作一个标准的函数。其语法格式如下：

```
function_handle=@（输入参数列表）函数表达式   %‘@’句柄运算符
```

【例题 5-8】在命令行窗口里编写无输入参数匿名函数，返回 “pi”值。

答：继续熟悉句柄运算符“@”的运用，掌握匿名函数的语法格式及调用，尤其是无输入参数的情形下，语法表达式中包围输入参数列表的圆括号不能省略。具体形式如图 5-22 所示。从图 5-22 箭头 1 处可见 pi2 本身仅是一个句柄变量，箭头 2 处的带圆括号的 pi2（）才是匿名函数的调用，输出了返回值 pi 的结果。

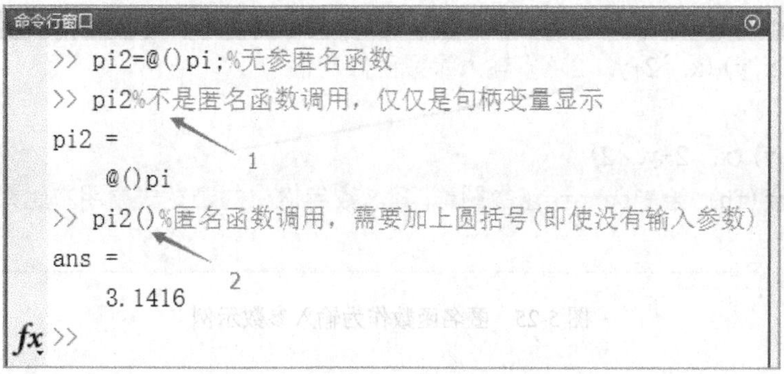

```
>> pi2=@()pi;%无参匿名函数
>> pi2%不是匿名函数调用，仅仅是句柄变量显示
pi2 =
    @()pi
>> pi2()%匿名函数调用，需要加上圆括号(即使没有输入参数)
ans =
    3.1416
fx >>
```

图 5-22 无输入参参数匿名函数

【例题 5-9】在命令行窗口里编写单输入参数匿名函数，计算 $\sum_{i=1}^{n} i$。

答：熟悉“单输入参数”的匿名函数写法及调用方法，体会无须保存为一个单独的程序文件的匿名函数的简洁性。具体程序如图 5-23 所示。

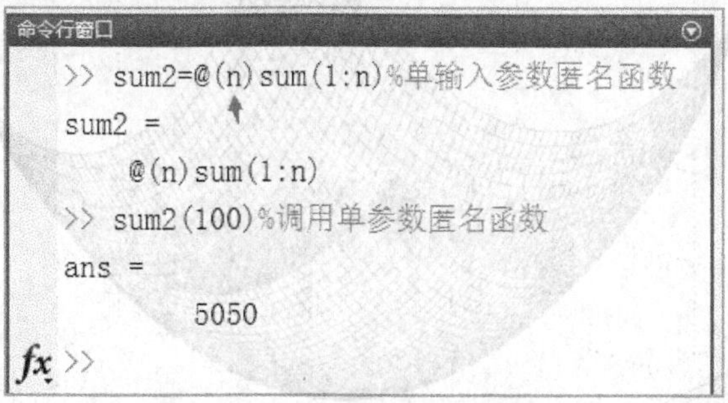

```
>> sum2=@(n)sum(1:n)%单输入参数匿名函数
sum2 =
    @(n)sum(1:n)
>> sum2(100)%调用单参数匿名函数
ans =
        5050
fx >>
```

图 5-23 单输入参数匿名函数

【例题 5-10】在命令行窗口里编写多输入参数匿名函数，编程计算 $z = x^2 + y^2$。

答：匿名函数调用过程中“输入参数”需要注意“向量输入”和“标量输入”形式的区别，以免出错。注意运行“>>fh([2,2])”则会显示错误信息。见图 5-24。

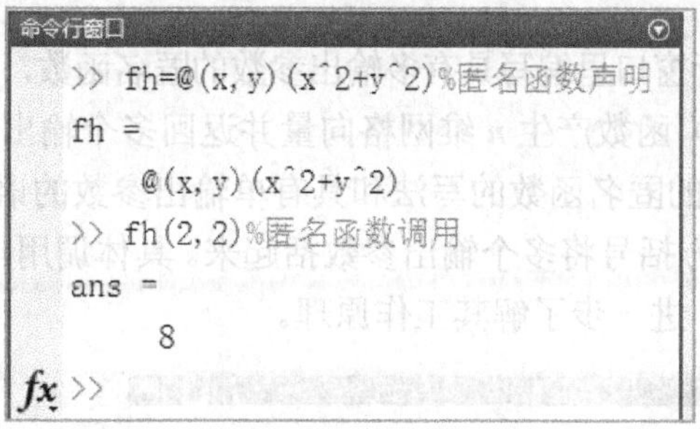

```
>> fh=@(x,y)(x^2+y^2)%匿名函数声明
fh =
    @(x,y)(x^2+y^2)
>> fh(2,2)%匿名函数调用
ans =
     8
fx >>
```

图 5-24 多输入参数匿名函数

此外，匿名函数本身也可以作为其他函数的参数（变量），例如利用“ezsurf”函数绘制 sphere 函数图形，实现泛函绘图功能，具体过程如图 5-25 所示，显示的绘图结果如图 5-26 所示。

```
命令行窗口
>> fh=@(x,y)(x.^2+y.^2)%多输入参数函数句柄
fh =
    @(x,y)(x.^2+y.^2)
>> ezsurf(fh)%绘制sphere函数图形，其函数句柄中的表达式要用数组乘
fx >>
```

图 5-25　匿名函数作为输入参数示例

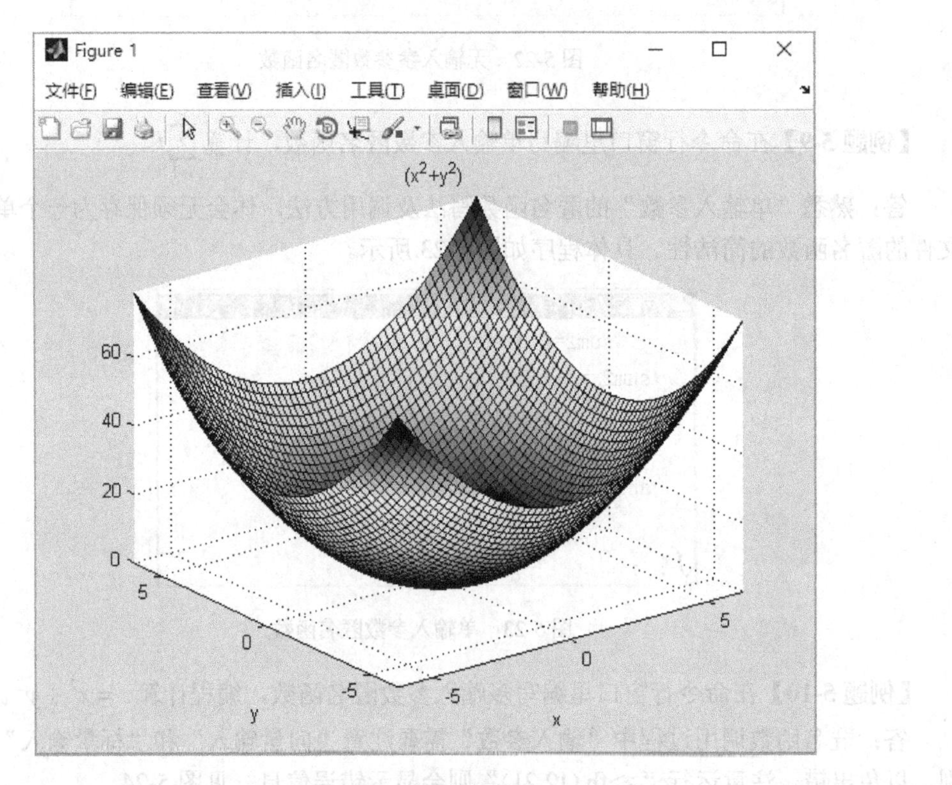

图 5-26　泛函绘图结果

【例题 5-11】在命令行窗口里编写具有多输出参数的匿名函数，利用 MATLAB 中的 ndgrid（n-dimensional grid vector）函数产生 n 维网格向量并返回多个输出参数。

答：具有多输出参数的匿名函数的写法和具有单输出参数的语法格式一样，只是在调用的时候有些差别，需要用方括号将多个输出参数括起来。具体调用形式如图 5-27 所示。此外，建议运行“>>doc ndgrid”进一步了解其工作原理。

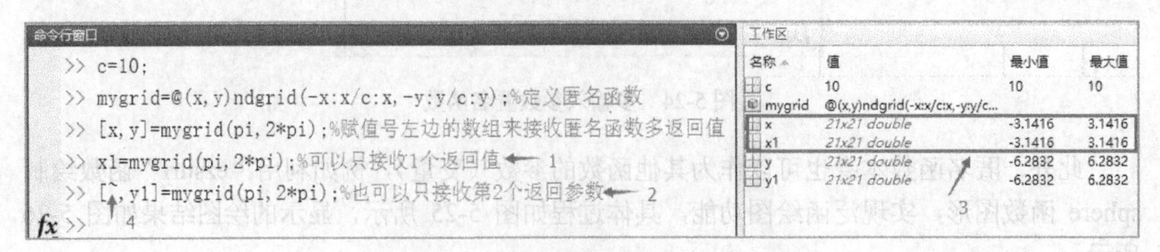

图 5-27　多返回参数的匿名函数示例

从图5-27可以看出，mygrid匿名函数的写法和前面其他类型匿名函数的形式并无差别。重点是多返回参数的匿名函数在调用的时候，需要以数组的形式“[x,y]”接收多返回参数。此外，从图中箭头1、2处的运行命令来看，具有多返回参数的匿名函数，也可以只选择返回其中某一个参数数据，从箭头3处可以发现x1、x的数据内容是一致的，很容易验证y和y1的数据也是一致的。箭头4处的“~”表示对应位置的参数数据不需要。

5.2.7 私有函数

在某一“MATLAB搜索路径”上的文件夹“C:\myWorks”中创建一个名为“private”的子文件夹，而且该“private”文件夹不能被添加到MATLAB搜索路径上，那么，“private”文件夹中的文件里的函数就称为“私有函数”。

如图5-28所示，利用path命令将路径“C:\myWorks”添加到了MATLAB搜索路径，添加结果如图5-29所示。这表示该文件夹目前已在搜索路径上，即可以在MATLAB当前路径不是“C:\myWorks”的时候，访问该文件夹下的函数或脚本文件。

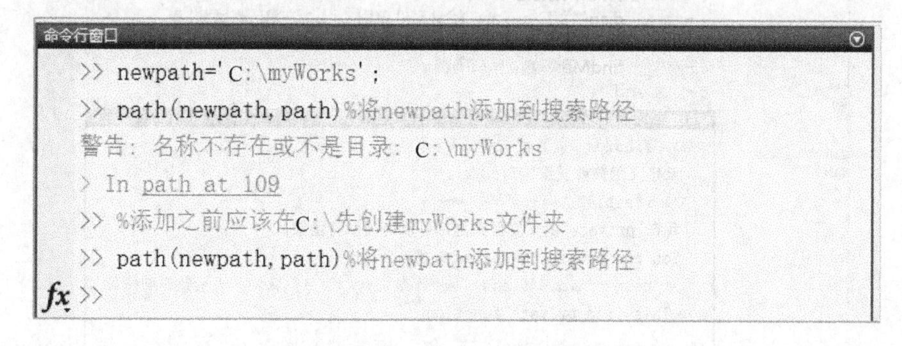

图5-28 path命令使用示例

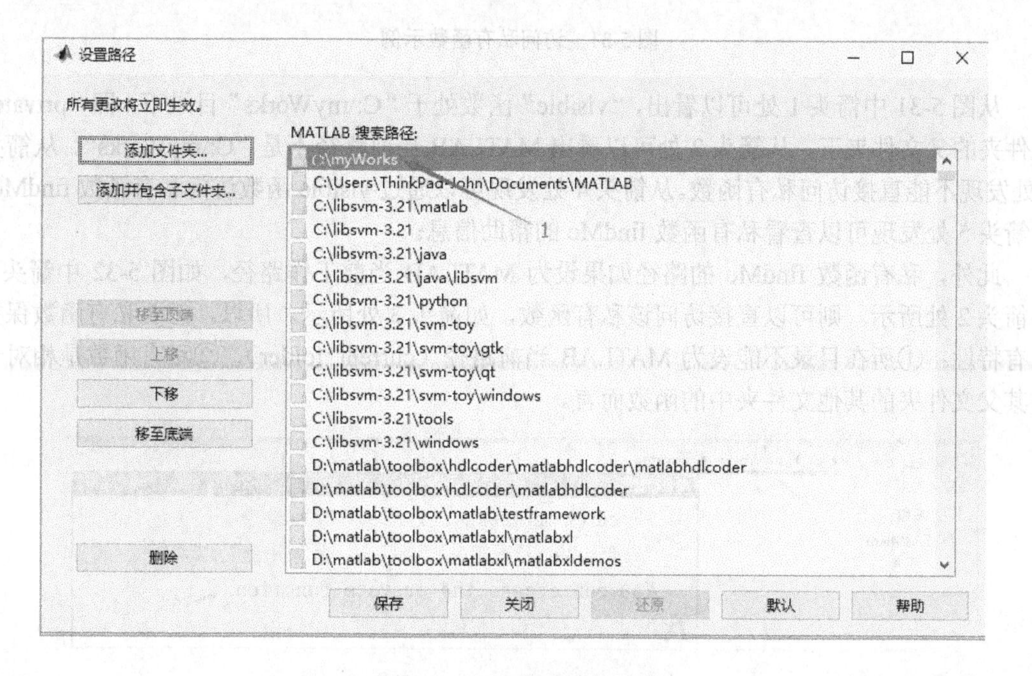

图5-29 添加搜索路径结果

接下来，在“C:\myWorks”下创建一个名称为“private”的文件夹，并在该文件夹下创建一个名为 findMe.m 的包含有私有函数的文件。私有函数源程序如图 5-30 所示。从图中可以发现新创建的函数文件 findMe.m 保存在了“C:\myWorks\private”目录下。

```
编辑器 - C:\myWorks\private\findMe.m
1    function findMe
2        %This is a private function.
3 -      disp('You can access the private function.');
4 -  end
```

图 5-30 私有函数示例

然后在“C:\myWorks”目录下创建一个可以访问私有函数“findMe”的函数 visible，具体代码及运行过程如图 5-31 所示。

```
C: ▸ Users ▸ ThinkPad-John ▸ Documents ▸ MATLAB ▸
编辑器 - C:\myWorks\visible.m
1    function visible
2 -      disp('我在''private''的父文件夹里，可以访问私有函数! ');
3        %字符串中''表示'
4 -      findMe;%访问私有函数
5 -  end

命令行窗口
>> findMe%不能直接访问私有函数
未定义函数或变量 'findMe'。
>> visible%访问私有函数
我在'private'的父文件夹里，可以访问私有函数!
You can access the private function.
>> help private/findMe%虽然不能访问，但可以查询私有函数帮助信息
 This is a private function.
fx >>
```

图 5-31 访问私有函数示例

从图 5-31 中箭头 1 处可以看出，“visible”函数处于“C:\myWorks”目录下，即“private”文件夹的父文件夹下。从箭头 2 处可以看出 MATLAB 当前路径不是“C:\myWorks”。从箭头 3 处发现不能直接访问私有函数。从箭头 4 处发现可以通过 visible 函数访问私有函数 findMe。从箭头 5 处发现可以查看私有函数 findMe 的帮助信息。

此外，私有函数 findMe 的路径如果设为 MATLAB 当前工作路径，如图 5-32 中箭头 1 和箭头 2 处所示。则可以直接访问该私有函数，如箭头 3 处所示。所以，想要私有函数保持私有特性：①所在目录不能设为 MATLAB 当前路径（current folder），②私有函数是相对于非其父文件夹的其他文件夹中的函数而言。

图 5-32 MATLAB 当前工作路径下的私有函数示例

此外，私有函数的优先级高于其他文件夹中同名的函数，因而，可以在“private”文件夹中创建一些和标准函数同名的私有函数，达到修改函数功能的目的，而又不影响其他情形下的正常使用（因为其他情形下的函数文件一定不在“private”父文件夹“myWorks”下）。

5.2.8 重载函数

重载函数（Overloaded functions）是指两个及其以上的函数具有相同的函数名，此外，它们具有不同的形式参数个数或者形式参数类型，相应地，这些同名函数称之为重载函数。函数重载可以实现：依据输入的实际参数的个数或实际参数类型，来决定哪一个函数应该被调用。

5.2.9 局部变量

在一个函数内部创建的变量称为局部变量（Local variable），只在该函数内可以访问。对于命令行窗口或其他任何函数而言，局部变量都是不可见的。例外的是，嵌套函数可以访问其父函数中定义的局部变量。

5.2.10 全局变量

能够从其他函数或命令行窗口访问的变量称之为全局变量（Global variable）。全局变量拥有独立于MATLAB“基本工作区（base workspace）”和“函数工作区（function workspace）”之外的“全局工作区（global workspace）”。

此外，在任何地方（函数或命令行窗口）访问全局变量之前，必须先使用关键字“global”声明全局变量。

【例题5-12】在MATLAB Editor编辑器里编写声明有全局变量的函数文件，在命令行窗口里访问，并观察其在工作区内的变化。

答：主要是注意不管在何时何地，全局变量在使用前一定要先声明。具体程序及运行过程中的变化如图5-33所示。

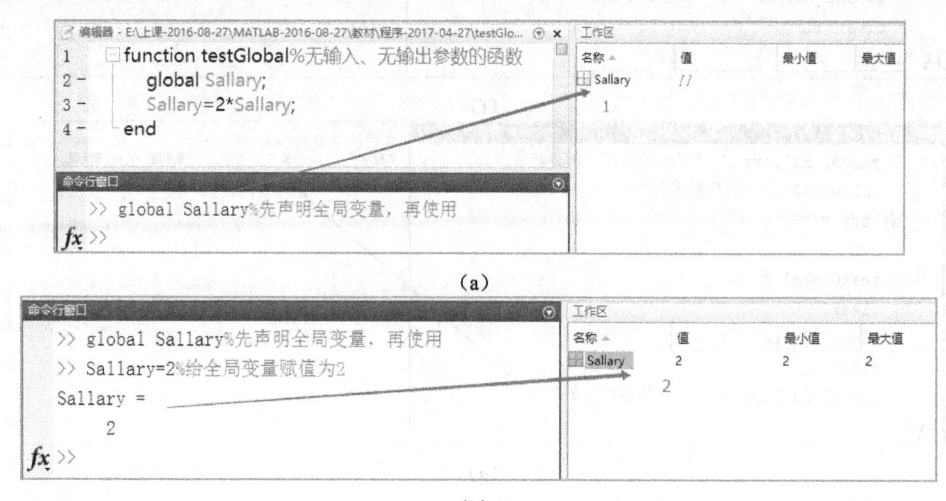

(a)

(b)

图5-33

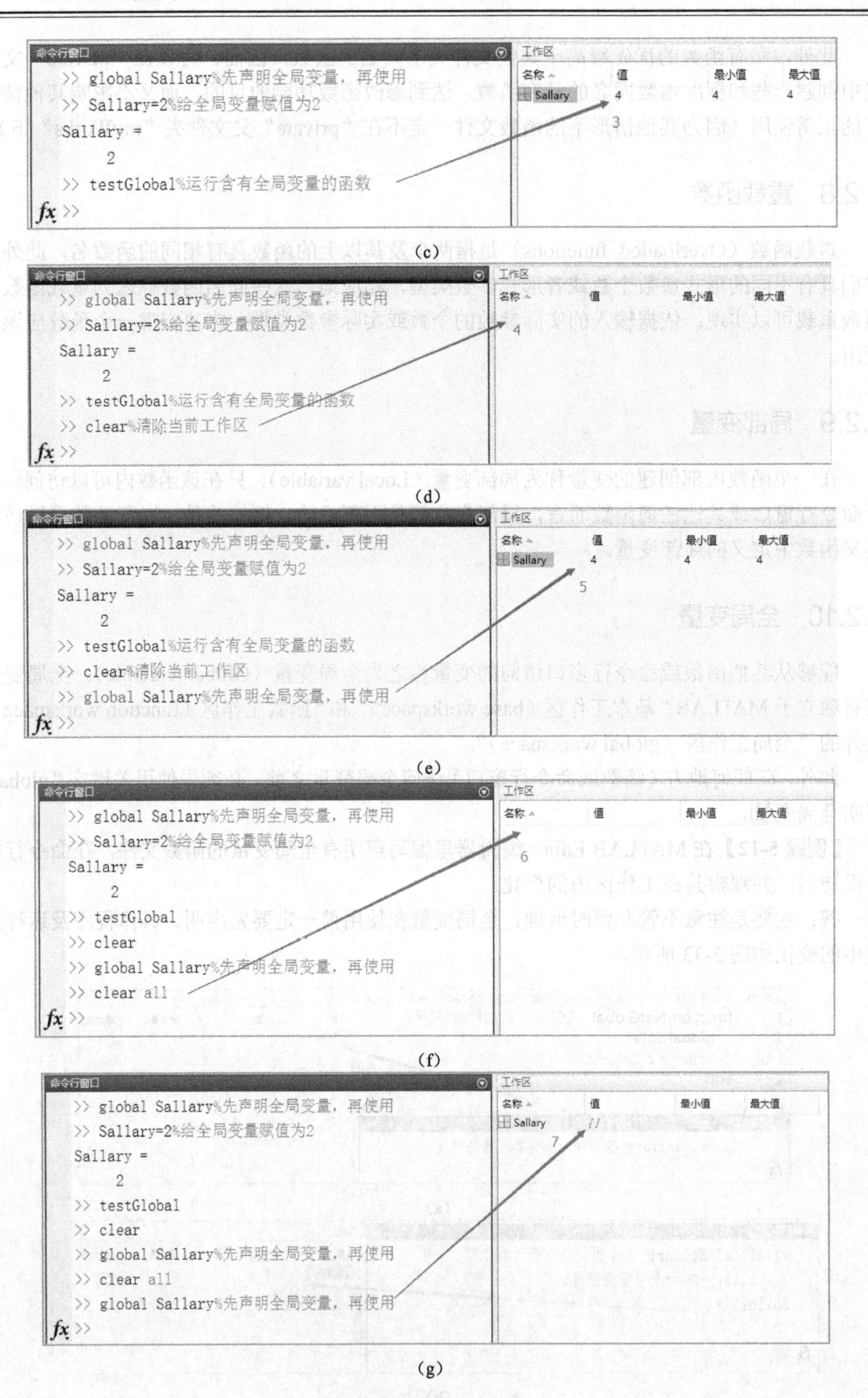

命令行窗口
>> global Sallary%先声明全局变量，再使用
>> Sallary=2%给全局变量赋值为2
Sallary =
2
>> testGlobal%运行含有全局变量的函数
fx >>
工作区
名称
值
最小值
最大值
Sallary 4 4 4
3
(c)
命令行窗口
>> global Sallary%先声明全局变量，再使用
>> Sallary=2%给全局变量赋值为2
Sallary =
2
>> testGlobal%运行含有全局变量的函数
>> clear%清除当前工作区
fx >>
工作区
名称
值
最小值
最大值
4
(d)
命令行窗口
>> global Sallary%先声明全局变量，再使用
>> Sallary=2%给全局变量赋值为2
Sallary =
2
>> testGlobal%运行含有全局变量的函数
>> clear%清除当前工作区
>> global Sallary%先声明全局变量，再使用
fx >>
工作区
名称
值
最小值
最大值
Sallary 4 4 4
5
(e)
命令行窗口
>> global Sallary%先声明全局变量，再使用
>> Sallary=2%给全局变量赋值为2
Sallary =
2
>> testGlobal
>> clear
>> global Sallary%先声明全局变量，再使用
>> clear all
fx >>
工作区
名称
值
最小值
最大值
6
(f)
命令行窗口
>> global Sallary%先声明全局变量，再使用
>> Sallary=2%给全局变量赋值为2
Sallary =
2
>> testGlobal
>> clear
>> global Sallary%先声明全局变量，再使用
>> clear all
>> global Sallary%先声明全局变量，再使用
fx >>
工作区
名称
值
最小值
最大值
Sallary []
7
(g)

图 5-33 全局变量示例

从图 5-33 中子图（a）中可以发现定义了一个包含全局变量“Sallary”（第 2 行代码）的函数“testGlobal”，其中第 3 行代码对该全局变量的值进行了翻倍操作。在命令行窗口也声明了全局变量“Sallary”，可以看见箭头 1 处的工作区（workspace）出现了一个值为空的全局变量“Sallary”。其实全局变量会在“全局工作区”内创建，在当前工作区显示的只是一个链接到“全局工作区”中全局变量的副本（或者说“影子”），二者同步更新。

从图 5-33 中子图（b）中可以发现：给全局变量“Sallary”赋值为 2 后，工作区的值也变成了 2。

从图 5-33 中子图（c）中可以发现：运行 testGlobal 函数后，工作区的值变为 4，实现了函数 testGlobal 中第 3 行代码的翻倍运算。

从图 5-33 中子图（d）中可以发现：在命令行提示符后执行“>> clear”命令之后，删除了当前工作区的全局变量，可以发现箭头 4 处没有了前面创建的全局变量。

从图 5-33 中子图（e）中可以发现：在命令行提示符后执行“>> global Sallary”再次声明全局变量 Sallary 之后，可以发现箭头 5 处再次出现了全局变量 Sallary，且其值与图中子图（c）箭头 3 处的值一样，这表明全局变量 Sallary 其实一直都在“全局工作区”，其他工作区显示的只是它的一个副本（该副本指向了全局工作区的真实全局变量 Sallary）。

从图 5-33 中子图（f）中可以发现：执行“>> clear all”命令会删除所有工作区（包括“全局工作区”）的变量、函数、脚本等所有数据。

从图 5-33 中子图（g）中可以发现：在命令行提示符后执行“>> global Sallary”，再次声明全局变量 Sallary 之后，由于先前在“全局工作区”创建的已被“>>clear all”命令全部删除，这次是在“全局工作区”又重新创建，所以，箭头 7 指向的全局变量为一个空矩阵。

通过以上的观察分析，全局变量带来“便利访问和更新”的同时，也隐藏有如下的显著性的安全风险：

① 任何函数都能访问和改变全局变量的值，这样，使用了全局变量的其他函数可能不能返回预期的结果；

② 如果无意识地声明了一个与已存在的全局变量同名的新全局变量，二者之间的值可能被相互覆盖，从而得不到预期的结果，这种隐藏风险尤其难以发现。

一般而言，全局变量应该谨慎使用。

5.2.11 永久变量

永久变量（Persistent variable）需要借助 persistent 关键字在函数体内声明，属于声明它的函数的局部变量,其值在函数调用期间一直存在于内存里。类似于其他程序设计语言中的静态变量。

语法：

```
persistent x y z; %声明多个永久变量，变量间只能用空格分隔
```

使用永久变量需要注意以下几点：

① 永久变量只能在函数体内声明，未赋值前被赋值为空矩阵；

② 不能在其他函数或命令行（“>>”）里访问永久变量；

③ 函数的输入、输出参数不能声明为永久变量；

④ 永久变量的名称不能与当前工作区中的变量同名。

【例题 5-13】 在 MATLAB Editor 编辑器里编写包含有永久变量的函数，读取太阳黑子数据（可以运行“>>which sunspot.dat”查看其文件路径），并绘制其时间序列曲线。

答：主要是使用永久变量是否为空矩阵来判断是否已经读取了太阳黑子数据，避免重复读取数据，从而提高程序运行效率。尤其是在读取大规模数据时，效果更明显。具体代码及运行过程如图 5-34 所示，太阳黑子时间序列曲线如图 5-35 所示。

编辑器 - E:\上课-2016-08-27\MATLAB-2016-08-27\教材\程序-2017-04-27\persistentT.m*

```
1    function persistentT
2        % persistent variables
3 -      persistent x;%声明多个永久变量时，变量间要用空格分隔
4 -      if isempty(x)
5 -          x=load('sunspot.dat');%注意load在函数中要使用function form形式
6 -      end
7 -      figure;
8 -      plot(x(:,2));%绘制太阳黑子时间序列
9 -  end
```

命令行窗口

```
>> tic,persistentT,toc%调用函数, the first run
时间已过 0.157043 秒。  ←—— 1
>> tic,persistentT,toc%调用函数, the second run
时间已过 0.050354 秒。  ←—— 2
fx >>
```

图 5-34 永久变量示例

从图 5-34 中可以发现第 3 行代码声明了一个永久变量，准备用于存放太阳黑子数据，第 4 行代码对永久变量 x 是否为空矩阵进行了判断，判断为真时才读取太阳黑子数据（第 5 行代码）。从命令行窗口箭头 1 指向的地方发现：第 1 次运行 persistentT 函数花费了 0.157043 秒，而箭头 2 处显示第 2 次调用该函数只花费了 0.050354 秒，这是因为永久变量 x 在第 1 次运行结束后，依然存在于内存空间里，所以不为空（第 1 次运行时执行了第 5 行读取数据的代码），故第 2 次运行减少了读取数据的时间。

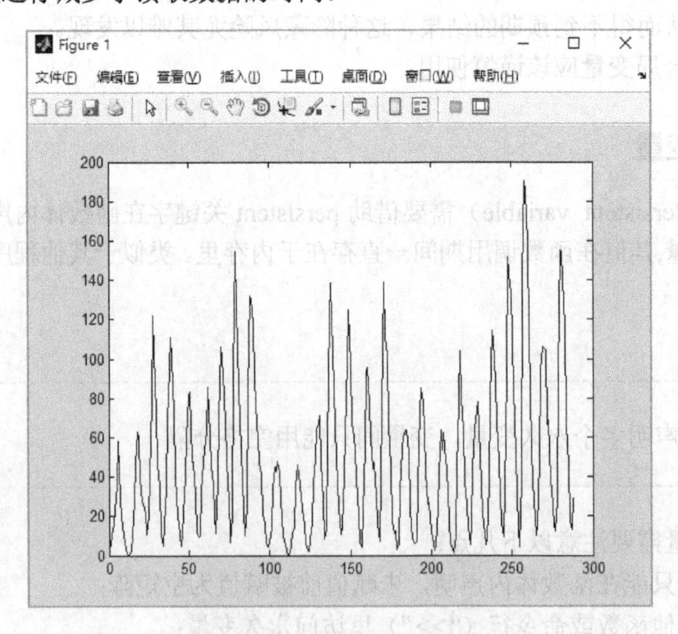

图 5-35 太阳黑子时间序列

5.3 P-文件

M 文件都是 ASCII 码格式文件，可以非常方便地查看到其源代码。如果希望对（M 文件）源码的知识产权进行保护，则可以通过 MATLAB 系统自带的 pcode 命令将相关 M 文件加密转换为 P-文件（Pseudocode-file），从而实现对源程序的保护，生成的 P-文件的扩展名为“.p”。具体加密过程如图 5-36 所示。

当前文件夹
名称
ch4_16.m
ch4_16.p
ch4_17.m
ch4_18.m
ch4_19.m
ch4_21.m
yangHui.m
详细信息
选择文件以查看详细信息

命令行窗口
```
>> type ch4_16

clc%清屏
n=input('Enter the number of lines:');
for i=1:n
    for j=1:i
        fprintf('*');%不能使用disp('*'),disp输出完毕后会自动换行
    end
    fprintf('\n');%换行
end
>> pcode ch4_16
>> type ch4_16.p

v00.00v00.00
fx >>
```

图 5-36 P-文件示例

从图 5-36 中箭头 1 处运行的命令发现，我们可以通过 type 命令查看当前文件夹中的 ch4_16.m 的源代码，在运行箭头 2 处的 pcode 命令对该文件进行加密转换后，可以看到箭头 3 处生成了对应的同名 P-文件。在运行箭头 4 处的命令后，发现源代码信息没有被显示，而是被隐藏起来了。后续可以直接使用 P-文件来代替 ch4_16.m 源程序文件，尤其是对外可以只提供加密后的 P-文件，从而起到保护源代码的目的。

5.4 函数的优先顺序

处于同一个文件夹内的函数文件，如果具有相同的名字，根据文件不同类型，按以下顺序执行：

① 内置函数（built-in function）。

② MEX-function（由 C/C++或 Fortran 编写的函数文件，经 mex 命令编译成二进制的可以在 MATLAB 环境中调用的函数）。

③ Simulink Model，其中，对于 SLX 文件和 MDL 文件，先执行 SLX 文件。

④ P-文件。

⑤ M 文件。

5.5 程序调试

在编写程序的过程中，难免会出现这样或者那样的错误，常见的错误主要有：①语法错

误；②逻辑错误。语法错误相对容易查找定位，而逻辑错误是非常隐蔽的错误，往往是在算法设计过程中考虑不周密引起的，常常需要借助程序调试方法进行调试诊断。

程序调试方法主要有：①直接调试法；②工具调试法。

所谓的直接调试法，即程序员根据自己的经验，设置一些输出语句或者暂时注释掉一些程序语句，通过输出相关结果或屏蔽某些结果来判定程序出错的位置，进而进行修改。

所谓的工具调试法，即借助软件工具进行调试。MATLAB 提供了这方面的调试工具。在对 M 文件中的某些语句设置断点（breakpoint,符号为“●”）后，然后单击运行“▷”，即可启动 MATLAB 调试工具，具体如图 5-37 所示。

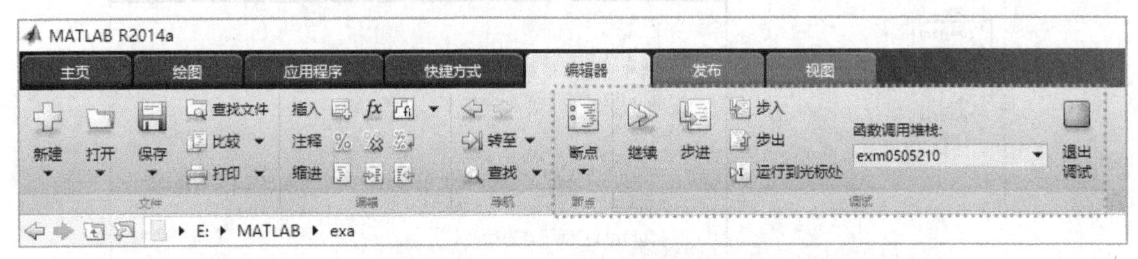

(a)

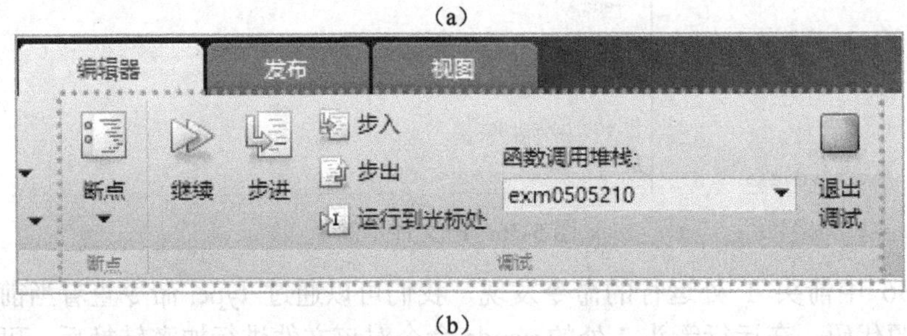

(b)

图 5-37 MATLAB 调试工具条

利用图 5-37 的调试工具条，可以方便地进行 MATLAB 程序调试。图 5-37 的子图（b）中的工具条按钮功能说明如表 5-1 所示。

表 5-1 调试工具

按钮图标	按 钮 标 签	描 述	等效命令
	Run to Cursor	运行到光标所在行的语句处	无
	Step	单步执行	dbstep
	Step In	单步执行，如果当前行调用了其他函数，则进入该函数内部执行	dbstep in
	Continue	Resume execution of file until completion or until another breakpoint is encountered	dbcont
	Step Out	在执行“step in”调试功能后，如果按“Step Out”对应图标，则跳出被调用函数	dbstep out
	Quit Debugging	退出调试	dbquit

5.6 其他

5.6.1 函数名的长度限制

此外，函数名作为一种标识符，其长度也有一定的限制，在 MATLAB 中最大长度为 63 个字符。相关信息可通过“namelengthmax”函数查看，具体如图 5-38 所示。

```
命令行窗口
>> help namelengthmax
namelengthmax - Maximum identifier length

    This MATLAB function returns the maximum length allowed for MATLAB identifiers,
    which include:

    len = namelengthmax

    namelengthmax 的参考页

    另请参阅 isvarname, matlab.lang.makeUniqueStrings, matlab.lang.makeValidName

>> namelengthmax
ans =
    63
fx >>
```

图 5-38 标识符长度示例

5.6.2 视图选项卡

随着学习的不断进步，我们编写的代码文件越来越多，同时打开的文件可能也越来越多，而且，某一函数文件中编写的代码行数也可能越来越多，但是，常规的计算机显示器尺寸是有限的，为了查看某行代码，我们需要不断在某些文件之间进行切换，也可能需要频繁地拖动滚动条以查看相关代码，这给我们程序设计工作带来了一定的不便，也影响工作效率。

为了方便编辑、调试、运行代码，对编辑器窗口进行适当的布局会使得工作界面显得更为清爽。

一般而言，MATLAB 启动后，显示的工作界面如图 5-39 所示，当我们的工作越来越多的时候，可以看见图中箭头 1 处编辑器窗口处有一些打开的选项卡，显得有点凌乱（根据个人习惯偏好可以对此调整），也可以看到作为主要的工作场所——箭头 2 所处的代码编辑窗口，却显得工作空间很局促。

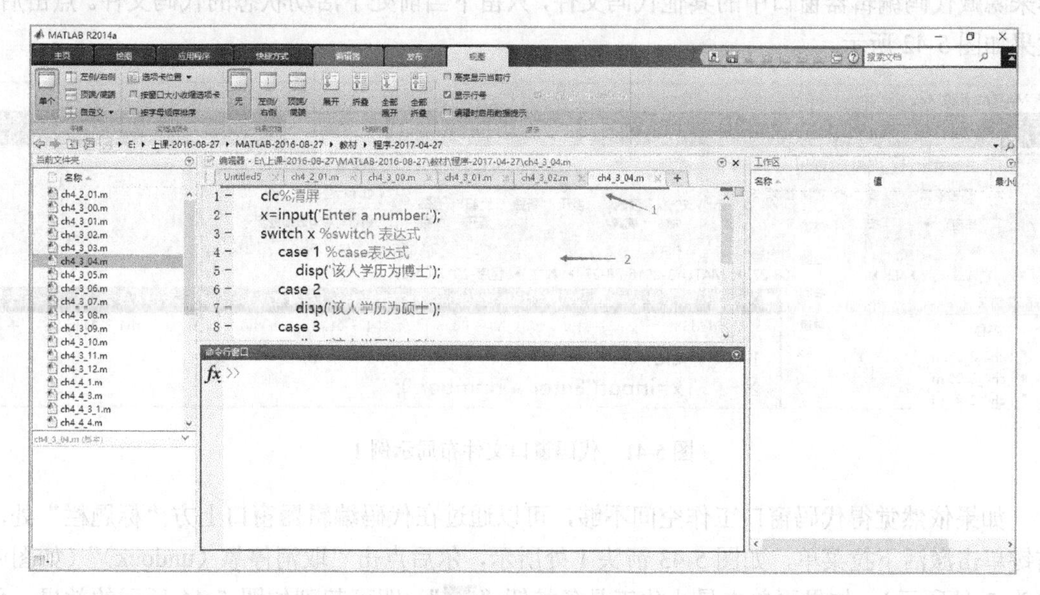

图 5-39 工作界面

一方面，可以通过隐藏工具条，来拓宽代码编辑窗口的空间，点击右上角工具条最小化“”，同时可以拉动代码编辑窗口和命令行窗口之间的可变分隔条、代码编辑窗口与右侧工作区（左侧当前文件夹）之间的可变分隔条拓宽代码编辑窗口的工作空间，稍微变动后的效果如图 5-40 所示。

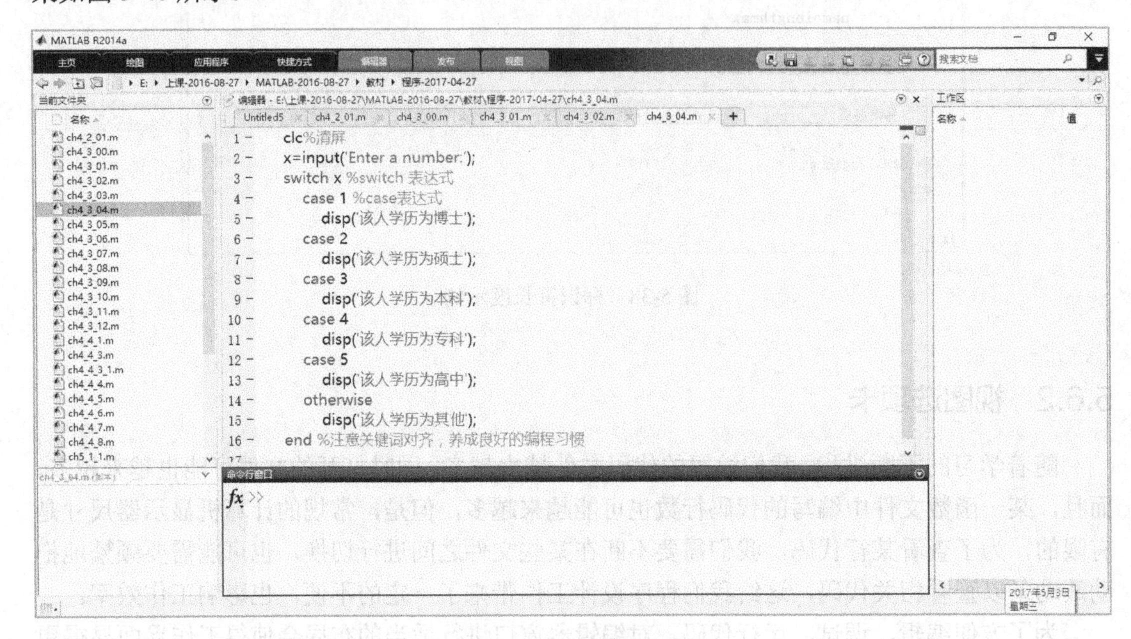

图 5-40　视图布局调整示例

另外，当需要使用工具条时，可再次点击如图 5-40 中右上角的最大化工具条按钮“”，恢复如图 5-39 所示的工作界面。

此外，也可以点击如图 5-41 所示的箭头 1 处的下拉菜单“选项卡位置”中的“隐藏”菜单来隐藏代码编辑器窗口中的其他代码文件，只留下当前处于活动状态的代码文件。点击后，效果如图 5-42 所示。

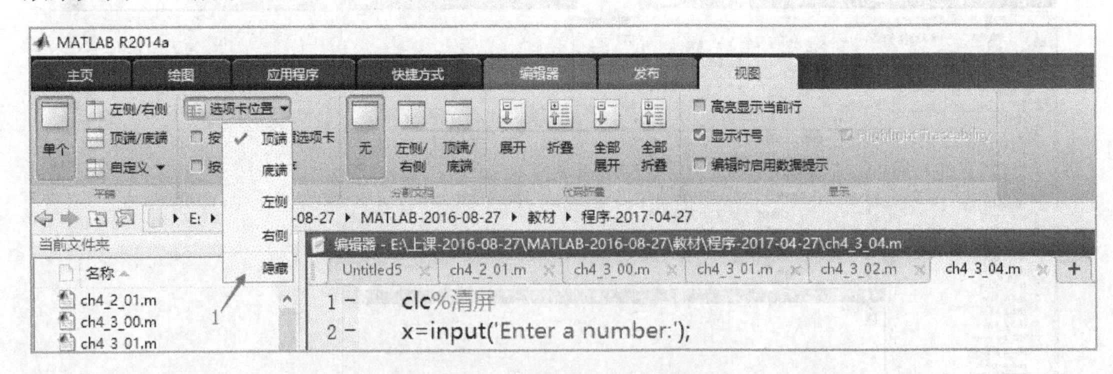

图 5-41　代码窗口文件布局示例 1

如果依然觉得代码窗口工作空间不够，可以通过在代码编辑器窗口上方“标题栏”处，右键单击激活下拉菜单，如图 5-43 箭头 1 处所示，尔后点击“取消停靠（undock）”（如图中箭头 2 处所示）。如果再单击最小化工具条按钮“”，即可起到如图 5-44 所示的效果，代码编辑窗口较宽广。

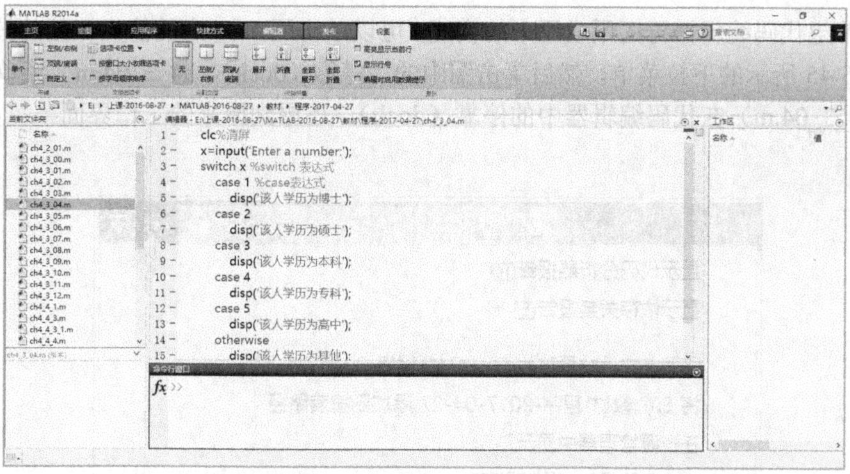

MATLAB R2014a

```
1 - clc%清屏
2 - x=input('Enter a number:');
3 - switch x %switch 表达式
4 -    case 1 %case表达式
5 -       disp('该人学历为博士');
6 -    case 2
7 -       disp('该人学历为硕士');
8 -    case 3
9 -       disp('该人学历为本科');
10 -   case 4
11 -      disp('该人学历为专科');
12 -   case 5
13 -      disp('该人学历为高中');
14 -   otherwise
15 -      disp('该人学历为其他');
```

图 5-42 代码窗口文件布局示例 2

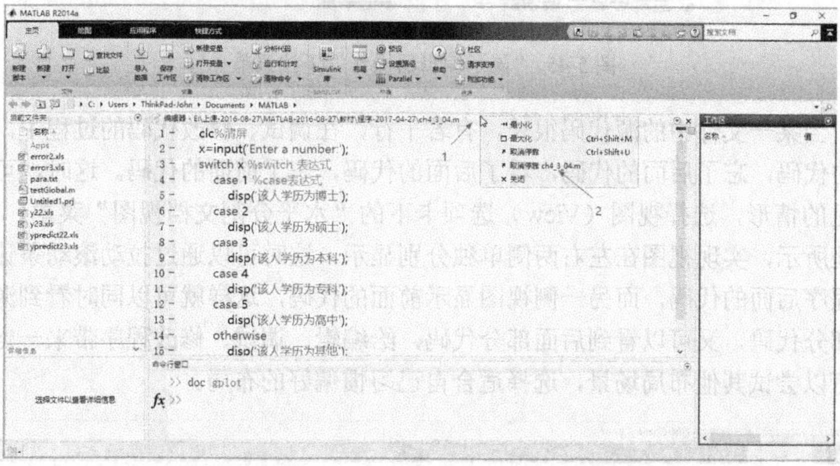

MATLAB R2014a

```
1 - clc%清屏
2 - x=input('Enter a number:');
3 - switch x %switch 表达式
4 -    case 1 %case表达式
5 -       disp('该人学历为博士');
6 -    case 2
7 -       disp('该人学历为硕士');
8 -    case 3
9 -       disp('该人学历为本科');
10 -   case 4
11 -      disp('该人学历为专科');
12 -   case 5
13 -      disp('该人学历为高中');
14 -   otherwise
15 -      disp('该人学历为其他');
>> doc gplot
```

最小化
最大化 Ctrl+Shift+M
取消停靠 Ctrl+Shift+U
取消停靠 ch4_3_04.m
关闭

图 5-43 “取消停靠（undock）”示例

E:\上课-2016-08-27\MATLAB-2016-08-27\教材\程序-2017-04-27\ch4_3_04.m

```
1 - clc%清屏
2 - x=input('Enter a number:');
3 - switch x %switch 表达式
4 -    case 1 %case表达式
5 -       disp('该人学历为博士');
6 -    case 2
7 -       disp('该人学历为硕士');
8 -    case 3
9 -       disp('该人学历为本科');
10 -   case 4
11 -      disp('该人学历为专科');
12 -   case 5
13 -      disp('该人学历为高中');
14 -   otherwise
15 -      disp('该人学历为其他');
16 - end %注意关键词对齐，养成良好的编程习惯
17
```

显示 编辑器 操作

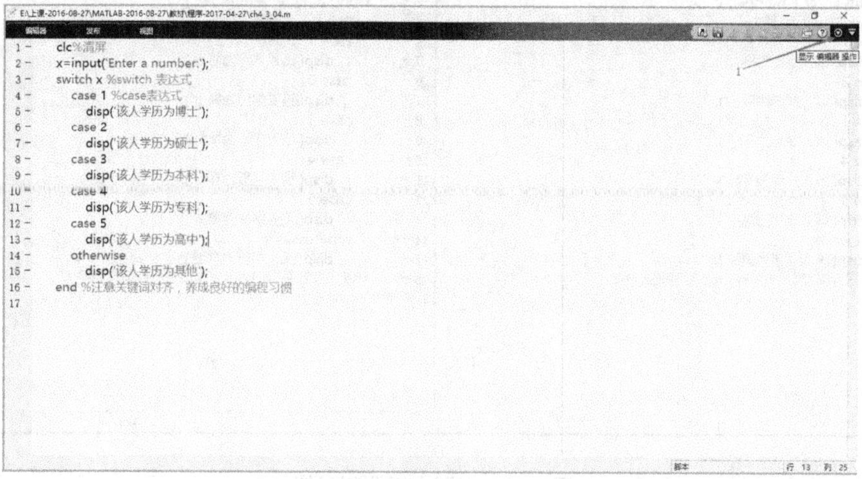

图 5-44 扩大代码编辑器工作界面示例

如果希望代码编辑器再还原成原来的模式，可以单击图 5-44 中的箭头 1 处的按钮“⊙”，得到如图 5-45 所示的下拉菜单，然后单击图中的“停靠（dock）ch4_3_04.m”菜单，实现该文件（ch4_3_04.m）在代码编辑器中的停靠（dock），还原到原来的工作界面——如图 5-42 所示。

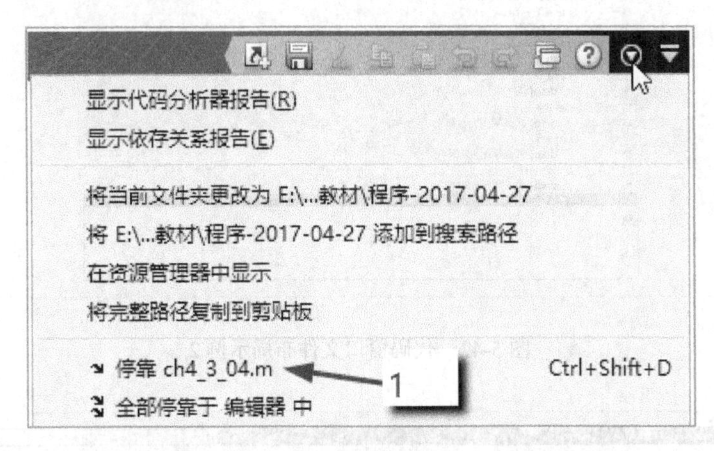

图 5-45　“显示编辑器操作”下拉菜单

此外，当某一文件中的源代码很长，有若干行，在调试、修改代码的过程中，可能发现看了前面的代码，忘了后面的代码，看了后面的代码，忘了前面的代码。这时，可以在“工具条”可见的情形，选择视图（View）选项卡下的“水平分割文档视图”菜单，如图 5-46 中箭头 1 处所示，实现视图在左右两侧单独分别显示，这时可以通过拉动滚动条让某一侧的视图显示程序后面的代码，而另一侧视图显示前面的代码，这样就可以同时看到源代码文件中的前面部分代码，又可以看到后面部分代码，给编辑、调试、修改程序带来一定的便捷。学习者还可以尝试其他布局场景，选择适合自己习惯偏好的布局。

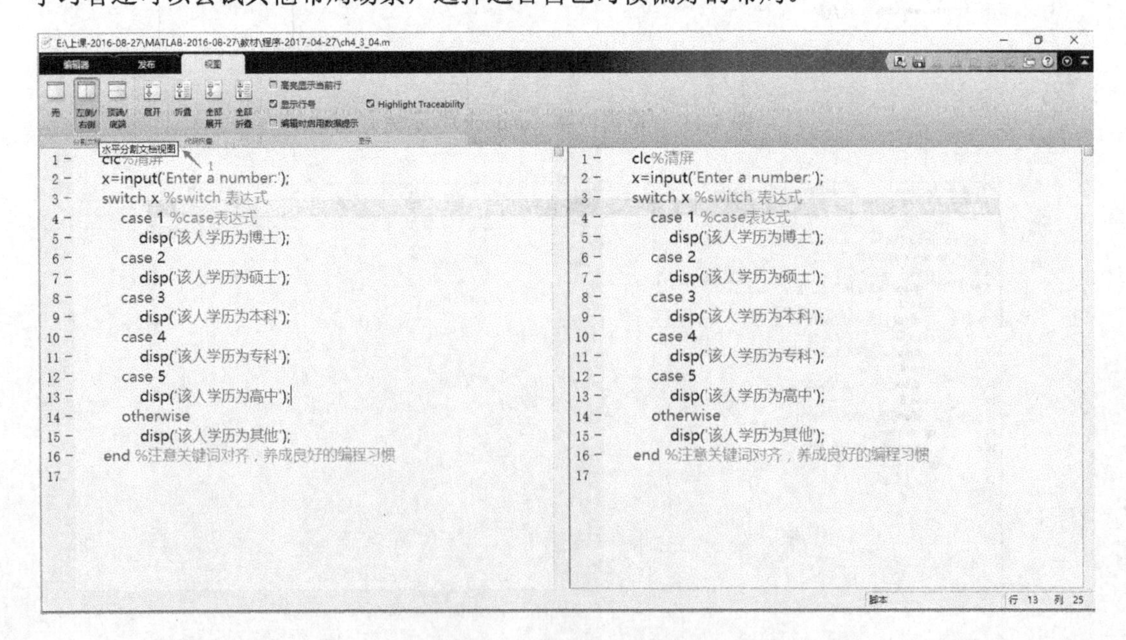

图 5-46　视图水平分割示例

5.7 课外延伸

在此推荐一些书籍或者资料。

① 请使用互联网搜索“递归算法”的资料。

② 请使用互联网搜索“冒泡法”资料。

③ 林锐.高质量程序设计指南: C++/C 语言[M]. 北京：电子工业出版社,2012（可以学习有关编程风格的知识）。

5.8 习题

① 编写两个函数，分别求两个整数的最大公约数和最小公倍数，用主函数调用这两个函数，并输出结果，两个整数由键盘输入；并在主函数里调用 MATLAB 自带函数 gcd（greatest common divisor,最大公约数）、lcm（least common multiple,最小公倍数）测试输入数据，验证自编函数正确与否。

② 编写一个函数，在主函数里用 MATALB 自带的 randn 函数产生 3 阶随机矩阵 *A*，并将 *A* 作为实参传递给该函数的形参，在编写的函数里使随机矩阵转置，即行列互换。最后，在主函数里显示 *A* 及其返回的转置矩阵 *B*。

③ 编写一个函数，使输入的字符串按反序存放，在主函数中输入和输出字符串，任意的字符串从键盘输入。

④ 编写一个函数，用“冒泡法”对输入的 10 个字符按其 ASCII 值由小到大排序，并返回排序后的结果。

⑤ 编写匿名函数，借助 MATLAB 中的 prod 函数实现 n！的计算。

第6章 数据分析

他们（数据科学家）需要从数据中找到有用的真相，然后解释给领导者。

——Rchard Snee Emc

真正的革命并不在于分析数据的机器，而在于数据本身和我们如何运用数据。

——《大数据时代：生活、工作与思维的大变革》

在大数据管理时代，对数据的分析和数据潜在规律的挖掘显得越来越重要，而MATLAB是十分擅长数据分析和数据挖掘的科研工具之一。这里主要介绍 MATLAB 对数据文件的读取、存储、统计分析和聚类分析等常用功能。

6.1 数据文件

巧妇难为无米之炊，所以作为数据分析的主要原材料——数据是数据分析等后续工作的基础。

此外，数据常常以不同的文件格式存储。这里主要介绍 MATLAB 如何读取和保存“.mat”格式文件、“.xls”（Microsoft Excel 97-2003 版本）或“.xlsx”（Microsoft Excel 2007 及以后版本）格式文件及“.txt”格式文件以及其他获取数据的方式。

6.1.1 MAT 文件

MAT 文件是 MATLAB 特有的以“.mat”为后缀格式的数据文件。主要使用第 2 章中介绍的“load”函数读取及“save”函数保存为“.mat”格式数据文件。

6.1.2 Excel 文件

Excel 作为常用的 Microsoft Office 套件中的一员，具有非常好的易用性，普及率非常高，因此有很多数据文件是以 Excel 格式存在的。MATLAB 提供了与 Excel 交互的功能函数，主要有文件读写函数“xlsread”和“xlswrite”，以及文件信息判断函数“xlsinfo”。

从 Excel 电子表格中读取数据的函数为“xlsread”，其常用语法格式如下：

```
num = xlsread(filename)%读取文件 filename 的第一个工作表中的数据
num = xlsread(filename,sheet)%读取指定工作表“sheet”中的数据
num = xlsread(filename,xlRange)%读取指定单元格范围的数据
```

```
num = xlsread(filename,sheet,xlRange)
[num,txt,raw] = xlsread(___)
```

其中，num 表示读取电子表格中的数值数据，并以数组形式存放（空值以 NaN 表示），txt 表示读取电子表格中的文本数据，并以元胞数组的形式存放，raw 表示将电子表格中的所有数据以未处理的原始形式统一读取出来，也以元胞数组的形式保存。“xlRange”表示单元格范围，具体使用方法和 Excel 对单元格的引用方法一致，例如，访问第 1 行第 1 列的单元格可表示为“A1”，访问第 1 列的第 1 行至第 4 行的单元格可表示为“A1:A4”。

【例题 6-1】在 MATLAB 命令行窗口（Command Window）中，使用函数“xlsread”读取名为“A.xlsx”（在目录“C:\myWorks”里）的第一个工作表（Worksheet）所有数据，将结果赋值给数组 num，并显示结果。

答：注意当前文件夹（Current Folder）与有待读取的文件“A.xlsx”不在同一个目录（或文件夹）下时，请更换路径或者写上完整的文件路径。具体过程及结果如图 6-1 所示。

```
>> num=xlsread('C:\myWorks\A.xlsx')%默认读取第一个工作表"Sheet1"中的数据
num =
   100    95    45    56
   100    84    78    90
```

图 6-1 “xlsread”函数读取数据示例

从图 6-1 可以看出，读取的数据保存在了名为“num”的数组里，具体信息如图中的工作区所示，从命令行窗口里显示的结果来看，这是一个 2×4 的数组。

【例题 6-2】在 MATLAB 命令行窗口（Command Window）中，使用函数“xlsread”读取名为“score.xls”（在目录“C:\myWorks”里）的名为“Sheet1”的第 2 个工作表（Worksheet）中第 C 列和第 G 列的第 7～12 行的学号和总评成绩数据。相关原始信息如图 6-2 所示。

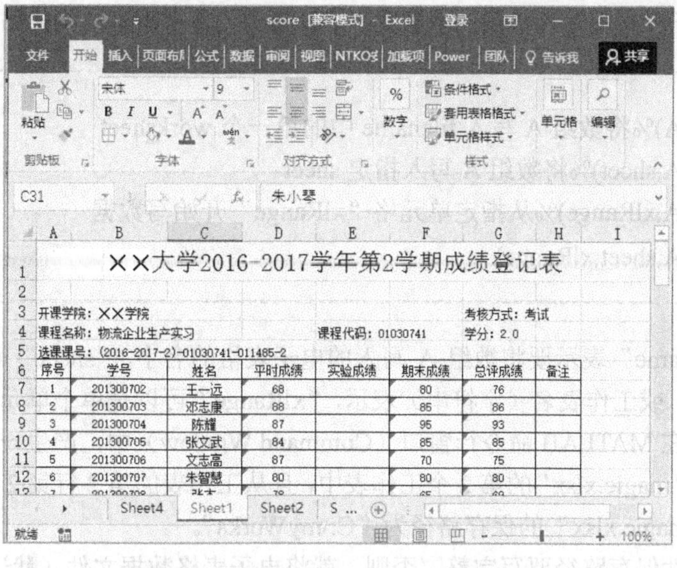

图 6-2 名为“score.xls”的电子表格数据

答：要注意电子表格中单元格数据类型，有的数据表面上显示的像数值，但实际上是文本类型，故需要以文本的形式读取。本例中的学号、总评成绩都是文本格式的数据。具体过程及结果如图 6-3 所示。

```
命令行窗口
>> [~,num{1},~]=xlsread('C:\myWorks\score.xls','Sheet1','B7:B12')%读取"Sheet1"中的学号数据
num =
    {6x1 cell}
>> %~表示忽略相应位置的输出参数
>> [~,num{2},~]=xlsread('C:\myWorks\score.xls','Sheet1','G7:G12')%读取"Sheet1"中的总评成绩数据
num =
    {6x1 cell}    {6x1 cell}
>> A=num{1};B=num{2};
>> A2=cell2mat(A);B2=cell2mat(B);%将元胞数组转换为矩阵(或数组)
>> A3=str2num(A2);B3=str2num(B2);%将字符数组转换为数值数组
>> [A3,B3]%显示学号，总评成绩
ans =
    201300702    76
    201300703    86
    201300704    93
    201300705    85
    201300706    75
    201300707    80
fx >>
```

（a）

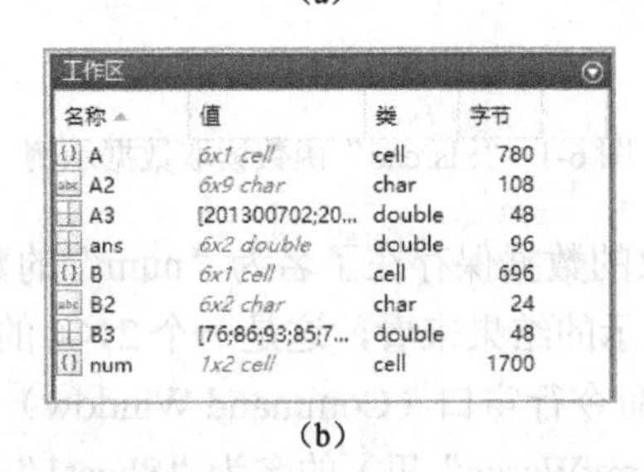

工作区

名称	值	类	字节
A	6x1 cell	cell	780
A2	6x9 char	char	108
A3	[201300702;20...	double	48
ans	6x2 double	double	96
B	6x1 cell	cell	696
B2	6x2 char	char	24
B3	[76;86;93;85;7...	double	48
num	1x2 cell	cell	1700

（b）

图 6-3　读取指定工作表中特定单元格的数据

向 Excel 电子表格中写入数据的函数为“xlswrite”，其常用语法格式如下：

```
xlswrite(filename,A)%将数组 A 写入 filename 中的第一个 worksheet
xlswrite(filename,A,sheet)%将数组 A 写入指定 sheet
xlswrite(filename,A,xlRange)%从指定单元格“xlRange”开始写数据
xlswrite(filename,A,sheet,xlRange)
```

其中，“filename”表示要将数组 A 写入的电子表格的名字，“sheet”可以用工作表的顺序编号（正整数）或工作表名（字符串）表示，“xlRange”可以是单个单元格或单元格区域。

【例题 6-3】在 MATLAB 命令行窗口（Command Window）中，产生一个 7 阶魔方阵 A，并将其写入名为“magic.xlsx”的第 2 个工作表中，且从工作表的第 2 行第 2 列开始写入数据，电子表格文件“magic.xlsx”的保存路径为“C:\myWorks”。

答：注意文件保存路径要写完整，否则，就将电子表格数据文件（默认）保存到当前文

件夹里了。具体过程及结果如图 6-4 所示。

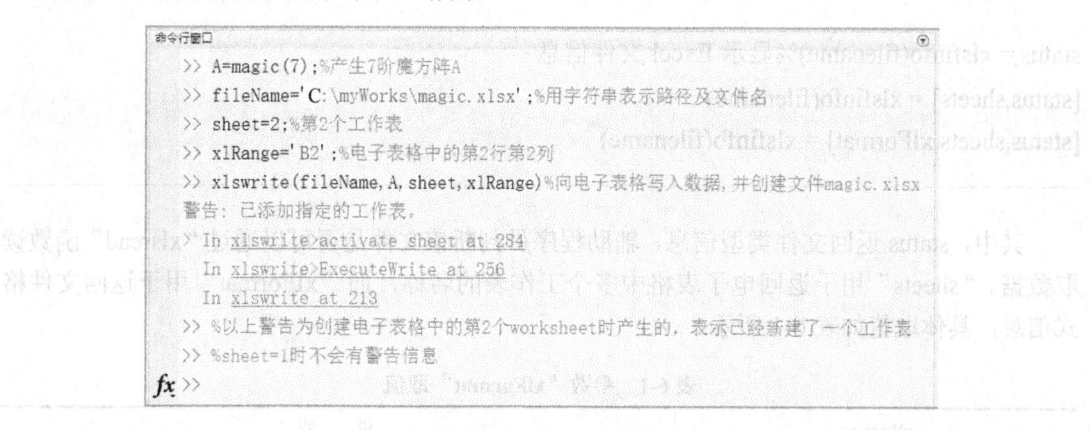

图 6-4 “xlswrite”函数使用示例

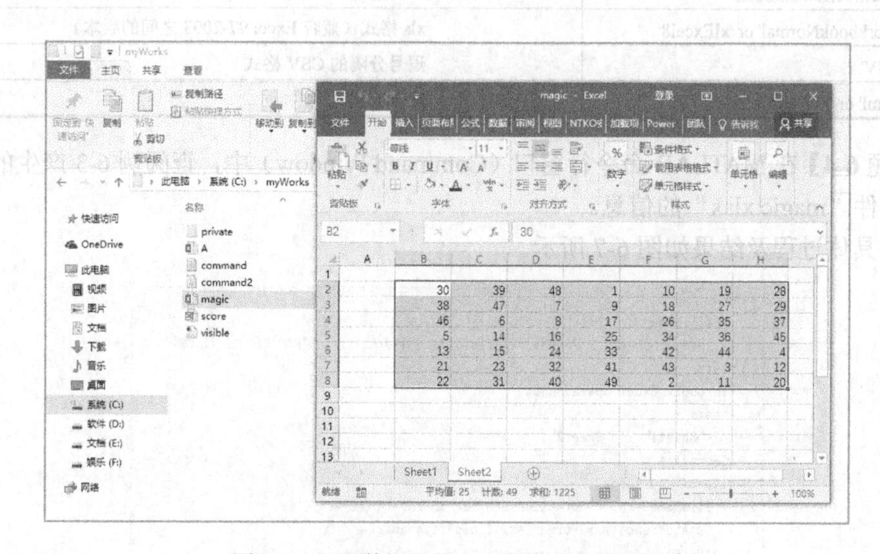

图 6-5 写入数据后的电子表格显示的结果

此外,在使用“xlswirte”的过程中,如果记不清楚参数个数及顺序等信息,可以在命令行输入完函数名后,在输入“(”时,短暂等待,系统会弹出函数使用方法的自动提示,具体如图 6-6 所示。其他函数亦有类似提示功能。

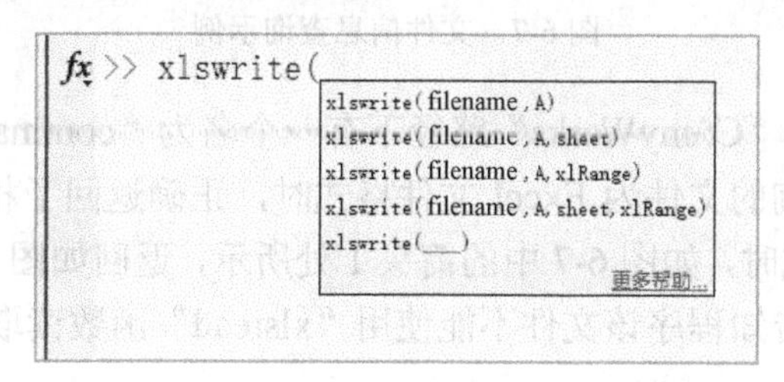

图 6-6 函数使用方法的智能提示

MATLAB 还提供了判断一个文件是否是 Excel 电子表格的函数“xlsfinfo”,其常用的语法格式如下:

```
status = xlsfinfo(filename)%显示 Excel 文件信息
[status,sheets] = xlsfinfo(filename)
[status,sheets,xlFormat] = xlsfinfo(filename)
```

其中，status 返回文件类型信息，辅助程序员判断该文件是否可以通过“xlsread”函数读取数据。“sheets”用于返回电子表格中多个工作表的名称，而“xlFormat”用于返回文件格式信息，具体取值如表 6-1 所示。

表 6-1　参数“xlFormat”取值

xlFormat	说　明
'xlOpenXMLWorkbook'	xlsx 格式（Excel 2007 及其以后的版本）
'xlWorkbookNormal' or 'xlExcel8'	xls 格式（兼容 Excel 97-2003 之间的版本）
'xlCSV'	逗号分隔的 CSV 格式
'xlHtml' or 'xlWebArchive'	HTML 格式

【例题 6-4】在 MATLAB 命令行窗口（Command Window）中，查阅例 6-3 产生的电子表格数据文件“magic.xlsx”的信息。

答：具体过程及结果如图 6-7 所示。

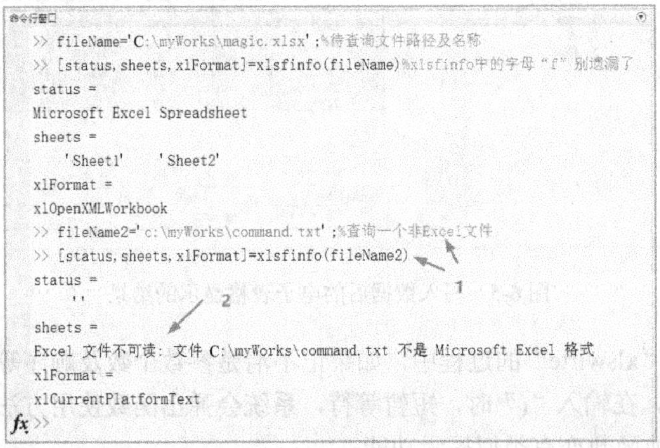

```
命令行窗口
>> fileName='C:\myWorks\magic.xlsx';%待查询文件路径及名称
>> [status,sheets,xlFormat]=xlsfinfo(fileName)%xlsfinfo中的字母“f”别遗漏了
status =
Microsoft Excel Spreadsheet
sheets =
    'Sheet1'    'Sheet2'
xlFormat =
xlOpenXMLWorkbook
>> fileName2='c:\myWorks\command.txt';%查询一个非Excel文件
>> [status,sheets,xlFormat]=xlsfinfo(fileName2)     1
status =
    ''       2
sheets =
Excel 文件不可读: 文件 C:\myWorks\command.txt 不是 Microsoft Excel 格式
xlFormat =
xlCurrentPlatformText
fx >>
```

图 6-7　文件信息查询示例

从图 6-5 可以看出，“C:\myWorks”路径下有一个名为“command.txt”的文本文件。从图 6-7 可以看出，当查询的文件为 Excel 文件格式时，正确返回了相关参数信息，当查询的文件为非 Excel 文件格式时，如图 6-7 中的箭头 1 处所示，返回如图 6-7 中箭头 2 处的“文件不可读”信息，即明确告知程序该文件不能使用“xlsread”函数读取数据。

6.1.3　文本文件

文本文件是指以 ASCII 格式存放的文件，其后缀名常常为“.txt”。MATLAB 提供了函数“importdata”“textscan”来读取。

其中，“importdata”函数的常用语法格式如下：

```
A = importdata(filename)%从文件读取数据
A = importdata('-pastespecial')%从系统剪贴板读取数据
A = importdata(___,delimiterIn)
A = importdata(___,delimiterIn,headerlinesIn)
```

其中，“A”表示存入将读入数据的数组，“filename”表示数据文件。“delimiterIn”表示列分隔符，譬如，逗号和空格。“headerlinesIn”表示ASCII文本文件中标题所在行，一般用非负整数表示，缺省的情形下由系统自动检测，在指定该参数值的情形下，表示从“headerlinesIn+1”行后开始读取数值数据。

【例题6-5】在记事本中创建名为“myFile01.txt”的数据文件，具体数据如图6-8所示。数据文件保存在“C:\myWorks”目录下。利用函数“importdata”读取除第1行之外的所有数据，并显示结果。

```
myFile01 - 记事本
文件(F) 编辑(E) 格式(O) 查看(V) 帮助(H)
Day1  Day2  Day3  Day4  Day5  Day6  Day7
95.01 76.21 61.54 40.57  5.79 20.28  1.53
23.11 45.65 79.19 93.55 35.29 19.87 74.68
60.68  1.85 92.18 91.69 81.32 60.38 44.51
48.60 82.14 73.82 41.03  0.99 27.22 93.18
89.13 44.47 17.63 89.36 13.89 19.88 46.60
```

图6-8 “myFile01.txt”文本数据

答：注意该文本文件中数据与数据之间是空格分隔，且跳过第1行文本数据。具体过程及结果如图6-9所示。

```
命令行窗口
>> delimiter=' ';%设置空格为分隔符
>> headerLine=1;%设置表头行编号为1，即从第2行开始读取数据
>> fileName='C:\myWorks\myFile01.txt';%文件名及其路径
>> A=importdata(fileName,delimiter,headerLine)%读取文本文件中的数据
A =
        data: [5x7 double]
    textdata: {'Day1'  'Day2'  'Day3'  'Day4'  'Day5'  'Day6'  'Day7'}
  colheaders: {'Day1'  'Day2'  'Day3'  'Day4'  'Day5'  'Day6'  'Day7'}
>> A.data%显示数据
ans =
   95.0100   76.2100   61.5400   40.5700    5.7900   20.2800    1.5300
   23.1100   45.6500   79.1900   93.5500   35.2900   19.8700   74.6800
   60.6800    1.8500   92.1800   91.6900   81.3200   60.3800   44.5100
   48.6000   82.1400   73.8200   41.0300    0.9900   27.2200   93.1800
   89.1300   44.4700   17.6300   89.3600   13.8900   19.8800   46.6000
fx >>
```

图6-9 “importdata”函数使用示例

“textscan”函数的常用语法格式如下：

```
C = textscan(fileID,formatSpec)
```

其中，“C”表示存储读取数据的元胞数组，“fileID”表示文件指针或引用，“formatSpec”表示格式化字符串。

【例题 6-6】在记事本中创建名为“scan2.dat”的数据文件，具体如图 6-10 所示。使用“textscan”函数读取除第 2 列以外的所有数据，并显示第 1 列、第 3 列的数据。

```
scan2.dat - 记事本
文件(F) 编辑(E) 格式(O) 查看(V) 帮助(H)
09/12/2005 Level1 12.34 45 1.23e10 inf Nan Yes 5.1+3i
10/12/2005 Level2 23.54 60 9e19 -inf  0.001 No 2.2-.5i
11/12/2005 Level3 34.90 12 2e5    10  100    No 3.1+.1i
```

图 6-10 文件“scan2.dat”的数据

答：根据每列数据形式，写出“textscan”函数中对应的格式控制字符。具体过程及结果如图 6-11 所示。

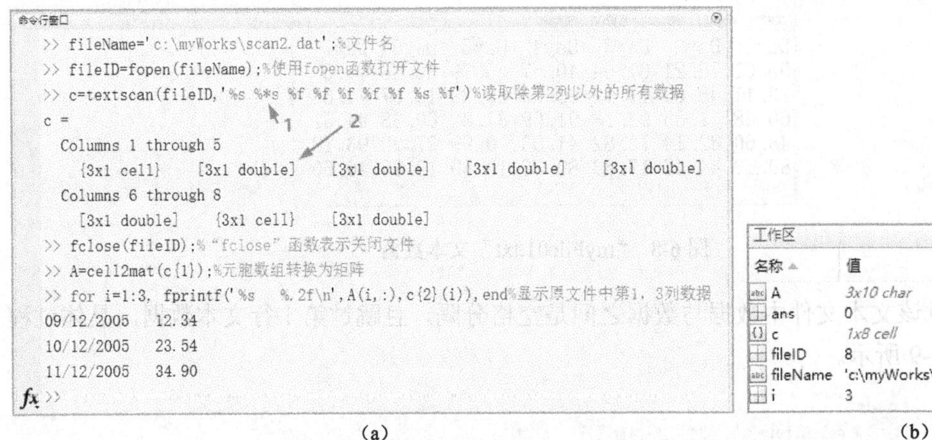

(a) (b)

图 6-11 “textscan”函数使用示例

从图 6-11 可以看出，箭头 1 处的格式控制字符“%*s”表示第 2 列是字符串，但前面的“*”表示不读取该列数据。箭头 2 处表示读取的第 3 列数据为 3×1 的数值数组，且该数组是元胞数组 c 的第 2 个元胞中的内容。

6.1.4 获取数据的其他方式

除了从本地数据文件获取数据之外，MATLAB 还提供了从数据库、互联网获取数据的接口,更详细的内容建议访问帮助文档中的“Database Toolbox”和“Datafeed Toolbox”。此外，请留意 MathWorks 公司技术支持团队于 2017 年 5 月 24 日更新发布的 bug reports（bug 编号：1571158），该 bug 指出因 Yahoo Finance 修改其 API 而导致拒绝 MATLAB 的“Datafeed Toolbox”连接其服务器，进而不能检索相关金融数据，相关链接为 https://cn.mathworks.com/matlabcentral/answers/335973-can-t-connect-to-yahoo?s_tid=srchtitle。

6.2 统计数据分析

MATLAB 统计工具箱（Statistics Toolbox）主要提供了统计和机器学习算法及其对数据进行组织、分析、建模的工具。这里主要介绍简单的统计分析功能：①描述性统计分析函数；②统计绘图函数。

6.2.1 描述性统计分析函数

（1）均值

均值表示样本数据的算术平均值。MATLAB 提供了“mean”函数来计算样本均值。其常用语法格式如下：

```
M = mean(A)
M = mean(A,dim)
```

其中，“M”表示返回的均值，A 表示输入样本，“dim”表示维度，“1”表示“行维度”，“2”表示“列维度”。当 A 为矩阵时，具有单参数的函数“mean”返回一个行向量 M，M 中的每一个元素为矩阵 A 每一列的样本数据均值。

（2）方差

方差常常用于衡量样本数据离散程度。MATLAB 提供了计算样本方差的函数“var”（variance）。其常用语法格式如下：

```
V = var(X)
```

其中，当“X”为矩阵时，计算方式如同均值函数“mean”。

（3）标准方差

MATLAB 提供了计算样本数据标准方差（standard deviation）的函数“std”，其常用语法格式如下：

```
s = std(X)
```

（4）最大值

MATLAB 提供了计算样本数据最大值的函数“max”（maximum），其常用语法格式如下：

```
C = max(A)
C = max(A,[],dim)%[]不能省略
```

其中，输入参数“dim”的含义同均值函数“mean”中的参数“dim”。

（5）最小值

MATLAB 提供了计算样本数据最小值的函数“min”（minimum），其常用语法格式如下：

```
C = min(A)
C = min(A,[],dim)%[]不能省略
```

（6）众数

一组样本数据中出现次数最多的数，叫众数（mode）。一般而言，就是一组样本数据中占比例最多的那个数。MATLAB 提供了计算样本数据众数的函数“mode”，其常用的语法格式如下：

```
M = mode(X)
M = mode(X,dim)
```

（7）中位数

中位数又称中值（median），对于有限数集，可以通过把所有样本数据按大小排序后找出正中间的一个样本作为中位数，如果样本数据个数为偶数，通常取最中间的两个样本数据的平均数作为中位数。MATLAB 提供了计算样本数据中位数的函数“median”，其常用的语法格式如下：

```
M = median(A)
M = median(A,dim)
```

（8）极差

极差即为样本数据最大值和最小值之间的差，MATLAB 提供了函数“range”来计算向量或矩阵的极差，其语法格式如下：

```
range(X)
y = range(X,dim)
```

其中，“X”表示样本，当 X 为向量时，range 函数返回最大值和最小值之间的差，当 X 为矩阵时，返回值为 1 个行向量，行向量中的每一个元素表示样本矩阵每列数据的极差。“dim”表示维度，“行维度”用 1 表示，“列维度”用 2 表示。

（9）分位数

分位数（quantile）根据其将数列等分的形式不同可以分为中位数、四分位数、十分位数、百分位数等。四分位数作为分位数的一种形式，在统计中有着十分重要的意义和作用，人们经常会将数据划分为4个部分，每一个部分大约包含有1/4即25%的数据项。这种划分的临界点即为四分位数。MATLAB 提供了函数“quantile”来计算向量或矩阵的分位数，其常用语法格式如下：

```
Y = quantile(X,p)%p∈[0,1]表示概率或累积概率
Y = quantile(X,p,dim)
```

【例题 6-7】 在 MATLAB 命令行窗口（Command Window）中，读取例 6-2 中名为“score.xls”的学生总评成绩数据，具体读取序号前 10 位的学生成绩，计算成绩的均值、标准方差、最大值、最小值。

答：具体过程及结果如图 6-12 所示。

```
命令行窗口
>> fileName='C:\myWorks\score.xls';
>> [~,s,~]=xlsread(fileName,'Sheet1','G7:G16');%读前10位学生的总评成绩
>> score=str2num(cell2mat(s))
score =
    76    86    93    85    75    80    69    86    76    75
>> round(mean(score))%显示平均成绩，“round”函数表示四舍五入
ans =
    80
>> round(std(score))%显示标准方差，“round”函数表示四舍五入
ans =
     7
>> round(max(score))%显示最高成绩，“round”函数表示四舍五入
ans =
    93
>> round(min(score))%显示最低成绩，“round”函数表示四舍五入
ans =
    69
fx >>
```

图 6-12 描述性统计分析函数使用示例

6.2.2 统计绘图函数

MATLAB 提供了很多便于观察统计数据特征的绘图函数。其中，函数“boxplot”用于绘制样本数据的盒图。“qqplot”用于绘制单样本或者两个样本的 Q-Q 图（Quantile-Quantile）。

其中，盒图是由美国统计学家约翰·图基（John Tukey）等人于 1978 年发明的。它由五个数值点组成：①最小值；②下四分位数（Q1，在“quantile”函数中概率 p 取值 0.25）；③中位数（median，也称为 Q2）；④上四分位数（Q3，在“quantile”函数中概率 p 取值 0.75）；⑤最大值。其中，下四分位数、中位数、上四分位数组成一个“带有隔间的盒子”。上四分位数到最大值之间建立一条延伸线，这个延伸线称为“胡须（whisker）”。此外，盒图还用于观察样本中是否有异常数据或离群点。

【**例题 6-8**】在 MATLAB 命令行窗口（Command Window）中，读取例 6-2 中名为“score.xls”的学生“期末成绩”数据，在“xlsread”函数中使用单元格区域为“F7:F55”，计算其最高成绩、最低成绩，样本成绩中位数，上四分位数、下四分位数、并绘制成绩盒图，最后，观察盒图中关键节点数据是否和使用“quantile”函数计算的一致。

答：具体过程及结果如图 6-13 所示。

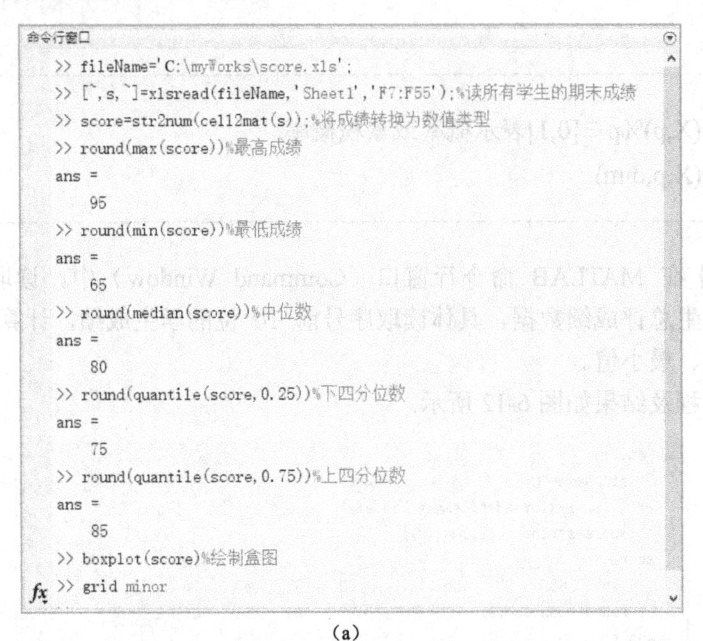

（a）

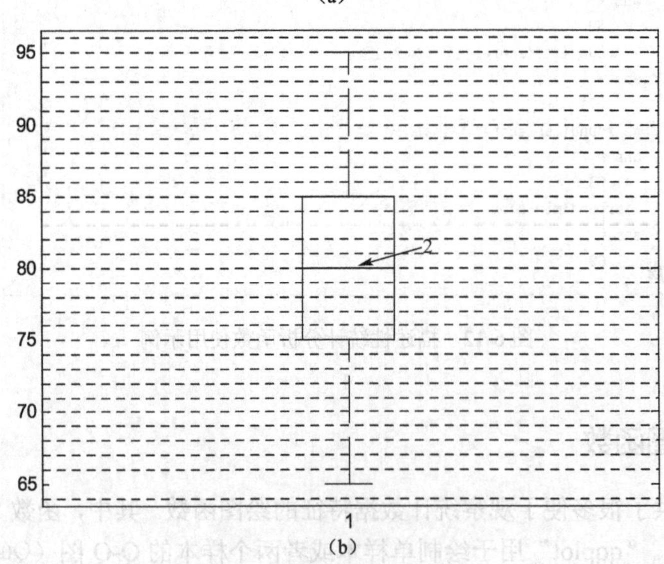

（b）

图 6-13 “boxplot”使用示例

从图 6-13 的子图（b）可以看出：盒子中间的实线（箭头 2 处）表示中位数，盒子两端分别表示上四分位数和下四分位数，顶端胡须表示最高成绩，底端胡须表示最低成绩。这样，学生成绩样本用这样一个图就可以大致概括出一些非常重要的数据信息。

此外，Q-Q 图常用于验证样本是否是正态分布或者两个样本是否来自于同一分布。

【例题 6-9】在 MATLAB 命令行窗口（Command Window）中，读取例 6-2 中名为“score.xls”的学生总评成绩数据，在“xlsread”函数中使用单元格区域为“G7:G55”，验证成绩样本和其自身是否是来自于同一样本。

答：具体过程及结果如图 6-14 所示。

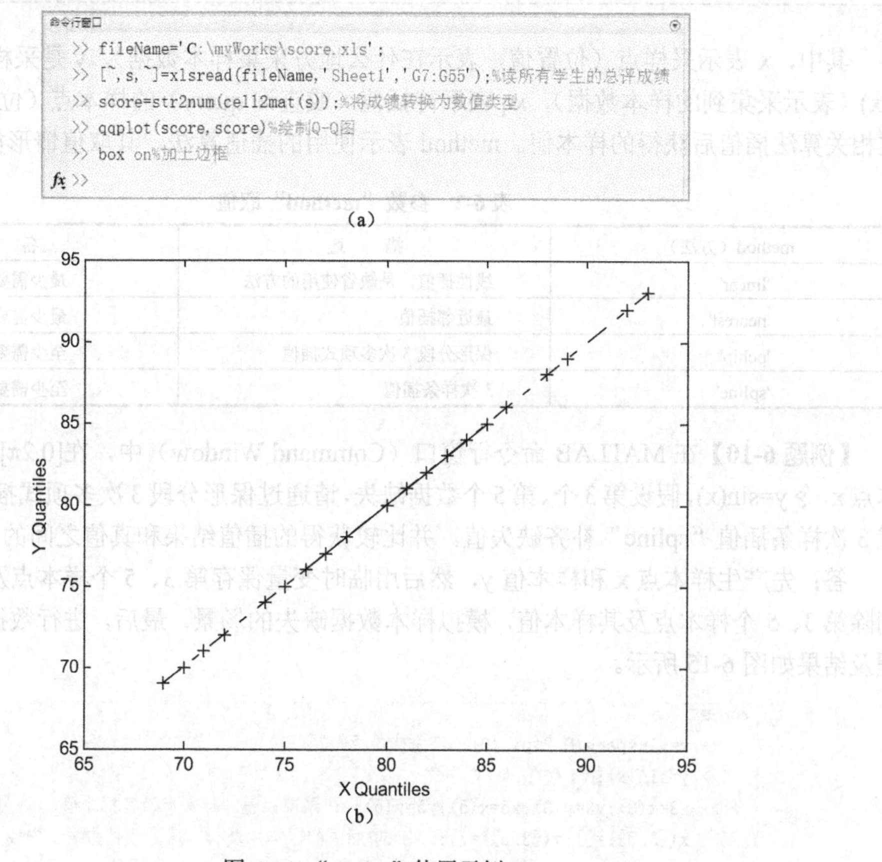

图 6-14 “qqplot”使用示例

从图 6-14 的子图（b）可以发现：图中数据点（符号“x”）与参考线基本重合，说明，两个样本来自于同一个分布，这与“输入的两个样本完全一样”的事实是吻合的。当数据点形状与参考线不一致，而呈曲线时，则表示两个样本分别来自不同的分布。

6.3 数据插值

在实际应用中，采集所得样本数据往往是离散的。如果想得到这些离散点以外的其他数值点，就需要通过这些已知数据点进行插值，来近似那些未知点。尤其是在采样过程中因各种原因发现数据样本中有缺失值，为了获得较为完整的样本，可以采用数据插值法获取近似值来替换缺失值。

MATLAB 提供了数据插值函数，其中，常用的一维插值函数为“interp1”（1-D data interpolation），其常用语法格式如下：

```
vq = interp1(x,v,xq)%缺省为线性插值
vq = interp1(x,v,xq,method)
```

其中，x 表示采样点（位置值，表示在什么地方采集样本数据），v 是采样点上的样本值 v(x)（表示采集到的样本数据），xq 表示待插值（或查询 query）的样本点（位置值）,vq 是经过相关算法插值后获得的样本值。method 表示使用的插值算法，其取值情形如表 6-2 所示。

表 6-2 参数“method”取值

method（方法）	描 述	备 注
'linear'	线性插值，是缺省使用的方法	最少需要 2 个点
'nearest'	最近邻插值	最少需要 2 个点
'pchip'	保形分段 3 次多项式插值	至少需要 4 个点
'spline'	3 次样条插值	至少需要 4 个点

【例题 6-10】在 MATLAB 命令行窗口（Command Window）中，在[0,2π]上产生 10 个样本点 x，令 y=sin(x)，假设第 3 个、第 5 个数据缺失，请通过保形分段 3 次多项式插值算法“pchip”或 3 次样条插值“spline”补齐缺失值。并比较获得的插值结果和真值之间的差异。

答：先产生样本点 x 和样本值 y，然后用临时变量保存第 3、5 个样本点及其样本值，并删除第 3、5 个样本点及其样本值，模拟样本数据缺失的场景，最后，进行数据插值。具体过程及结果如图 6-15 所示。

```
命令行窗口
>> x=linspace(0,2*pi,10);%产生样本点(位置值)
>> y=sin(x);%计算(采集)样本值
>> x3=x(3);y3=y(3);x5=x(5);y5=y(5);%记录拟插值的样本点及其样本值
>> x([3,5])=[];y([3,5])=[];%删除拟插值的样本点及样本值，模拟数据缺失场景
>> vq=interp1(x,y,[x3,x5],'pchip')%数据插值
vq =
    0.8060    0.4012
>> [y3,y5]%原始样本真值
ans =
    0.9848    0.3420
>> vq=interp1(x,y,[x3,x5],'spline')%数据插值
vq =
    0.9604    0.3434
fx >>
```

图 6-15 “interp1”函数使用示例

从图 6-15 可以看出：3 次样条插值效果要好于保形分段 3 次多项式插值，即参数“method”取值“spline”比取值“pchip”效果要好。

采用如图 6-16 所示的代码绘制原始正弦曲线及插值效果对比图 6-17。

从图 6-17 可以发现：在该例中，算法“spline”插值效果要明显好于算法“pchip”的插值效果。

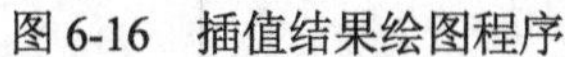

图 6-16　插值结果绘图程序

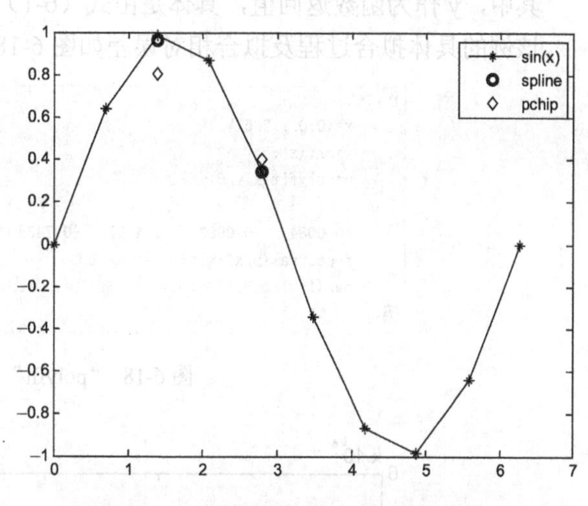

图 6-17　不同插值算法的插值结果对比

6.4　数据拟合

与数据插值类似，数据拟合是用一个函数去逼近一个复杂的或未知的函数，与数据插值的主要区别在于：数据拟合会找出一个曲线方程，而数据插值只是要求得到内插数值。

常用的数据拟合方法就是多项式拟合。多项式拟合是使用一个多项式逼近一组给定数据，是数据分析中常用的方法。MATLAB 提供了函数“polyfit”实现最小二乘多项式曲线拟合，其常用的语法格式如下：

```
p = polyfit(x,y,n)
```

其中，x，y 为给定的样本数据，y 为 x 的函数，n 表示待拟合的多项式的最高次数，p 为长度为(n+1)的行向量，表示多项式各子项的系数。具体可表示拟合曲线由形如式（6-1）的多项式表示：

$$p(x)=p_1x^n+p_2x^{n-1}+\cdots+p_nx+p_{n+1} \tag{6-1}$$

【例题 6-11】在 MATLAB 命令行窗口（Command Window）中，利用多项式拟合误差函数 $\mathrm{erf}(x)=\dfrac{2}{\sqrt{\pi}}\int_0^x e^{-t^2}\mathrm{d}t$，$x$ 的区间为[0, 2.5]，拟合时取参数 n=6，利用获得的拟合函数外推(2.5, 5]上的外插值。对比分析拟合函数内插值的效果和外插值的效果。

答：MATLAB 提供了误差函数“erf”（error fucntion）计算自变量 x 对应的函数值，此外，针对拟合函数“polyfit”返回的多项式系数，MATLAB 还提供了函数“polyval”用于计算针对自变量 x 的多项式函数的值。“polyval”函数的常用语法格式如下：

```
y = polyval(p,x)%计算多项式函数在点 x 处的值，y 为函数值
```

其中，y 作为函数返回值，具体是由式（6-1）计算而得。

该例的具体拟合过程及拟合相对误差如图 6-18 和图 6-19 所示。

```
命令行窗口
>> x=(0:0.1:2.5)';
>> y=erf(x);
>> p=polyfit(x,y,6)%拟合多项式
p =
    0.0084   -0.0983    0.4217   -0.7435    0.1471    1.1064    0.0004
>> f=polyval(p,x);%计算拟合后的函数值
>> bar(f-y)%绘制拟合函数与原函数的相对误差图
fx>>
```

图 6-18 “polyfit”使用示例

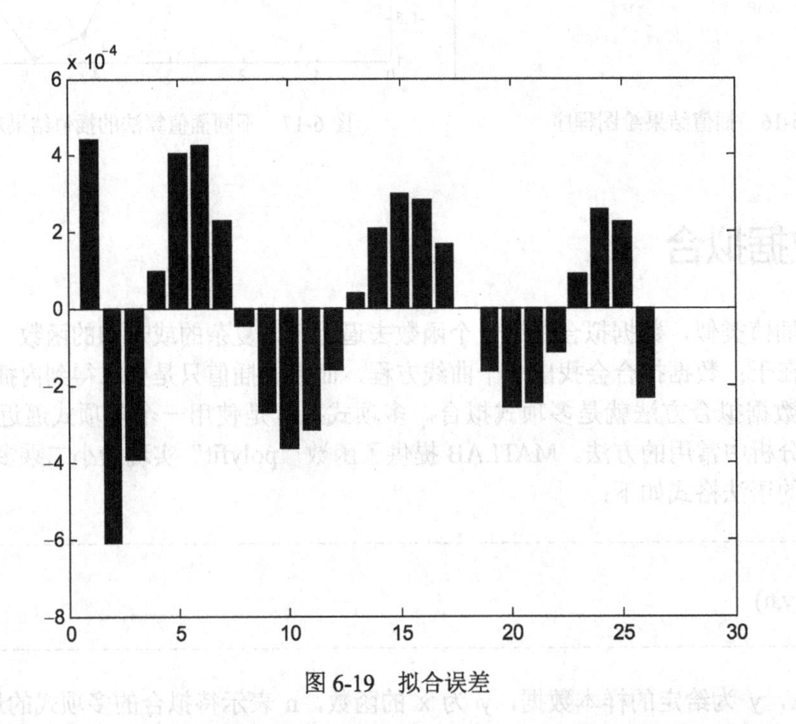

图 6-19 拟合误差

从图 6-19 可以看出：内插值的拟合效果非常好，所有相对误差都在 $1e^{-4}$ 左右。

获得拟合函数往往是为了外推其他未知点的函数值，下面看看拟合函数在区间(2.5, 5]上外插值的效果。拟合过程及结果如图 6-20 和图 6-21 所示。

```
命令行窗口
>> x=(0:0.1:2.5)';
>> y=erf(x);
>> p=polyfit(x,y,6)%拟合多项式
p =
    0.0084   -0.0983    0.4217   -0.7435    0.1471    1.1064    0.0004
>> x2=(2.5:0.1:5)';y2=erf(x2);pValue=polyval(p,[x;x2]);
>> plot([x;x2],[y;y2],'o')%绘制误差函数erf的图形
>> hold on
>> plot([x;x2],pValue,'-')%绘制拟合多项式在[0,5]上的图形
>> legend('erf(x)','拟合多项式')%添加图例
fx>>
```

图 6-20 绘制拟合效果图代码

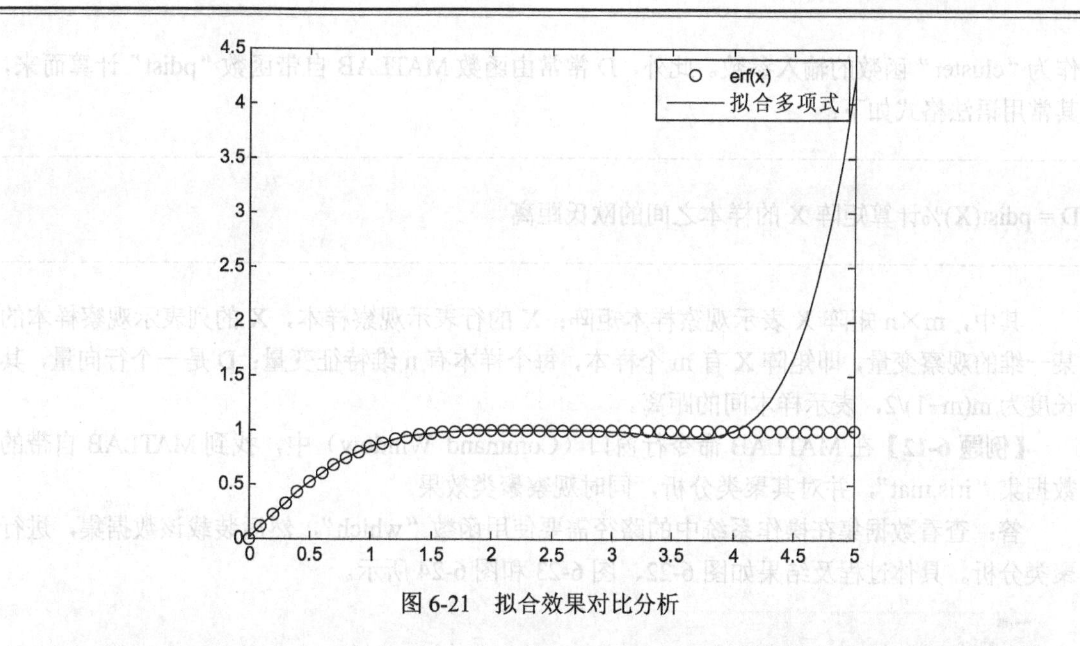

图 6-21 拟合效果对比分析

从图 6-21 可以看出：拟合多项式在区间[0,2.5]上拟合效果非常好，这属于内插值部分，对于外插值部分而言，在(2.5,4)区间内，外推预测效果还比较好，但在区间[4,5]上，拟合多项式函数出现了发散，严重偏离原误差函数“erf”，故该情形下的拟合多项式函数不适合长期预测。建议读者修改拟合函数参数“n”的值，进一步对比分析内部拟合误差与外部预测误差的效果。

6.5 聚类分析

聚类分析（Cluster analysis）用于发现数据中的分组情况，指将物理或抽象对象的集合分组为由类似的对象组成的多个类的分析过程，是数据分析的重要手段之一。

MATLAB 的统计工具箱（Statistics Toolbox）提供了层次聚类、K-Means 聚类等数据分析功能及聚类绘图功能。

MATLAB 提供了函数“cluster”函数进行层次聚类分析，其常用的语法格式如下：

```
T = cluster(Z,'maxclust',n)
```

其中，“n”表示参数“maxclust”（maximum clusters，最大聚类数）的取值。“Z”为“(m−1)×3”的矩阵，m 表示样本数，由 MATLAB 自带函数“linkage”计算而来，其常用语法如下：

```
Z = linkage(D)
```

其中，D 表示样本之间的欧氏距离，为行向量；Z 为用于编码层次聚类树的矩阵，可以作为“cluster”函数的输入参数。此外，D 常常由函数 MATLAB 自带函数“pdist”计算而来，其常用语法格式如下：

D = pdist(X)%计算矩阵 X 的样本之间的欧氏距离

其中，m×n 矩阵 X 表示观察样本矩阵；X 的行表示观察样本，X 的列表示观察样本的某一维的观察变量，即矩阵 X 有 m 个样本，每个样本有 n 维特征变量；D 是一个行向量，其长度为 m(m−1)/2，表示样本间的距离。

【例题 6-12】 在 MATLAB 命令行窗口（Command Window）中，找到 MATLAB 自带的数据集“iris.mat”，并对其聚类分析，同时观察聚类效果。

答：查看数据集在操作系统中的路径需要使用函数“which”，然后装载该数据集，进行聚类分析。具体过程及结果如图 6-22、图 6-23 和图 6-24 所示。

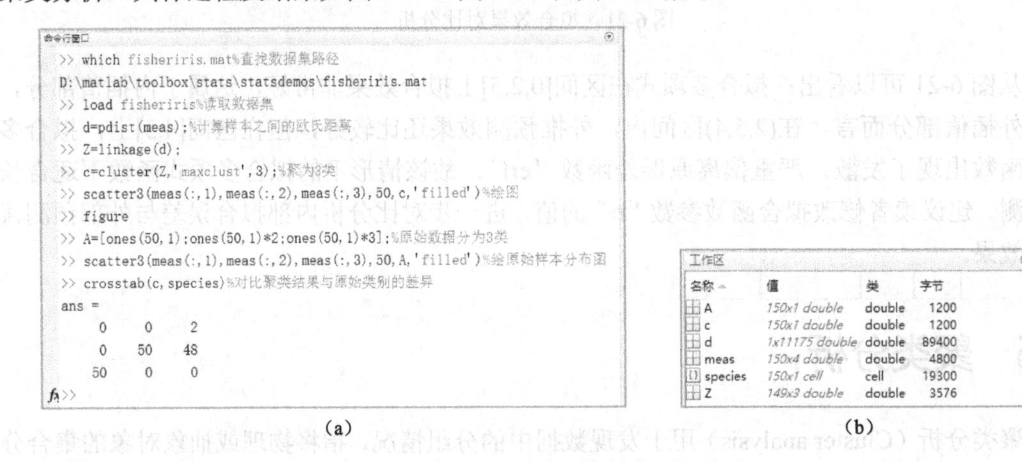

(a)

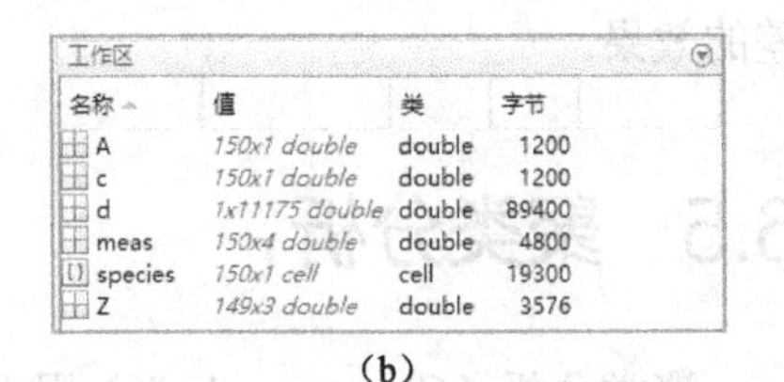

(b)

图 6-22 聚类分析

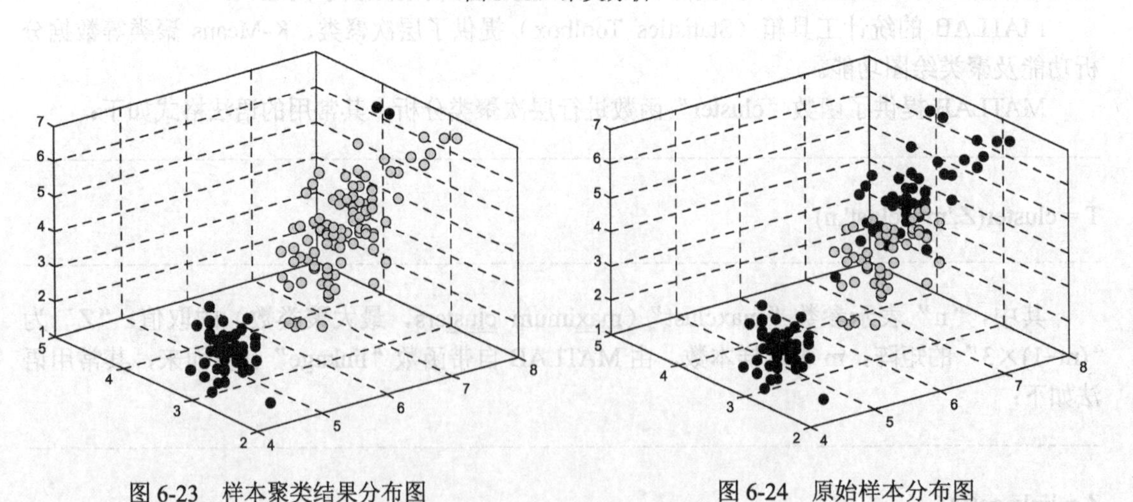

图 6-23 样本聚类结果分布图　　　　图 6-24 原始样本分布图

iris 数据集是非常著名的数据分析或者说机器学习的常用 Benchmark 问题。从图 6-22 的子图（b）可以看出其有 150 个样本，每个样本有 4 个变量，共分成 3 类：1～50 号样本为一类，51～100 号样本为一类，101～150 号样本为一类。

从图 6-22 的子图（a）可以看出聚类结果 c 在和原始样本分类 A 相比较的过程中，即使用“crosstab”函数对比分析后获得聚类结果对比矩阵 ans，为方便解释，ans 的 1～3 行分别表示为第 1～3 类样本分析结果，ans 的第 3 列数据表明，第 1 类样本只有 2 个分类正确，48 个样本错分到了第 2 类样本中；ans 的第 2 列数据表明该类全部聚类正确；ans 的第 1 列数据表明该类全部聚类正确。这个聚类效果对比分析从图 6-23 和图 6-24 可以可视化看出。建议读者通过在命令行窗口运行“>>doc scatter3”“>>doc crosstab”进一步查看这两个函数的详细用法。

此外，MATLAB 还提供了函数“dendrogram”绘制层次聚类的谱系图，其常用语法格式如下：

---

dendrogram(tree)%绘制谱系图

其中，tree 常常使用“linkage”函数通过“最短距离”法对 X 之间的样本进行按距离聚类而返回层次聚类树。该函数最大可以绘制 30 个样本的谱系聚类图，更详细的用法建议运行“>>doc dendrogram”。

【例题 6-13】在 MATLAB 命令行窗口（Command Window）中，在例 6-12 的基础上，提取 1～20 号样本数据，绘制这些样本的谱系图。

答：具体过程及结果如图 6-25 所示。

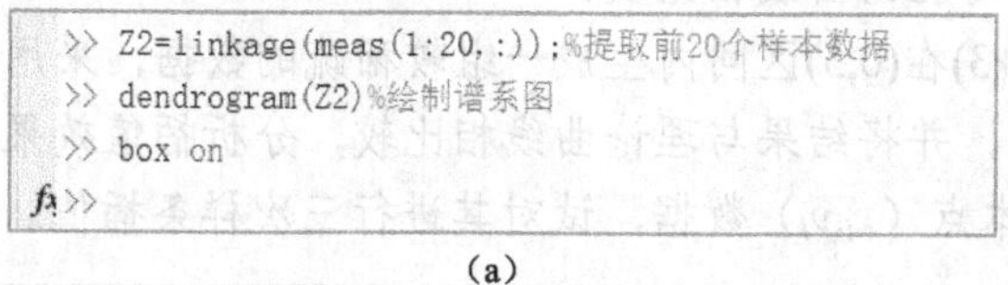

（a）

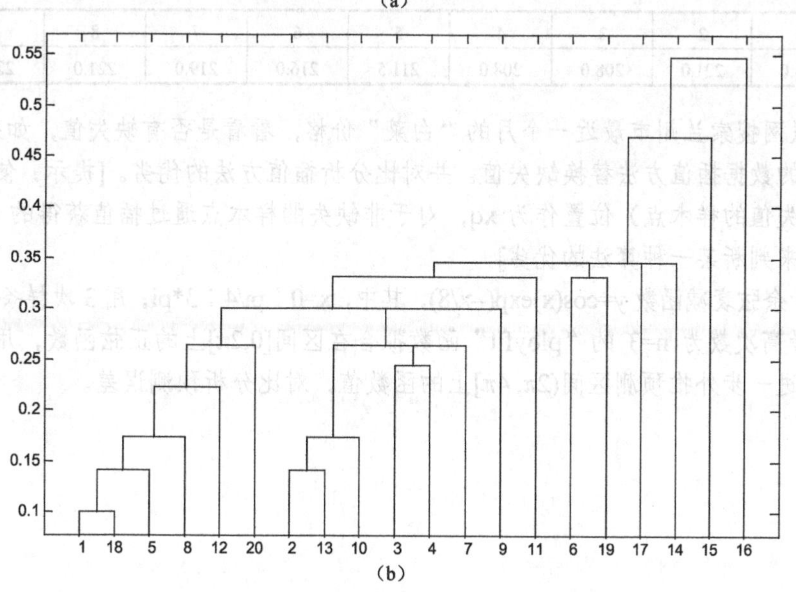

（b）

图 6-25　绘制谱系图示例

6.6 课外延伸

在此推荐一些书籍或者资料

① https://cn.mathworks.com/videos/importing-data-from-text-files-interactively-101486.html（交互式导入数据的视频资料）。

② https://cn.mathworks.com/videos/deep-learning-in-11-lines-of-matlab-code-1481229977318.html（使用 MATLAB 进行深度学习的有关视频资料）。

③ https://cn.mathworks.com/videos/matlab-tools-for-scientists-introduction-to-data-analysis-and-visualization-81941.html （数据分析与可视化工具箱使用的有关视频资料）。

6.7 习题

① 请从“雅虎财经”获取“顺丰控股”的最近 1 个月的开盘价格数据，统计分析其最高价格、最低价格、中值、均值、标准方差，并使用移动平均法对其未来 5 天的开盘价格进行预测分析。[提示：访问帮助文档中的“数据获取工具箱（datafeed toolbox）”]

② 产生一个 4 阶 Hilbert 矩阵 B,并将其写入到程序员自己指定的路径中名为“H.xlsx”的文件中。（提示：>>doc hilb）

③ 用 $f(t)=t^2e^{-5t}\sin(t)$生成一组较稀疏的数据，用一维数据插值方法对给出的样本数据进行曲线拟合，并将结果与理论曲线相比较。

④ 用 $f(t)=\sin(10t^2+3)$在(0,5)区间内生成一组较稀疏的数据，采用一维数据插值方法对给出的数据进行曲线拟合，并将结果与理论曲线相比较，分析插值效果。

⑤ 已知如下的样本点（x_i,y_i）数据，试对其进行三次样条插值。

x_i	1	2	3	4	5	6	7	8	9	10
y_i	244.0	221.0	208.0	208.0	211.5	216.0	219.0	221.0	221.5	220.0

⑥ 互联网搜索兰州市最近一个月的“白菜”价格，看看是否有缺失值，如果有缺失值，请使用不同的数据插值方法替换缺失值。并对比分析插值方法的优劣。[提示：使用所有样本点（包括缺失值的样本点）位置作为 xq，对于非缺失的样本点通过插值获得的 vq 与其样本真值的误差来判断某一种算法的优劣]

⑦ 对于余弦衰减函数 y=cos(x)exp(−x/8)，其中，x=0：pi/4：3*pi，用 3 次样条法进行插值。

⑧ 用最高次数为 n=3 的“ployfit”函数拟合在区间[0,2π]上的正弦函数，用获得的拟合多项式函数进一步外推预测区间(2π, 4π]上的函数值，对比分析预测误差。

第7章 符号计算

数学是符号加逻辑。

——罗素

一门学科只有当它用数学表示的时候,才能被最后称为科学。

——恩格斯

MATLAB 提供了符号计算工具箱（Symbolic Math Toolbox），即从分析视角提供了符号微分（含偏微分）、符号积分（包括定积分和不定积分）、符号化简、符号变换及方程求解等分析功能。

7.1 符号对象

进行符号计算之前，需要先行创建符号对象，符号对象具体包括①符号变量（symbolic variables）；②符号数（symbolic numbers）；③符号表达式（symbolic expressions）；④符号矩阵（symbolic matrices）；⑤符号函数（symbolic functions）。

7.1.1 符号对象创建

符号对象可以使用函数“sym”和“syms”创建，其常用语法格式如下：

```
var = sym('var')%创建符号变量 var，并赋值为 var
syms var1 ... varN%创建多个符号变量，变量名之间只能用空格分隔
syms f(arg1,...,argN)%创建符号函数，函数参数为 arg1,…,argN
f(arg1,...,argN) = sym('f(arg1,...,argN)')% 创建符号函数
```

其中，使用函数“sym”创建符号数时，参数“var”可以不用单撇“''”括起来。

【例题 7-1】在 MATLAB 命令行窗口（Command Window）中，使用“syms”函数创建符号变量 x，使用“sym”函数创建符号变量 y、z 和 zz，y 的值为“zValue”，z 的值为“2”，zz 不显示输入取值。

答：观察“syms”和“sym”函数创建符号变量的异同。具体过程及结果如图 7-1 所示。

从图 7-1 可以看出，使用“syms”函数创建符号变量 x 后未返回任何值，在显示符号变量 x 后，可以发现其值默认为“x”，而“sym”函数创建符号变量时，可以指定取值，在未

指定“sym”函数参数的情形下，其取值默认为 0（如符号变量 zz）。此外，从图中右侧工作区部分可以观察到符号变量 x、y、z、zz 的类型皆为“sym”。

命令行窗口

```
>> syms x%创建符号变量x
>> x%显示符号变量的值，默认为其名
x =
x
>> y=sym('zValue')%sym函数创建符号变量时需要指定其取值
y =
zValue
>> z=sym('2')%sym函数创建符号变量时需要指定其取值
z =
2
>> zz=sym%没有参数的情形下，直接创建符号变量zz
zz =
0
fx >>
```

工作区

名称	值	类	字节
x	1x1 sym	sym	112
y	1x1 sym	sym	112
z	1x1 sym	sym	112
zz	1x1 sym	sym	112

图 7-1 创建符号变量

【例题 7-2】在 MATLAB 命令行窗口（Command Window）中，分别使用“sym”和“syms”函数创建符号函数 $f(x,y)=x^2+2y+1$，并计算函数在(2,1)处的取值。

答：使用“sym”函数创建符号函数时，需要先定义相关符号变量。此外，使用“syms”直接创建符号函数 f(x,y)时，注意产生符号函数 f 和符号变量 x，y 的过程。具体过程及结果如图 7-2 所示。

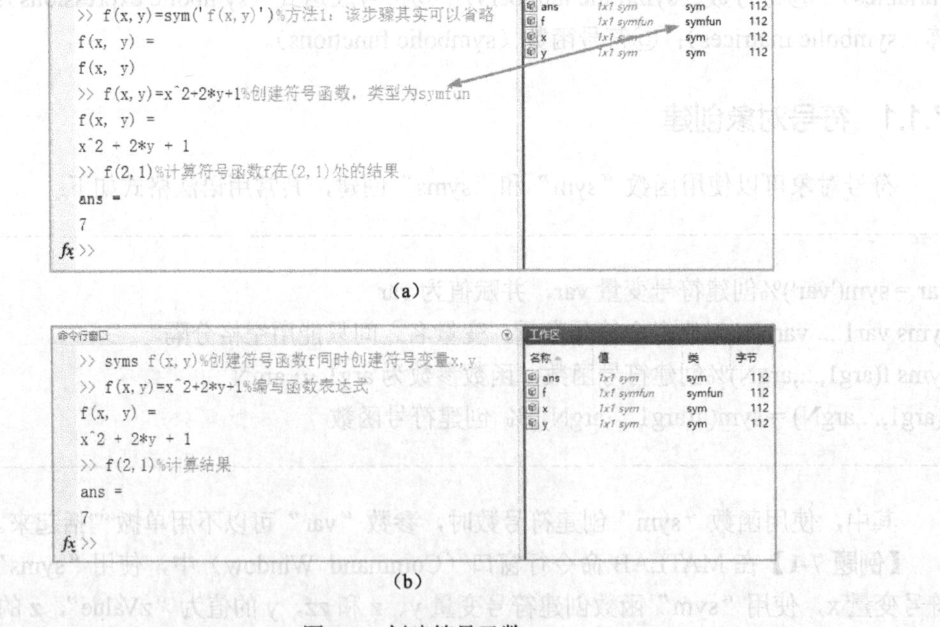

图 7-2 创建符号函数

【例题 7-3】在 MATLAB 命令行窗口（Command Window）中，使用“sym”函数创建符号变量 x 和 y，同时将符号变量 x 赋值为 7，y 赋值为“yy”，在此基础上，直接创建符号表达式 z=x+y。然后在符号变量 y 取值为 3 的情况下，计算符号表达式 z 的结果。

答：注意不能直接使用赋值号“=”将数值7赋值给符号变量x，即运行“x=7”会导致覆盖掉符号变量x，同时重新创建一个数值变量x，如图7-3所示。此外，当要给符号表达式中某个符号变量具体值时，可以使用“subs”函数实现此目的，其中该函数的形式为：subs(表达式，符号变量，取值)。具体过程及结果如图7-4所示。

```
命令行窗口
>> x=sym(7)%创建符号变量
x =
7
>> class(x)%class函数用于测试符号变量x的类型
ans =
sym
>> x=7%重新赋值，就会覆盖掉原来的符号变量x
x =
     7
>> class(x)%
ans =
double
fx >>
```

图7-3 “符号变量赋值”错误示例

```
命令行窗口
>> x=sym(7)%创建符号变量x，并赋值为7
x =
7
>> y=sym('yy')
y =
yy
>> z=x+y%创建符号表达式z
z =
yy + 7
>> subs(z, y, 3)%计算符号变量y=3的情形下符号表达式的值
ans =
10
fx >>
```

名称	值	类	字节
ans	1x1 sym	sym	112
x	1x1 sym	sym	112
y	1x1 sym	sym	112
z	1x1 sym	sym	112

图7-4 符号变量赋值及表达式计算

7.1.2 符号数转换为数值

在计算符号数的具体取值时，可以使用类型转换函数对“符号数”实施强制类型转换，例如，可以将符号数转换为“double”类型的数值。此外，也可以通过函数“eval”计算符号表达式的值。

【例题7-4】在MATLAB命令行窗口（Command Window）中，计算符号表达式$\frac{1+\sqrt{5}}{2}$的数值。

答：先创建符号表达式，然后计算符号表达式的值。具体过程及结果如图7-5所示。

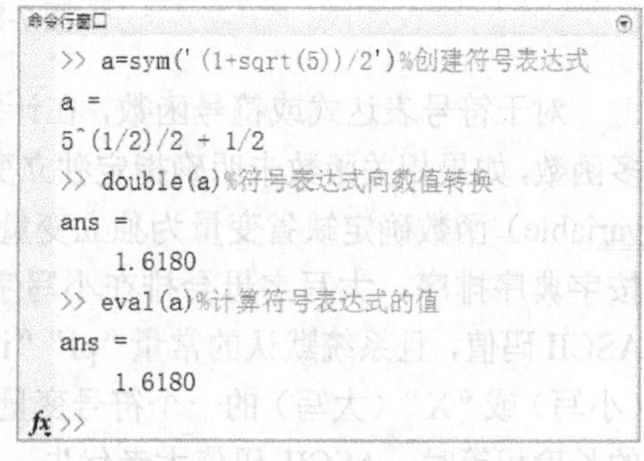

图7-5 符号表达式计算

7.1.3 符号表达式运算

符号表达式也有算术运算、逻辑运算和关系运算。

此外，对于复杂的符号表达式形式，MATLAB还提供了化简函数“simplify”，也可以使用函数“expand”将符号表达式简化为“多项式”的形式，而函数“factor”则可以将表达式简化成包含有多项式根的因子形式。

【例题7-5】在MATLAB命令行窗口（Command Window）中，展示函数“simplify”使用示例。

答：具体过程及结果如图7-6所示。

【例题7-6】在MATLAB命令行窗口（Command Window）中，展示函数“expand”的使用示例。

答：具体过程及结果如图7-7所示。

【例题7-7】在MATLAB命令行窗口（Command Window）中，展示函数“factor”的使用示例。

```
命令行窗口
>> phi=sym('(1+sqrt(5))/2')%创建符号变量
phi =
5^(1/2)/2 + 1/2
>> f=phi^2-phi-1%符号表达式
f =
(5^(1/2)/2 + 1/2)^2 - 5^(1/2)/2 - 3/2
>> simplify(f)%化简表达式
ans =
0
fx >>
```

图 7-6 “simplify”使用示例

```
命令行窗口
>> syms x%创建符号变量
>> f=(x^2-1)*(x^4+x^3+x^2+x+1)*(x^4-x^3+x^2-x+1)%符号表达式
f =
(x^2 - 1)*(x^4 - x^3 + x^2 - x + 1)*(x^4 + x^3 + x^2 + x + 1)
>> expand(f)%函数expand的功能：将f化简成多项式的形式
ans =
x^10 - 1
fx >>
```

图 7-7 “expand”使用示例

答：具体过程及结果如图 7-8 所示。

```
命令行窗口
>> syms x%创建符号变量
>> f=x^3+6*x^2+11*x+6%符号表达式
f =
x^3 + 6*x^2 + 11*x + 6
>> factor(f)%化简为含有多项式 “根” 的形式
ans =
(x + 3)*(x + 2)*(x + 1)
fx >>
```

图 7-8 “factor”使用示例

对于符号表达式或符号函数，在计算其极限、导数或积分的过程中，MATLAB 提供了许多函数，如果相关函数未明确指定独立变量（或自变量），系统会自动调用“symvar”（symbolic variable）函数确定缺省变量为独立变量。确定缺省变量的原则为：①将表达式中的符号变量按字典序排序，大写字母会排在小写字母前面[大写字母的 ASCII 码值要小于小写字母的 ASCII 码值，且系统默认的常量“pi”“i”“j”（虚数单位）不被当作变量]；②最接近字母“x”（小写）或“X”（大写）的一个符号变量为缺省变量，同时，当两个符号变量距离“x”或“X”的长度相等时，ASCII 码值大者优先，而且小写符号变量优先于任何大写符号变量；③对于符号函数，其输入参数优先于其他符号变量。此外，“symvar”函数还可以用于查找最接近字母“x”（小写）或“X”（大写）的前 n 个符号变量。其语法格式如下：

```
symvar(s)    %s 表示符号表达式或符号函数
symvar(s,n)%n 为正整数
```

其中，只有一个参数的“symvar”函数，将按字典序列出所有符号变量。含有两个参数的“symvar”函数，表示对于排序好的所有符号变量，找出前 n 个符号变量，并按接近“x”或“X”的程度，依次列出。

【例题 7-8】在 MATLAB 命令行窗口（Command Window）中，展示函数“symvar”使用示例。

答：具体过程及结果如图 7-9 所示。

```
命令行窗口
>> syms W X Y w x y z a b%创建符号变量
>> f=W+X+Y+w+x+y+z;%符号表达式
>> symvar(f)%对符号表达式f中的符号变量按字典序排序
ans =
[ W, X, Y, w, x, y, z]
>> symvar(f,1)%找缺省变量
ans =
x
>> symvar(f,2)%找前2个符号变量，w、y分别距离x都为1，则ASCII码值大者优先
ans =
[ x, y]
>> f2=Y+x+y+z;symvar(f2,4)%小写字母优先于任何大写字母
ans =
[ x, y, z, Y]
>> f(a,b)=a*x^2+b*y+1;symvar(f,3)%符号函数的输入参数a、b优先于任何符号变量
ans =
[ a, b, x]
fx >>
```

图 7-9 “symvar”使用示例

7.2 符号极限

MATLAB 提供了函数“limit”计算符号表达式的极限。其语法格式如下：

```
limit(expr,x,a)              %变量 x 趋近于 a 的极限
limit(expr,a)                %缺省变量趋近于 a 的极限
limit(expr)                  %缺省变量趋近于 0 的极限
limit(expr,x,a,'left')       %变量 x 趋近于 a⁻的左极限
limit(expr,x,a,'right')      %变量 x 趋近于 a⁺的右极限
```

【例题 7-9】在 MATLAB 命令行窗口（Command Window）中，计算 $y=1/x$，在 x 趋近于 0 的左极限和右极限。

答：先定义符号变量，再对符号变量求左、右极限。具体过程及结果如图 7-10 所示。

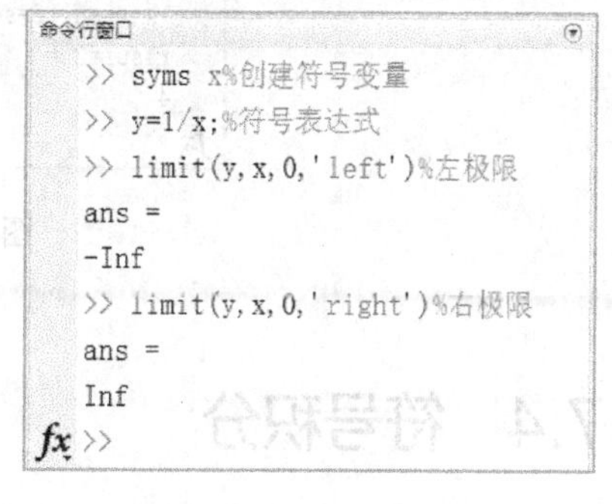

图 7-10 极限计算示例

7.3 符号导数

MATLAB 提供了函数“diff”（differentiation）计算符号表达式或符号函数的导数。其语法格式如下：

```
diff(F)                      %F 对缺省变量求导
```

```
diff(F,var)            %F 对变量 var 求导
diff(F,n)              %F 对缺省变量求 n 阶导
diff(F,var,n)          %F 对变量 var 求 n 阶导
diff(F,var1,...,varN)  %多元微分
```

【例题 7-10】在 MATLAB 命令行窗口（Command Window）中，使用 diff(F)语法格式求 $\sin(x)+xy$ 的导数。

答：缺省变量是由系统自动调用 symvar(F,1)获取的。具体过程及结果如图 7-11 所示。

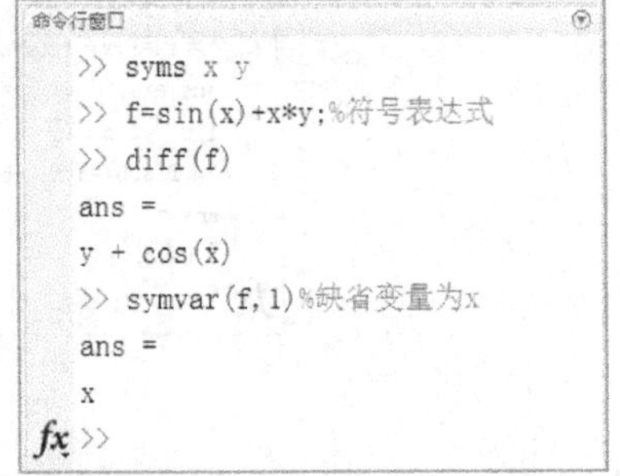

图 7-11 “diff”函数使用示例 1

【例题 7-11】在 MATLAB 命令行窗口（Command Window）中，对于 $f=x^2y+xy^2$ 的情形，计算 $\frac{\partial^2 f}{\partial x \partial y}$ 及其二阶混合偏导数在(1,1)处的值。

答：多元混合微分可以直接使用 diff(f,x,y)实现，也可以通过求导函数嵌套调用实现,即 diff(diff(f,x),y)，求导数值的时候，建议使用 subs 函数。具体过程及结果如图 7-12 所示。

```
命令行窗口
>> syms x y %创建符号变量
>> f=x^2*y+x*y^2;%符号表达式
>> res=diff(f,x,y)%混合偏导数
res =
2*x + 2*y
>> res2=diff(diff(f,x),y)%方法二：二次调用diff函数
res2 =
2*x + 2*y
>> temp=subs(res2,x,1)%x取值为1
temp =
2*y + 2
>> result=subs(temp,y,1)%y取值为1，计算导数值
result =
4
>> result2=subs(res,[x,y],[1,1])%x、y取值为1，计算导数值
result2 =
4
fx >>
```

图 7-12 “diff”函数使用示例 2

7.4 符号积分

MATLAB 提供了函数“int”（integration）计算符号表达式或符号函数的积分（包括定积分和不定积分）。其语法格式如下：

```
int(expr,var)      %var 为可选项，缺省时由系统确定缺省变量
```

```
int(expr,var,a,b)      %表示 var 在区间[a,b]上的定积分
```

【例题 7-12】在 MATLAB 命令行窗口（Command Window）中，计算 $1/x$ 的不定积分。

答：先创建符号变量，然后计算符号表达式的不定积分。具体过程及结果如图 7-13 所示。

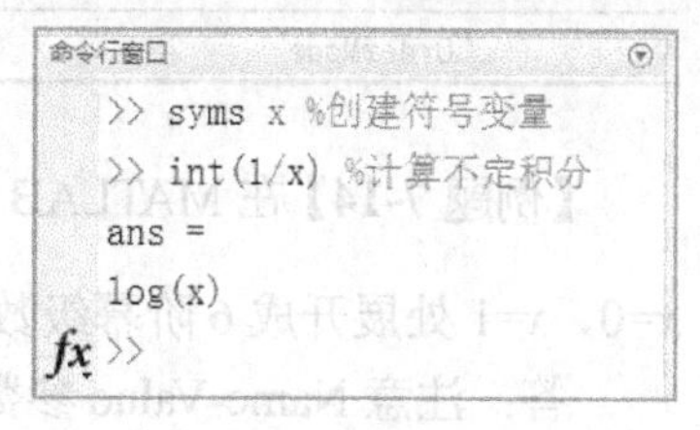

图 7-13　不定积分计算示例

【例题 7-13】在 MATLAB 命令行窗口（Command Window）中，计算二重积分 $\int_0^1\int_0^{\sqrt{1-y}} 3x^2y^2\mathrm{d}x\mathrm{d}y$。

答：多重积分可以通过多次调用“int”函数实现。具体过程及结果如图 7-14 所示。

```
命令行窗口
>> syms x y%创建符号变量
>> f=3*x^2*y^2%符号表达式
f =
3*x^2*y^2
>> temp=int(f,x,[0,sqrt(1-y)])%先对x积分
temp =
y^2*(1 - y)^(3/2)
>> result=int(temp,y,[0,1])%再对y积分
result =
16/315
>> result2=int(int(f,x,[0,sqrt(1-y)]),y,[0,1])%嵌套调用
result2 =
16/315
fx >>
```

图 7-14　多重积分示例

7.5　符号级数

MATLAB 提供了函数“taylor”计算符号表达式的泰勒级数展开式。其语法格式如下：

```
taylor(f)%在 x=0 处计算 5 阶 taylor 级数展开式，x 由 symvar 确定
taylor(f,Name,Value)
taylor(f,v)%在 v=0 处计算 5 阶 taylor 级数展开式
taylor(f,v,Name,Value)
taylor(f,v,a) %在 v=a 处计算 5 阶 taylor 级数展开式
taylor(f,v,a,Name,Value)
```

其中，f 表示符号表达式；v 表示符号变量；a 表示展开点的取值。Name-Value 值对具体如表 7-1 所示。

表 7-1 Name-Value 值表

Name	说 明
'ExpansionPoint'	指定展开点 a，可以为标量或向量（多元级数）
'Order'	指定截断的阶数 n，具体展开到（n-1）阶，缺省时 n=6
'OrderMode'	取值为“absolute”或“relative”，缺省为“absolute”

【例题 7-14】 在 MATLAB 命令行窗口（Command Window）中，将函数 $y=\dfrac{1}{1+x^2}$ 分别在 x=0、x=1 处展开成 6 阶幂级数。

答：注意 Name-Value 参数要成对出现。具体过程及结果如图 7-15 所示。

```
命令行窗口
>> syms x%创建符号变量
>> y=1/(1+x^2)%符号表达式
y =
1/(x^2 + 1)
>> taylor(y,'Order',6+1)%注意“Order”的参数要比指定的阶数大1
ans =
- x^6 + x^4 - x^2 + 1
>> taylor(y,x,0,'Order',6+1)%指定展开点x=0,与上面默认展开点的结果一样
ans =
- x^6 + x^4 - x^2 + 1
>> taylor(y,x,1,'Order',7)%指定展开点x=1
ans =
(x - 1)^2/4 - x/2 - (x - 1)^4/8 + (x - 1)^5/8 - (x - 1)^6/16 + 1
fx >>
```

图 7-15 泰勒级数展开示例

此外，MATLAB 也提供了函数“symsum”计算符号表达式的级数和。其语法格式如下：

```
symsum(expr,var)      %符号变量 var 缺省时由 symvar 函数确定
symsum(expr,var,a,b)
```

其中，带有 2 个参数的“symsum”函数中的符号变量的取值为[0,var-1],带有 4 个参数的“symsum”函数中的符号变量的取值为[a,b]。

【例题 7-15】 在 MATLAB 命令行窗口（Command Window）中，计算级数 $\sum_{k=0}^{k-1}k$ 。

答：注意符号变量缺省和指定情形下的异同。具体过程及结果如图 7-16 所示。

```
命令行窗口
>> syms k%创建符号变量
>> f=k;%符号表达式
>> symsum(f)%缺省符号变量，级数求和
ans =
k^2/2 - k/2
>> symsum(f,k,0,k-1)%指定符号变量及取值范围，和上面结果相同
ans =
(k*(k - 1))/2
fx >>
```

图 7-16 级数求和示例 1

【例题 7-16】在 MATLAB 命令行窗口(Command Window)中，计算无穷级数$\sum_{k=0}^{\infty}\frac{x^k}{k!}$。

答：注意阶乘直接使用符号表达式实现或使用系统自带函数“factorial”实现。具体过程及结果如图 7-17 所示。

```
命令行窗口
>> syms x k%创建符号变量
>> f=x^k/(sym('k!'))%符号表达式
f =
x^k/factorial(k)
>> symsum(f,k,0,inf)%级数求和
ans =
exp(x)
>> f2=x^k/factorial(k)%方法二：直接用函数表示k阶乘
f2 =
x^k/factorial(k)
>> symsum(f2,k,0,inf)%计算级数和
ans =
exp(x)
fx >>
```

图 7-17 级数求和示例 2

7.6 代数方程的符号解

MATLAB 提供了求解代数方程的函数“solve”，在没有符号解的情形下，会提供近似数值解，其常用语法格式如下：

S = solve(eqn) %求解方程 eqn，方程右端缺省为 0
Y = solve(eqns) %求解方程组 eqns，
[y1,...,yN] = solve(eqns)%显式返回方程的解

【例题 7-17】在 MATLAB 命令行窗口（Command Window）中，求方程 $x^2-1=0$ 的根。

答：先创建符号变量，然后创建符号表达式，对比方程右端值缺省和不缺省的写法。具体过程及结果如图 7-18 所示。

【例题 7-18】在 MATLAB 命令行窗口（Command Window）中，计算代数方程组$\begin{cases}x+2y=1\\3x-8y=2\end{cases}$的解。

答：注意方程组解的显式表示的用法。具体过程及结果如图 7-19 所示。

```
命令行窗口
>> syms x%创建符号变量
>> f=x^2-1%符号表达式
f =
x^2 - 1
>> s=solve(f)%缺省变量由symvar确定
s =
 1
 -1
>> s2=solve(f==0)%完整的方程写法"=="表示方程的等号
s2 =
 1
 -1
fx >>
```

图 7-18 代数方程求解示例

```
命令行窗口
>> syms x y %创建符号变量
>> eq=x+2*y;%方程1的左边表达式
>> eq2=3*x-8*y;%方程2的左边表达式
>> s=solve(eq==1,eq2==2)%求解方程组
s =
    x: [1x1 sym]
    y: [1x1 sym]
>> [s.x,s.y]%显示解的结果
ans =
[ 6/7, 1/14]
>> [x,y]=solve(eq==1,eq2==2)%“显式”显示方程组的解
x =
6/7
y =
1/14
fx >>
```

图 7-19 代数方程组求解示例

7.7 常微分方程的符号解

MATLAB 提供了求解常微分方程的函数“dsolve”，其常用的语法格式如下：

```
S = dsolve(eqn)
S = dsolve(eqn,cond)
[y1,...,yN] = dsolve(eqns)
[y1,...,yN] = dsolve(eqns,conds)
```

其中，eqn、eqns 表示待求解的方程和方程组；conds 表示初始条件；S，y1，yN 表示返回的解的结构体或解本身。

【例题 7-19】在 MATLAB 命令行窗口（Command Window）中，计算微分方程 $\frac{\mathrm{d}y}{\mathrm{d}x}=y+1$ 的解。

答：可以使用 diff 函数实现微分，也可以使用字母“D”表示微分运算，例如 Dx=diff(x),D2x=diff(x,2)，Dnx=diff(x,n)。该微分方程为简单的可分离变量形式，读者可以快速求解验证下面程序求解的结果对错与否。具体过程及结果如图 7-20 所示。

```
命令行窗口
>> syms y(x)%创建符号函数y，同时创建了符号变量x
>> y=dsolve(diff(y)==y+1)%求解微分方程
y =
C2*exp(x) - 1
>> y2=dsolve('Dy==y+1','x')%方法二：Dy默认表示dy/dt,这里指定了x，即表示dy/dx
y2 =
C2*exp(x) - 1
fx >>
```

图 7-20 微分方程计算示例

【例题 7-20】在 MATLAB 命令行窗口（Command Window）中，计算微分方程 $\frac{\mathrm{d}y}{\mathrm{d}x}=\mathrm{e}^{2x-y}$，$y(0)=0$ 的解。

答：注意要指定初值条件。具体过程及结果如图 7-21 所示。

```
命令行窗口
>> syms y(x)%创建符号函数y，同时创建了符号变量x
>> y=dsolve(diff(y)==exp(2*x-y),y(0)==0,'x')%求解微分方程
y =
log(exp(2*x)/2 + 1/2)
fx >>
```

图 7-21 带初值的微分方程计算示例

7.8 课外延伸

在此推荐一些书籍或者资料。

① https://cn.mathworks.com/videos/introduction-to-differential-equations-and-the-matlab-ode-suite-118665.html（求解微分方程的视频资料）。

② https://cn.mathworks.com/videos/solving-odes-in-matlab-12-lorenz-attractor-and-chaos-117656.html （Lorenz 吸引子和混沌的视频资料）。

7.9 习题

① 访问 MATLAB 产品网站，https://cn.mathworks.com/products/availability.html#SM，请读者统计一下 MATLAB 提供了多少个工具箱（toolbox）？符号计算工具箱（symbolic math toolbox）和数据库工具箱（database toolbox）对 MATLAB 产品有什么特殊需求吗？

② 请结合 MATLAB 帮助文档，查阅除了函数 simplify、expand、factor 之外的其他的化简函数，并举例说明其他相关化简函数的使用方法。

③ 计算 $\lim\limits_{h\to 0}\dfrac{\cos(h+x)-\cos(x)}{h}$ 的结果。

④ 计算 $\lim\limits_{x\to 0^+}\dfrac{x}{|x|}$ 的结果。

⑤ 计算 $y=|\sin(x)|$的导数，并计算 $\left.\dfrac{\mathrm{d}y}{\mathrm{d}x}\right|_{x=0^-}$ 和 $\left.\dfrac{\mathrm{d}y}{\mathrm{d}x}\right|_{x=\frac{\pi}{2}}$。（提示：先计算导数表达式，然后计算 $x\to 0^-$时的极限，即为导数值）

⑥ 已知参数方程 $x=a\cos^2 t$，$y=b\sin^2 t$，计算 $\dfrac{\mathrm{d}y}{\mathrm{d}x}$。

⑦ 计算不定积分 $\int \mathrm{e}^x\mathrm{d}x$。

⑧ 计算不定积分 $\int \cos(x)\mathrm{d}x$。

⑨ 计算二重积分 $\int_0^1\int_1^{x^2}\left(x^2+y^2\right)\mathrm{d}y\mathrm{d}x$。

⑩ 计算函数 $y=\lg(x)$在 $x=1$ 处的泰勒展开式。

⑪ 计算级数 $s=1+\dfrac{1}{4}+\dfrac{1}{9}+\cdots+\dfrac{1}{n^2}$ 的前 5 项和、无穷级数和。

⑫ 计算代数方程组 $\begin{cases}2x+5y=3\\3x-2y=2\end{cases}$ 的解。

⑬ 计算微分方程 $\dfrac{\mathrm{d}y}{\mathrm{d}x}=\dfrac{y}{x}(1-x)$ 的解。

⑭ 计算微分方程 $y\mathrm{d}x+(x-3y^2)\mathrm{d}y=0, y|_{x=1}=1$ 的解。

第8章 GUI编程

兴趣是最好的老师。

——爱因斯坦

图形用户界面（Graphical User Interface，GUI）是人机交互的重要媒介，也是判断一个软件是否易学易用的重要指标。为了使创建的程序具有更好的可用性，开发基于GUI的软件系统是一个不错的选择，MATLAB也提供了创建GUI的方法，主要有直接编码和使用GUIDE（The GUI Design Environment）交互式创建GUI两种方法。直接编码可以有效保证代码和GUI控件的一致性，即代码和GUI控件是一一对应的，但入门门槛相对较高。GUIDE方法是通过所见即所得的方式创建相关控件的同时，产生了一个控制GUI的“.fig”文件，还产生了一个与控件关联并用于控制控件行为的“.m”代码文件，易学易用。本章主要以GUIDE为基础介绍GUI编程。

8.1 GUIDE

GUIDE作为MATLAB交互式设计GUI的环境，具有类似VB软件开发的便捷，可以在拖动控件的过程中实现GUI的布局，同时会产生控制GUI中控件行为的框架代码，用户只需在相应的框架代码处添加自己的代码即可实现对GUI控件行为的控制，达到实现软件开发的目的。

GUIDE的主要工作都在其图形用户界面设计窗口中完成的，即创建GUI及为控件编写代码，需要先行启动GUIDE。

8.1.1 GUIDE启动

（1）命令方式

MATLAB提供了在命令行窗口通过运行命令“guide”启动GUI设计环境GUIDE。函数命令“guide”的语法格式如下：

```
guide
guide('filename.fig')%打开已经存在的GUI文件(.fig)
guide('fullpath')%以完整路径方式打开已经存在的GUI文件
```

启动GUIDE创建新的GUI时，即在命令行窗口中运行“>>guide”，具体过程如图8-1

所示。

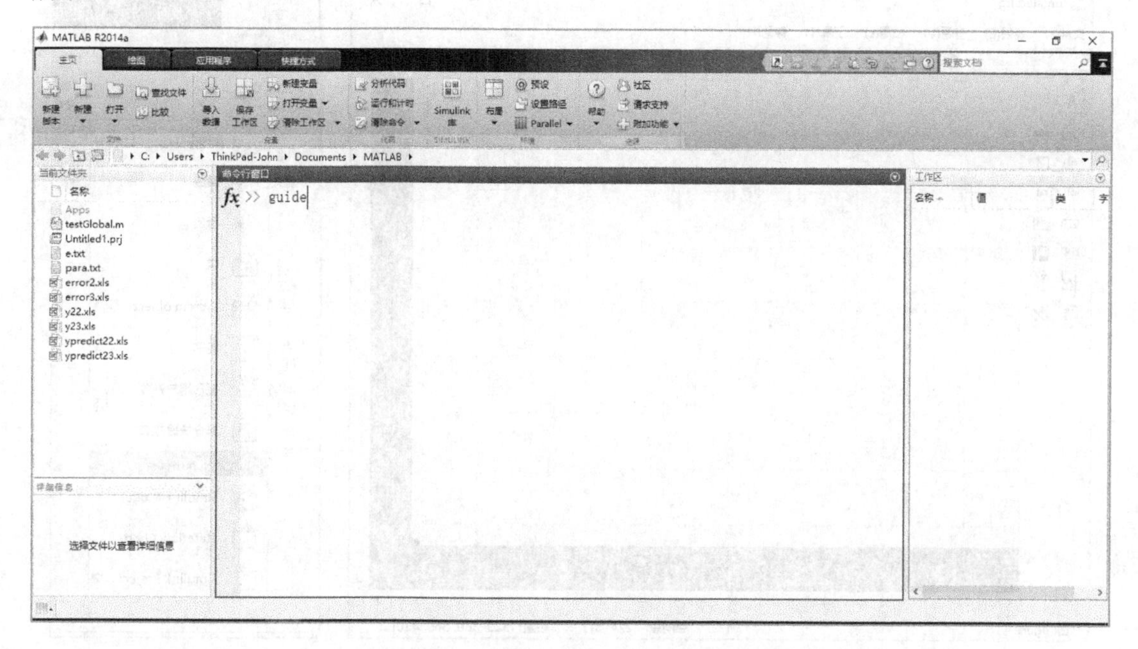

图 8-1 命令方式启动“GUIDE”

在命令行窗口运行“guide”命令后，会弹出如图 8-2 所示的“GUIDE 快速入门”对话框。

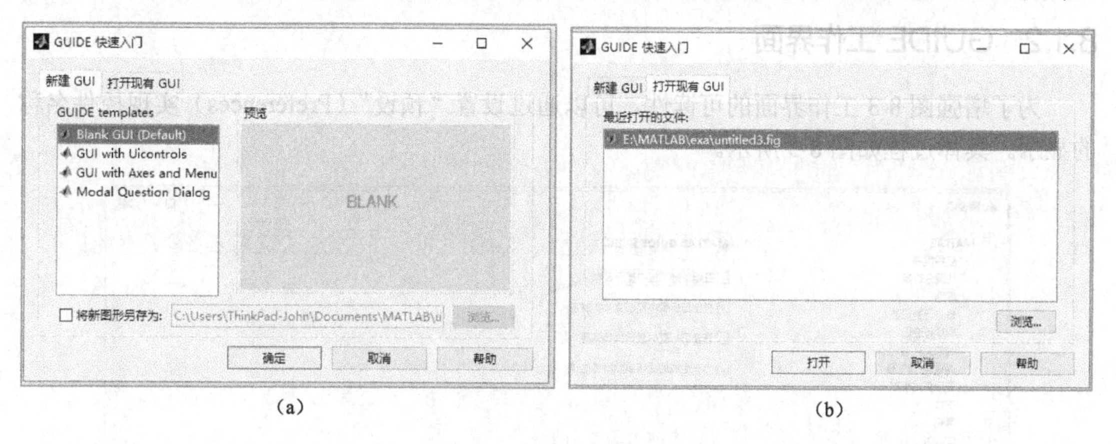

图 8-2 GUIDE 启动界面

其中，图 8-2 的子图（a）表示新建 GUI，一般建议选择缺省的“Blank GUI（default)”（空白 GUI 模板）新建 GUI。然后，弹出如图 8-3 所示的 GUIDE 工作界面，即实现了空白 GUI 的创建。

图 8-2 的子图（b）表示打开已经存在的 GUI 文件，以便进行下一步的修改、完善或运行等工作。

（2）菜单方式

MATLAB 还提供了菜单方式启动“GUIDE”,具体点击如图 8-4 所示的 “新建”菜单，然后点击下拉菜单“图形用户界面”即可，之后，也会弹出如图 8-2 的“GUIDE 启动界面”。

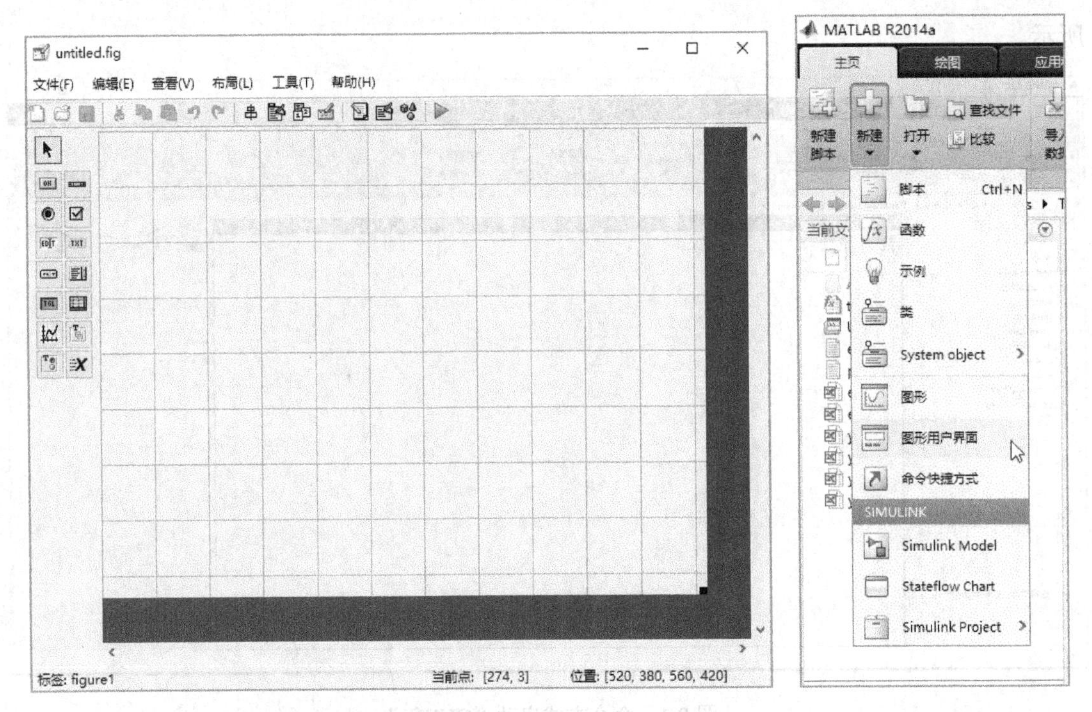

图 8-3 GUIDE 工作界面　　　　图 8-4 菜单方式启动“GUIDE”

8.1.2 GUIDE 工作界面

为了增强图 8-3 工作界面的可读性，可以通过设置“预设”（Preferences）实现控件名称的显示。具体过程如图 8-5 所示。

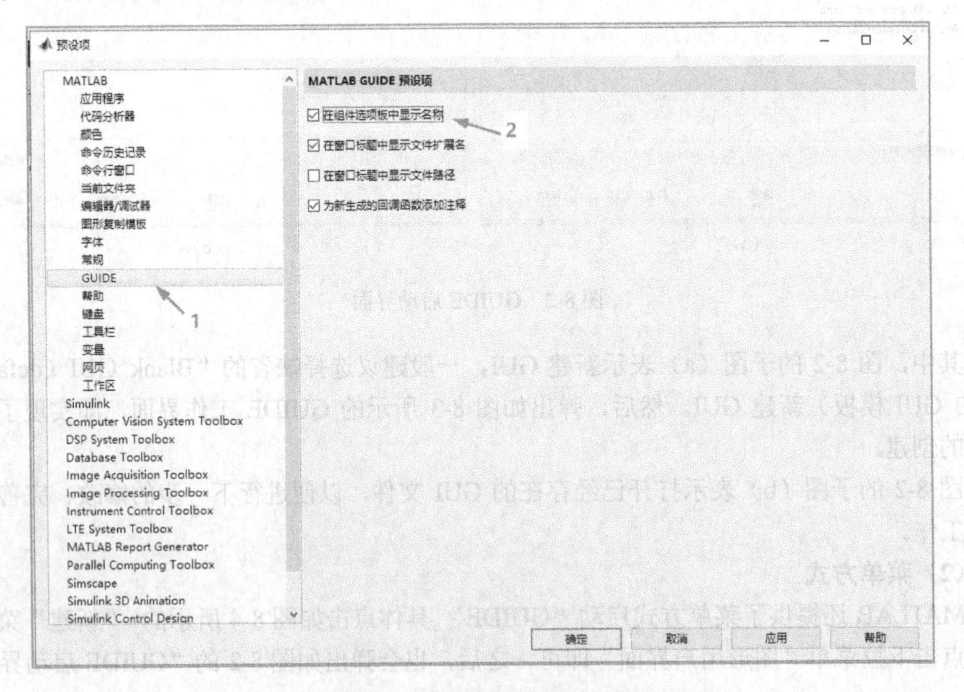

图 8-5 修改“GUIDE”设置显示控件名称

如图 8-5 所示，单击箭头 1 处“GUIDE”，然后选中箭头 2 处的复选框“在组件选项板中显示名称”，最后，单击“确定”按钮保存设置。

随后，可以在 GUIDE 工作界面中，通过鼠标拖动左边组件（或控件）板中的组件实现 GUI 的设计和编程工作。

例如，在选中“按钮”组件后，按住鼠标左键，将组件拖动到 GUI 布局区域，然后释放鼠标按键，并可通过鼠标拉动“按钮”上的 8 个方向控制点，实现“按钮”形状大小的调整，实现 GUI 的设计，结果如图 8-6 所示。此外，图 8-6 中左侧组件板区域显示组件的同时还显示了组件的名称。

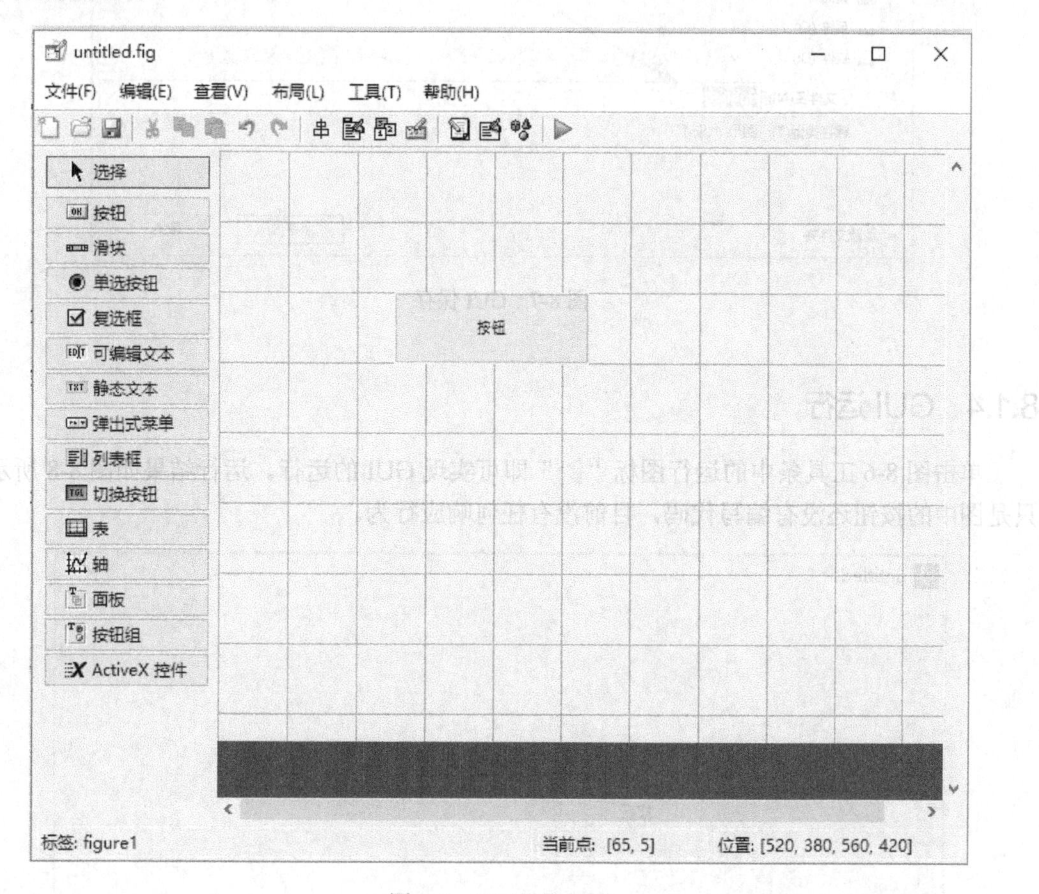

图 8-6 GUI 设计示例

8.1.3 GUI 保存

创建 GUI 后，要养成及时保存 GUI 设计工作的习惯。单击如图 8-6 所示的工具条上的图标按钮“”实现 GUI 保存。单击图标按钮“”之后，弹出如图 8-7 的“另存为”对话框。初学者一定注意要在图 8-7 中箭头 1 处及时修改或识记保存文件的路径（很多初学者往往不知道文件保存到什么地方了），另外，在箭头 2 处给 GUI 取一个见名知义的文件名，然后单击“保存”按钮。值得注意的是：MATLAB 在保存 GUI 图形文件“.fig”的同时，会在相同路径下创建一个同名的代码文件“.m”文件。

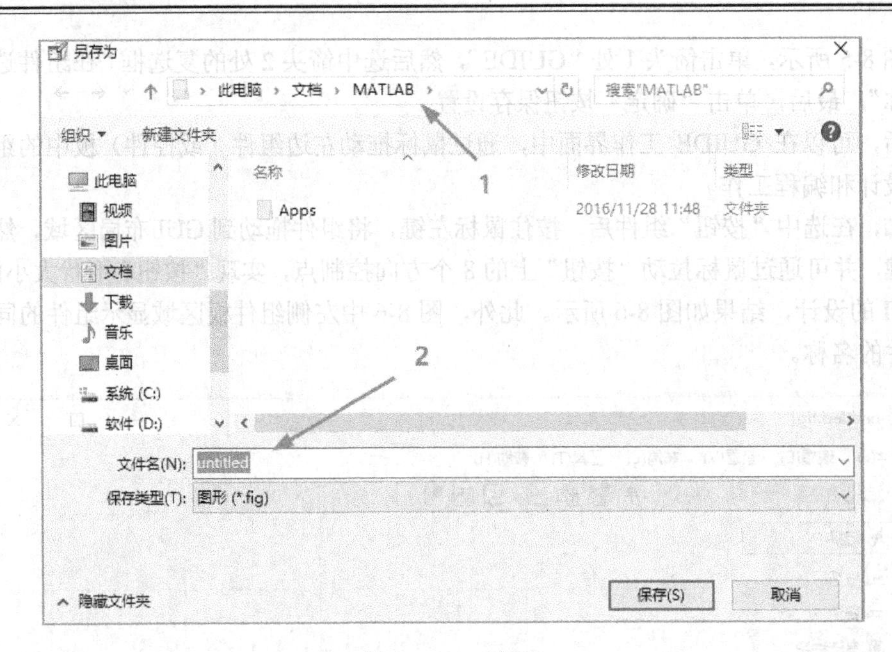

图 8-7 GUI 保存

8.1.4 GUI 运行

单击图 8-6 工具条中的运行图标“▷”即可实现 GUI 的运行。运行结果如图 8-8 所示。只是图中的按钮还没有编写代码，目前没有任何响应行为。

图 8-8 GUI 运行结果示例

8.2 组件

组件是 GUI 的主要组成部分之一，MATLAB 提供了“按钮”、“单选按钮”、“弹出式菜单”（也可称为下拉列表框）、“轴（axes）”（相当于画布的意思，在此组件对象上可以绘图）等功能组件。相关组件信息如表 8-1 所示。

表 8-1 组件

组件图标及名称	英文名称	功能描述
按钮	Push Button	普通按钮，执行预定的功能或操作
滑块	Slider	通过滑动滑块指定参数值
单选按钮	Radio Button	用于在两种状态（选中或未选中）之间的切换，当有多个选项时只能选一个
复选框	Check Box	为用户提供选项选择，可选择多个
可编辑文本	Edit Text	供用户创建和编辑文本
静态文本	Static Text	只能显示文本，用户不能直接输入文本
弹出式菜单	Pop-up Menu	下拉列表框，一次只能选择一个选项
列表框	Listbox	列表框，用户可以选择多个选项
切换按钮	Toggle Button	开关按钮，在开或关之间切换，在实现不同操作之间切换,例如，开灯/关灯
表	Table	用于创建表格
轴	Axes	用于绘图
面板	Panel	对不同的组件实施分组管理
按钮组	Button Group	一组单选按钮，实现多个选项只能选其一的目的
ActiveX 控件	ActiveX Control	支持外部 ActiveX 组件的使用

为了方便控制组件静态特征和动态行为，常常需要编辑组件属性及组件对应的回调函数。属性用于控制组件静态特征，如形状大小、唯一标识符等。回调函数常被用于控制组件的动态行为。

8.2.1 组件属性

每个组件都有许多参数供用户设置，以设计出符合程序员偏好的组件外观等效果。这些可调整的参数，也称为属性，具体如表 8-2 所示。

表 8-2 组件属性

属性	功能描述
BackgroundColor	设置组件背景色
BeingDeleted	当该对象被删除后，该属性的值为“on”
BusyAction	控制回调函数的中断方式
ButtonDownFcn	按钮被按下时的回调函数
Callback	回调函数
CData	在组件上显示真彩色图像
Children	组件没有子对象
CreateFcn	在对象创建时执行的回调函数

续表

属 性	功能描述
DeleteFcn	对象被删除时执行的回调函数
Enable	组件对象为可用状态
Extent	组件对象字符串的尺寸大小（只读属性）
FontAngle	字体斜度
FontName	字体
FontSize	字体大小
FontUnits	字体大小的单位
FontWeight	字体的粗细
ForegroundColor	文本的颜色（前景色）
HandleVisibility	用于控制“句柄是否可以通过命令行或响应函数访问”
HorizontalAlignment	标签字符串对齐方式
Interruptible	指定回调函数执行时是否允许中断
KeyPressFcn	按任意键时执行的回调函数
ListboxTop	显示列表框顶端选项对应的索引号
Max	最大值（依赖于具体的组件对象）
Min	最小值（依赖于具体的组件对象）
Parent	组件的父对象
Position	组件的大小和位置
SliderStep	滑块的步长
String	组件对象标签信息
Style	组件对象类型
Tag	标识符——唯一标识该组件对象
TooltipString	提示信息
Type	图形对象的类型
UIContextMenu	与组件对象关联的现场菜单
Units	设置组件外形尺寸的单位
UserData	用户指定的数据
Value	组件对象当前值
Visible	设置组件是否可见

组件的属性很多，建议初学者重点关注“String”“Tag”属性，一个用于给组件起一个和用户交互的名字，一个用于唯一标识该组件（类似于身份证号或学号），以便后期编写实现回调函数具体功能的代码。

修改组件属性，只需选中布局编辑器中组件的同时，右键单击“属性检查器”，弹出如图 8-9 所示的“检查器”对话框。尔后，即可通过拉动滚动条找到需要修改的属性，并设置新的属性值即可。

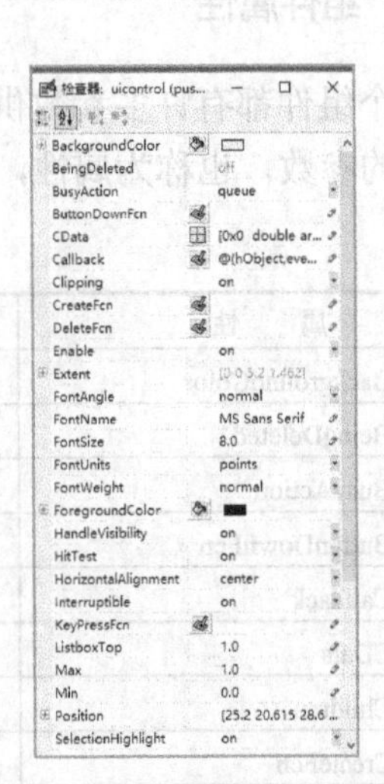

图 8-9 属性“检查器”对话框

8.2.2 回调函数

完整实现 GUI 的主要工作之一，就是给组件的回调函数编写实现具体功能的代码，是 GUI 编程的主要组成部分。

以普通按钮（push button）为例，选中布局编辑器中组件的同时，右键单击弹出菜单中的“查看回调”菜单项，弹出组件对应的回调函数，具体如图 8-10 所示。

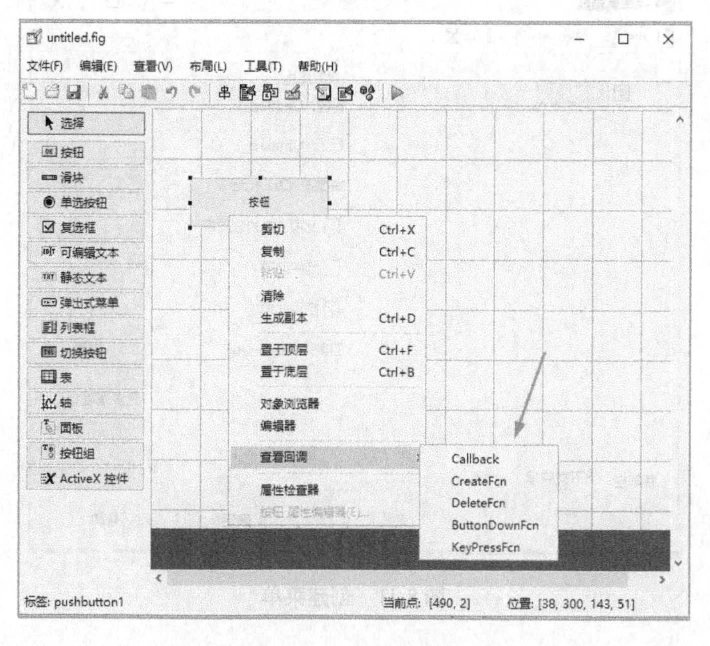

图 8-10 回调函数

从图 8-10 可以看出，“push button”按钮的回调函数有如下五种类型：

① Callback：为一般回调函数。例如，在按钮被按下、下拉列表框值改变时会触发该回调函数。

② CreateFcn：在组件对象创建时触发该回调函数。

③ DeleteFcn：在组件对象被删除时触发该回调函数。

④ ButtonDownFcn：单击事件发生时触发该回调函数。

⑤ KeyPressFcn：按任意键时执行的回调函数。

此外，值得注意的是，不同的组件，其回调函数的个数和类型不一定相同，例如，“button group”按钮组就有“SelectionChangeFcn”回调函数。

为给某个组件编写“Callback”回调函数功能，只需点击如图 8-10 中的“Callback”菜单项，即会弹出代码编辑器，系统同时会在代码编辑其中产生一个以 Tag_Callback（例如 pushbutton1_Callback）为函数名的功能函数，用户只需在此框架里编写实现具体功能的代码即可。

8.3 菜单

菜单也是用户与 GUI 交互的重要媒介之一。MATLAB 提供两种创建菜单的方法：①使用 uimenu 函数；②使用菜单编辑器。本节主要介绍使用菜单编辑器创建菜单。

单击图 8-6 中的菜单“工具”->“菜单编辑器”，或者直接单击图 8-6 中工具条上的图标“![icon]”，都可以启动菜单编辑器，然后单击“新建菜单”创建菜单“Untiled 1”，具体结果如图

8-11 所示。

图 8-11 创建菜单

图中 8-11 中的工具条“ ”依次为①“新建菜单”；②“新建菜单项”；③“新建上下文菜单”；④“后移选定项”；⑤“前移选定项”；⑥“上移选定项”；⑦“下移选定项”；⑧“删除选定项”。

其中，“新建菜单项”工具条图标按钮，表示在选定项后，创建下一级子菜单。例如，以图 8-11 中的“Untitled 1”为当前选定项后，连续单击两次“新建菜单项”图标，产生如图 8-12 子图（a）的结果，然后选定“Untitled 3”，该菜单项成为当前选定项，再次单击“新建菜单项”图标，会产生 3 级子菜单“Untitled 4”，具体如图 8-12 子图（b）所示。

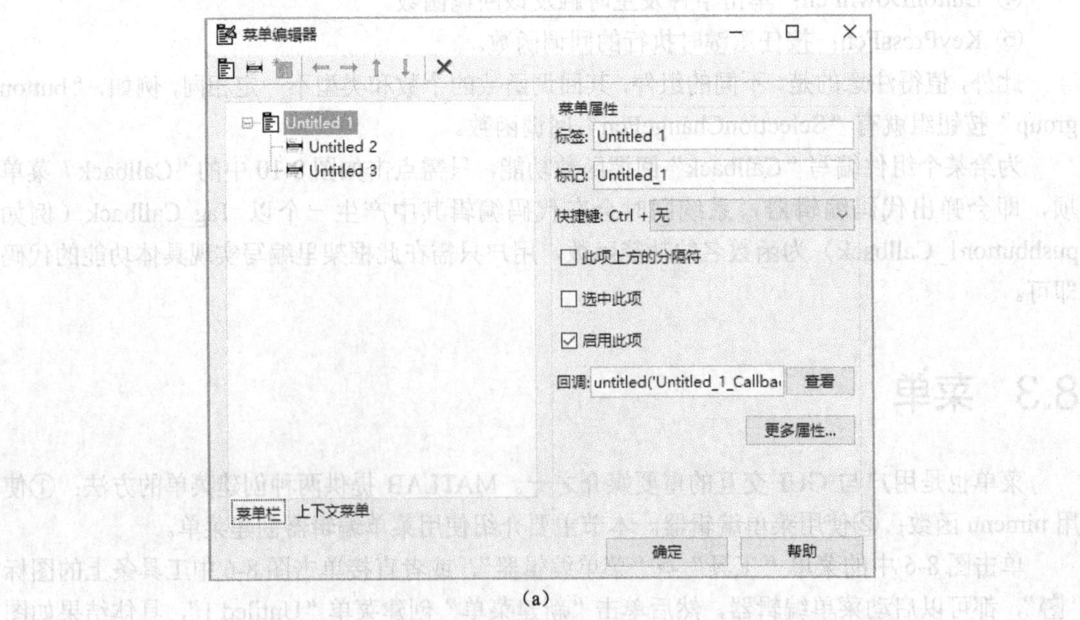

（a）

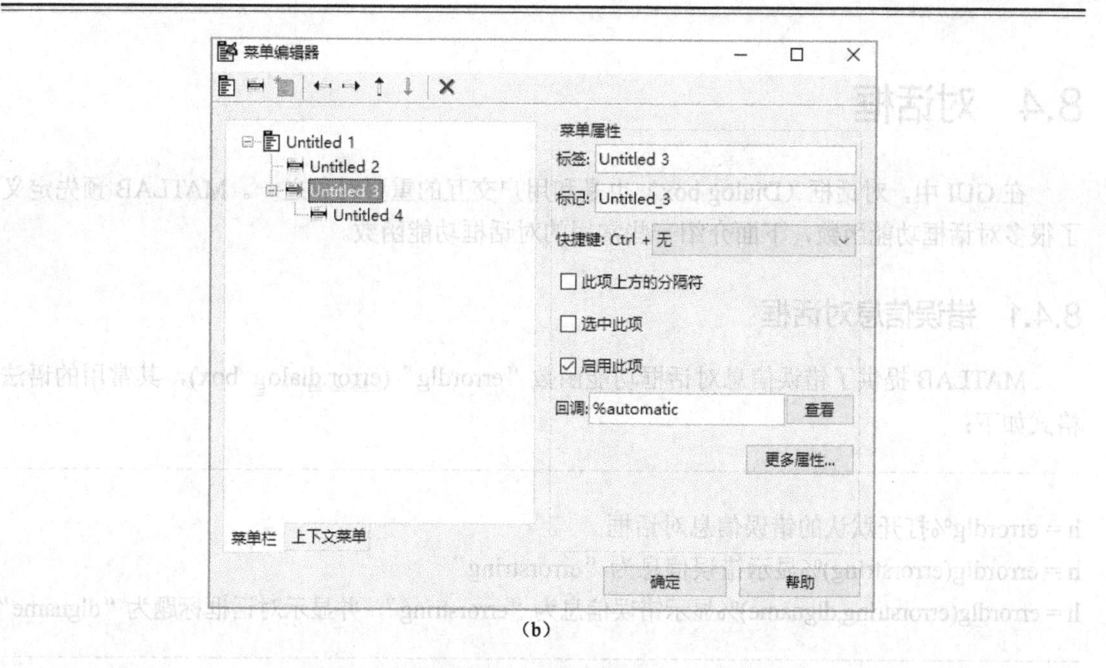

（b）

图 8-12　菜单项创建

单击图 8-12 中的“确定”按钮，完成菜单创建工作，然后，单击运行“▶”，出现如图 8-13 所示的带有菜单的 GUI。

当再次单击菜单编辑器“”后，会再次启动“菜单编辑器”工作界面，可以对现有菜单进行修改，也可以再创建新的菜单和菜单项。也可以单击如图 8-12 子图（a）中对应“回调”后的按钮“查看”，启动代码编辑器，为相关菜单或菜单项编写回调函数具体功能代码。

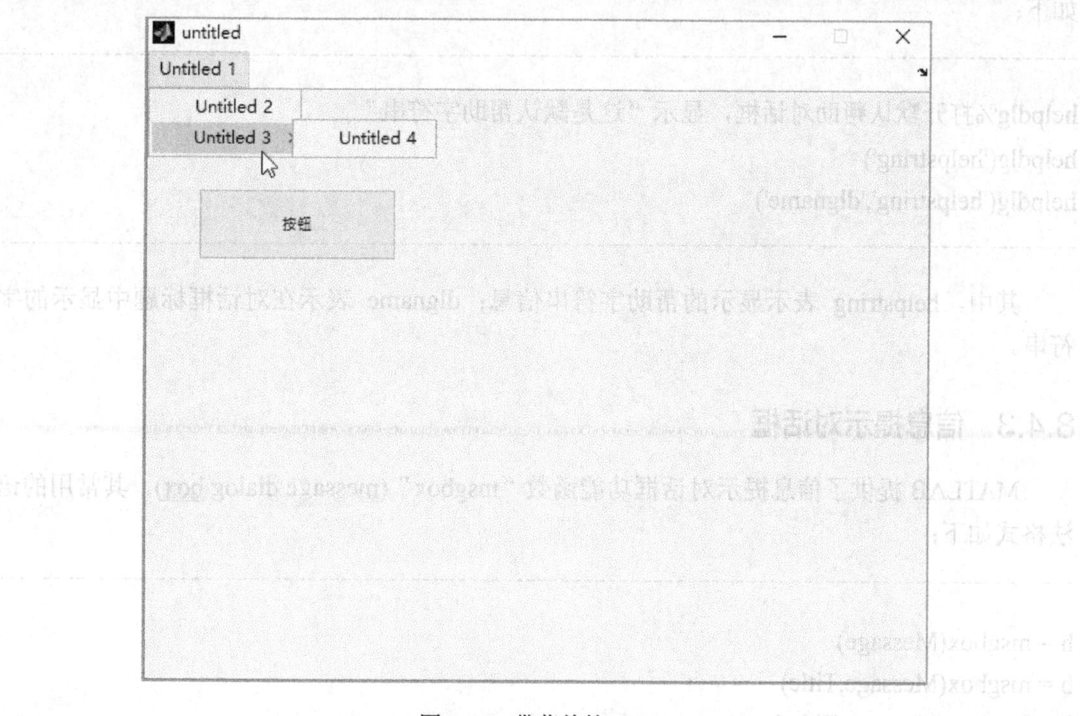

图 8-13　带菜单的 GUI

8.4 对话框

在 GUI 中，对话框（Dialog box）也是和用户交互的重要对象之一。MATLAB 预先定义了很多对话框功能函数，下面介绍一些常用的对话框功能函数。

8.4.1 错误信息对话框

MATLAB 提供了错误信息对话框功能函数“errordlg”(error dialog box)，其常用的语法格式如下：

```
h = errordlg%打开默认的错误信息对话框
h = errordlg(errorstring)%显示错误信息为“errorstring”
h = errordlg(errorstring,dlgname)%显示错误信息为“errorstring”，并显示对话框标题为“dlgname”
```

其中，h 表示函数返回的句柄，该返回参数可以忽略；dlgname 表示在对话框标题中显示的字符串。

8.4.2 帮助对话框

MATLAB 提供了帮助对话框功能函数“helpdlg”(help dialog box),其常用的语法格式如下：

```
helpdlg%打开默认帮助对话框，显示“这是默认帮助字符串”
helpdlg('helpstring')
helpdlg('helpstring','dlgname')
```

其中，helpstring 表示显示的帮助字符串信息；dlgname 表示在对话框标题中显示的字符串。

8.4.3 信息提示对话框

MATLAB 提供了信息提示对话框功能函数“msgbox”(message dialog box)，其常用的语法格式如下：

```
h = msgbox(Message)
h = msgbox(Message,Title)
h = msgbox(Message,Title,Icon)
```

其中，h 表示函数返回的句柄，该返回参数可以忽略；Message 表示显示的信息字符串；Title 表示在对话框标题中显示的字符串；Icon 用于显示信息图标，其值可以是：'none' (default) | 'error' | 'help' | 'warn'，分别表示为无图标（缺省）、错误图标、帮助图标、警告图标。其中，后 3 个图标显示形式为 **Error**，**Help**，**Warn**。

8.4.4 问题对话框

MATLAB 提供了问题对话框功能函数“questdlg”(question dialog box),其常用的语法格式如下：

```
button = questdlg('qstring')
button = questdlg('qstring','title')
button = questdlg('qstring','title',default)
button = questdlg('qstring','title','str1','str2',default)
button = questdlg('qstring','title','str1','str2','str3',default)
```

其中，qstring 表示提问的问题字符串；title 表示标题显示的字符串；default 表示缺省按钮是哪一个？而且只能是'Yes' | 'No' | 'Cancel'中的一个。所谓的缺省按钮，即产生对话框后，系统当前焦点（Focus）处于该按钮上。例如，缺省字符串为'Cancel'，则问题对话框里的'Cancel'按钮处于获得焦点状态，通过简洁地按“Enter”键，就等效于鼠标直接单击该按钮。而当 questdlg 函数有 5 个或 6 个参数时，其中 str1、str2、str3 表示问题对话框里按钮标签显示的信息，对应的 default 也只能从 str1、str2 或 str3 中选其一。button 则指返回被单击的按钮的标签信息字符串，例如，单击了'Yes'按钮，则 button 结果为'Yes'字符串。

8.4.5 警告对话框

MATLAB 提供了警告对话框功能函数“warndlg”(warning dialog box),其常用的语法格式如下：

```
h = warndlg
h = warndlg(warningstring)
h = warndlg(warningstring,dlgname)
```

其中，h 表示函数返回的句柄，该返回参数可以忽略；warningstring 表示显示警告信息的字符串；dlgname 表示在对话框标题中显示的字符串。

8.4.6 输入对话框

MATLAB 提供了输入对话框功能函数“inputdlg”(input dialog box)，其常用的语法格式如下：

```
answer = inputdlg(prompt)
answer = inputdlg(prompt,dlg_title)
answer = inputdlg(prompt,dlg_title,num_lines)
answer = inputdlg(prompt,dlg_title,num_lines,defAns)
```

其中，prompt 表示提示信息，类型为字符串或元胞字符串；answer 为返回的输入数据，为元胞字符串数组类型；num_lines 表示输入数据文本框以几行显示，一般取值为 1 即可；dlg_title 表示该类型对话框的标题字符串；defAns(default answer)表示输入数据的文本框里缺省输入的数据字符串,也为元胞字符串数组。

8.4.7　文件检索对话框

MATLAB 提供了文件检索对话框功能函数“uigetfile”,其常用的语法格式如下：

```
filename = uigetfile%选择要打开的文件
```

其中，filename 表示用户在“选择要打开的文件”对话框，返回选中的文件名字符串。

8.5　程序举例

8.5.1　简单绘图

设计一个 GUI，根据提供的数据 peaks、membrane（MATLAB 系统自带的函数，可以运行“>>doc peaks”“>>doc membrane”以查看详细信息），实现三维网格图、三维曲面图的绘制。

为了绘图，将组件“axes”拖到布局编辑器中。为了在多个绘图数据之间选择，而由于每次只能绘制一个数据的三维图像，故需借助单选按钮“radio button”表示不同的数据集的选择，因此需要创建两个单选按钮，两个单选按钮的“String”属性改为“peaks”“membrane”，同时为了满足几个数据集在任意时刻只能选中一个数据集的要求，需借助组件按钮组“button group”将这两个数据集包括在一个分组内，实现数据集的互斥选择。此外，为了实现三维网格图、三维曲面图的绘制，需要采用两个普通按钮“push button”，为方便交互，将两个按钮的标签“String”属性值改为“surf”“mesh”。此外，将“radio button”“push button”的字体大小设置为 12 以适应当前显示器的尺寸，使之更为美观。设计的 GUI 如图 8-14 所示。

首先，为了给绘图函数提供数据，需要在“simple_gui_OpeningFcn”函数后面添加创建数据的代码，以供单选按钮选择数据，具体如图 8-15 所示。其次，为控制选中单选按钮情况的“button group”按钮组添加选择数据的程序代码，具体如图 8-16 所示。此外，为了最终实现绘图功能，需要给“push button”按钮添加相关程序代码，具体如图 8-17 所示。

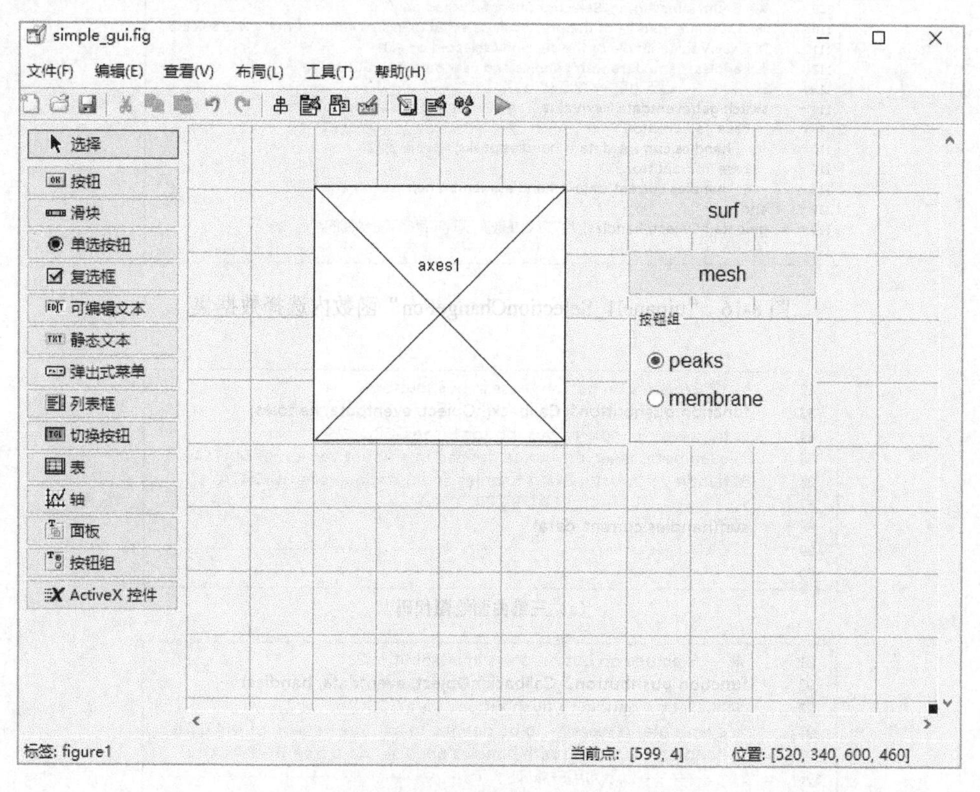

图 8-14 简单绘图的 GUI 布局

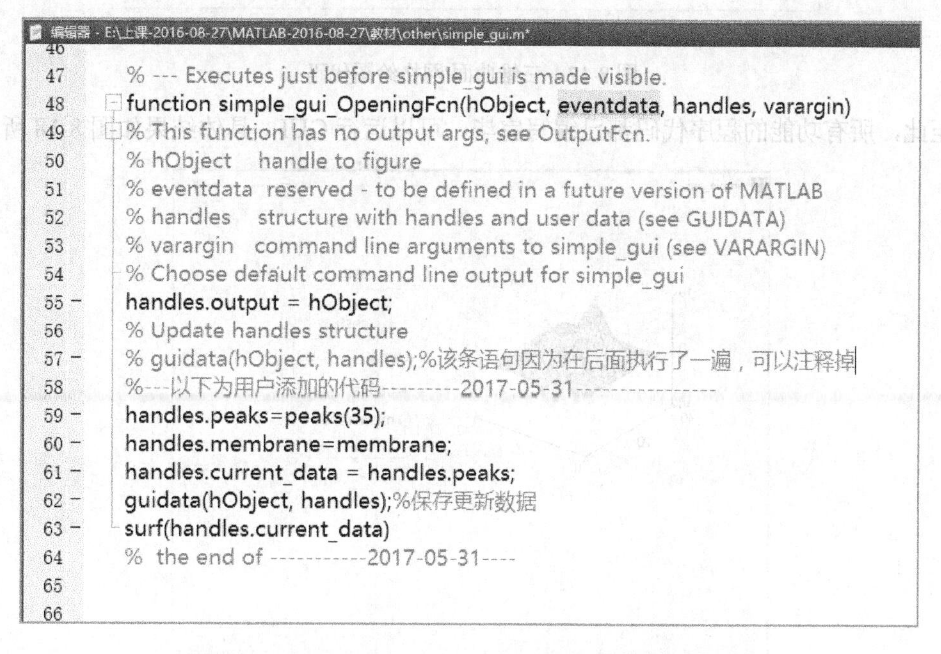

图 8-15 “simple_gui_OpeningFcn”函数内初始化数据集

```
编辑器 - E:\上课-2016-08-27\MATLAB-2016-08-27\教材\other\simple_gui.m
106    function uipanel1_SelectionChangeFcn(hObject, eventdata, handles)
107    % hObject    handle to the selected object in uipanel1
108    % eventdata  structure with the following fields (see UIBUTTONGROUP)
109    %   EventName: string 'SelectionChanged' (read only)
110    %   OldValue: handle of the previously selected object or empty if none was selected
111    %   NewValue: handle of the currently selected object
112    % handles    structure with handles and user data (see GUIDATA)
113    %------------以下为用户添加的代码--------------------------------------------
114 -  switch get(eventdata.NewValue,'Tag') % Get Tag of selected object.
115 -      case 'radiobutton1'
116 -          handles.current_data = handles.peaks;%peaks 数据
117 -      case 'radiobutton2'
118 -          handles.current_data = handles.membrane;%membrane 数据
119 -  end
120 -  guidata(hObject, handles);%保存更新数据,实现不同回调函数间的数据共享
121    %--------------------------------------------------------------------------
```

图 8-16 “uipanel1_SelectionChangeFcn”函数内选择数据集

```
82       % --- Executes on button press in pushbutton1.
83     function pushbutton1_Callback(hObject, eventdata, handles)
84     % hObject    handle to pushbutton1 (see GCBO)
85     % eventdata  reserved - to be defined in a future version of MATLAB
86     % handles    structure with handles and user data (see GUIDATA)
87     %------------以下为用户添加的代码--------------------------------------
88 -   surf(handles.current_data)
89     %--------------------------------------------------------------------
90
```

（a）三维曲面绘图代码

```
91       % --- Executes on button press in pushbutton2.
92     function pushbutton2_Callback(hObject, eventdata, handles)
93     % hObject    handle to pushbutton2 (see GCBO)
94     % eventdata  reserved - to be defined in a future version of MATLAB
95     % handles    structure with handles and user data (see GUIDATA)
96     %------------以下为用户添加的代码--------------------------------------
97 -   mesh(handles.current_data)
98     %--------------------------------------------------------------------
99
```

（b）三维网格绘图代码

图 8-17 三维曲面/网格绘图代码

至此，所有功能的程序代码都已编写完毕，可以运行 GUI，具体结果如图 8-18 所示。

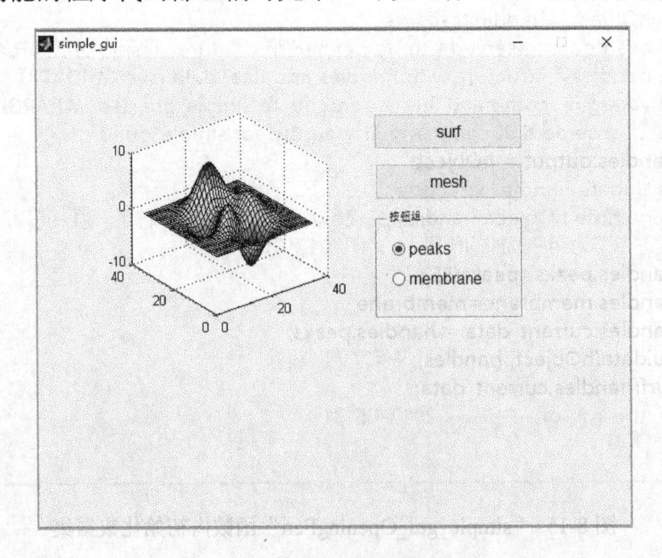

图 8-18 运行 GUI 的初始界面

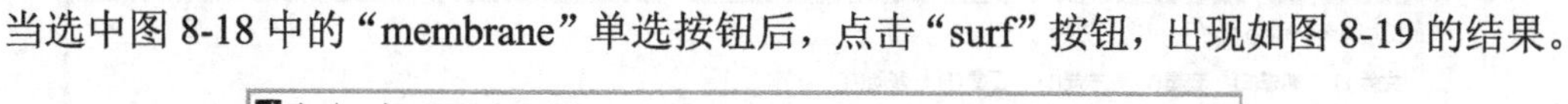

当选中图 8-18 中的“membrane”单选按钮后，点击“surf”按钮，出现如图 8-19 的结果。

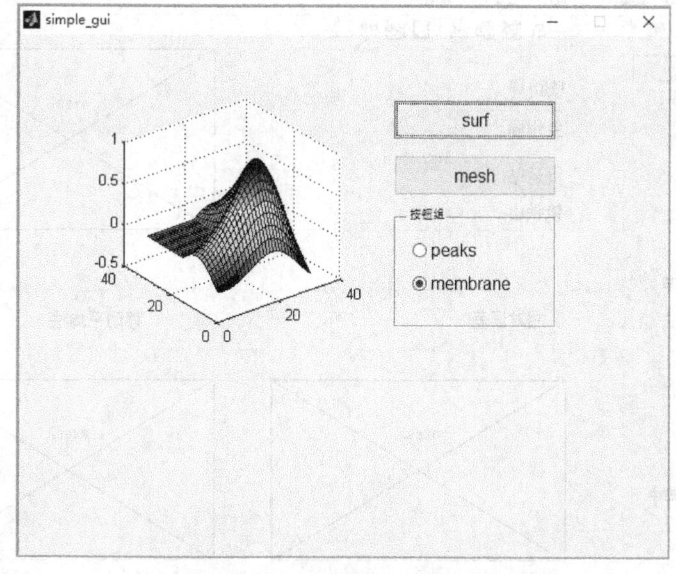

图 8-19　三维网格绘图示例

以上程序中使用了 MATLAB 系统自带函数“guidata”来保存 GUI 数据，实现不同回调函数间的数据共享。其常用语法格式如下：

```
guidata(object_handle,data)%保存 GUI 数据
```

其中，object_handle 表示句柄；data 表示要保存的数据。

此外，以上程序中的回调函数都有一个形参 handles，这个 handles 的类型是一个结构体，用于保存 figure 图形中的所有对象句柄。此外，也可以用于增加字段来保存用户数据，进而实现不同函数间的数据共享。

8.5.2　基于 GUI 的铁路货运站装车数预测及分析

中国铁路总公司下辖 18 个铁路局（公司），各铁路局也管辖诸多铁路车站，其中，货运站是完成铁路货运的主要场所，为了有效提升铁路货运站运营效率，事先对铁路货运站装车数进行预测及分析是十分必要的。

为了简化案例分析，这里仅仅考虑 2 个铁路局（兰州铁路局、西安铁路局）的部分货运站的装车数预测及分析。

预测方法使用简洁实用的一次移动平均法（期数 N=3）。

为了便于用户使用，设计一个基于 GUI 的铁路货运站装车数预测及分析系统。具体设计后的 GUI 界面如图 8-20 所示。

各铁路局相关货运站装车数数据存放在“C:\myWorks\station.xlsx”文件中，数据格式如图 8-21 所示。

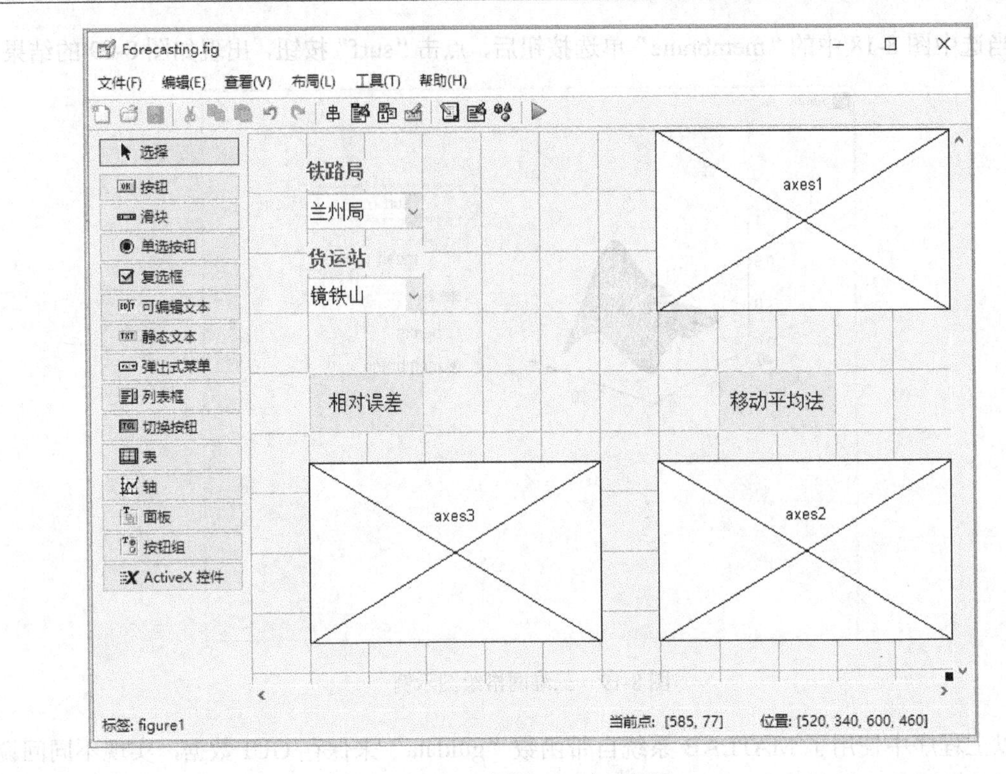

图 8-20 预测 GUI 布局概况

	A	B	C	D	E	F	G	H
1		镜铁山	大坝	银川南	柳沟	惠农	绿化	平罗
2	2/26	297	246	237	212	207	198	165
3	2/27	216	214	252	212	161	209	104
4	2/28	243	271	219	210	176	202	82
5	3/1	216	198	143	242	77	242	176
6	3/2	270	196	219	212	63	284	153
7	3/3	243	164	234	212	68	236	141
8	3/4	297	143	181	212	183	302	135
9	3/5	243	138	219	212	165	310	139
10	3/6	270	103	216	212	183	304	134
11	3/7	270	150	204	212	225	296	134
12	3/8	270	249	163	107	204	317	13
13	3/9	270	118	219	212	282	289	77
14	3/10	243	141	169	106	186	288	203

图 8-21 货运站装车数部分数据

先在函数“Forecasting_OpeningFcn”内添加数据初始化的代码，具体代码如图 8-22 所示。

```
46
47    % --- Executes just before Forecasting is made visible.
48    function Forecasting_OpeningFcn(hObject, eventdata, handles, varargin)
49    % This function has no output args, see OutputFcn.
50    % hObject    handle to figure
51    % eventdata  reserved - to be defined in a future version of MATLAB
52    % handles    structure with handles and user data (see GUIDATA)
53    % varargin   command line arguments to Forecasting (see VARARGIN)
54    % Choose default command line output for Forecasting
55 -  handles.output = hObject;
56    % Update handles structure
57    % guidata(hObject, handles);
58    % UIWAIT makes Forecasting wait for user response (see UIRESUME)
59    % uiwait(handles.figure1);
60    %---------以下代码为用户添加- 数据初始化----------------------------------------
61 -  set(handles.popupmenu1,'String',{'兰州局','西安局'});%设置popupmenu1的String属性
62 -  [~,FreightStation,~]=xlsread('C:\myWorks\station.xlsx',1,'B1:J1');%读取货运站站名
63 -  set(handles.popupmenu2,'String',FreightStation);
64 -  [handles.volume,~,~]=xlsread('C:\myWorks\station.xlsx',1,'B2:B75');%读取车站装车数
65 -  handles.current_data=handles.volume;
66 -  axes(handles.axes1);%定位axes1为当前绘图位置
67 -  plot(handles.current_data','r-o')%绘制原始装车数的曲线图
68 -  handles.data_error=[];%保存预测相对误差
69 -  guidata(hObject, handles);
70    %---------The end of data initialization-----------------------------------
```

图 8-22　数据初始化代码

其次，在函数“popupmenu1_Callback”内添加代码根据其显示的路局名，自动修改popupmenu2 的 String 属性，即根据路局，自动关联第 2 个下拉列表框的货运站名信息，具体代码如图 8-23 所示。

```
83    % --- Executes on selection change in popupmenu1.
84    function popupmenu1_Callback(hObject, eventdata, handles)
85    % hObject    handle to popupmenu1 (see GCBO)
86    % eventdata  reserved - to be defined in a future version of MATLAB
87    % handles    structure with handles and user data (see GUIDATA)
88
89    % Hints: contents = cellstr(get(hObject,'String')) returns popupmenu1 contents as cell array
90    %        contents{get(hObject,'Value')} returns selected item from popupmenu1
91    %---------以下为用户添加代码  popupmenu1-----------------------------------
92 -  bureau=get(hObject,'String');%获取路局名称
93 -  val=get(hObject,'Value');%路局在下拉列表框中的索引
94 -  switch bureau{val}
95 -    case '兰州局'
96 -      [~,FreightStation,~]=xlsread('C:\myWorks\station.xlsx',1,'B1:J1');%读取货运站站名
97 -      set(handles.popupmenu2,'String',FreightStation);
98 -    case '西安局'
99 -      [~,FreightStation,~]=xlsread('C:\myWorks\station.xlsx',2,'B1:C1');%读取货运站站名
100 -     set(handles.popupmenu2,'String',FreightStation);
101 - end
102   %---------The end of  popupmenu1-----------------------------------
```

图 8-23　popupmenu1 的回调函数

接下来，在函数“popupmenu2_Callback”内添加代码，根据其显示的货运站名，自动读取该货运站对应的装车数，即根据货运站名，自动读取该车站的数据（即使用户重新选择别的货运站），并在第一个轴处，即 axes1 处绘制装车数曲线图，具体代码如图 8-24 所示。

接下来，为 pushbutton1 添加回调函数代码，实现“一次移动平均法”预测货运站装车数。具体代码如图 8-25 所示。

```
124      %----------以下为用户添加代码 popupmenu2-----------------------------------
125 -    bureau=get(handles.popupmenu1,'String');%获取路局名称
126 -    val=get(handles.popupmenu1,'Value');%路局在下拉列表框中的索引
127      % station2=get(hObject,'String');%获取车站
128 -    val2=get(hObject,'Value');%获取车站索引
129 -    switch bureau{val}
130 -        case '兰州局'
131 -            str='B':'J';%Excel列编号
132 -            ch=str(val2);%车站索引对应的列
133 -            xlRange=strcat(ch,'2',':',ch,'75');%构造读取数据的单元格区域
134 -            [handles.volume,~,~]=xlsread('C:\myWorks\station.xlsx',1,xlRange);%读取车站装车数
135 -            handles.current_data=handles.volume;
136 -            axes(handles.axes1);%定位axes1为当前绘图位置
137 -            plot(handles.current_data','r-o')%绘制原始装车数的曲线图
138 -            guidata(hObject, handles);
139 -        case '西安局'
140 -            str='B':'C';%Excel列编号
141 -            ch=str(val2);%车站索引对应的列
142 -            xlRange=strcat(ch,'2',':',ch,'16');%构造读取数据的单元格区域
143 -            [handles.volume,~,~]=xlsread('C:\myWorks\station.xlsx',2,xlRange);%读取车站装车数
144 -            handles.current_data=handles.volume;
145 -            axes(handles.axes1);%定位axes1为当前绘图位置
146 -            plot(handles.current_data','r-o')%绘制原始装车数的曲线图
147 -            guidata(hObject, handles);
148 -    end
149      %---------The end of popupmenu2--------------------------------------
```

图 8-24 popupmenu2 的回调函数

```
164      % --- Executes on button press in pushbutton1.
165      function pushbutton1_Callback(hObject, eventdata, handles)
166      % hObject    handle to pushbutton1 (see GCBO)
167      % eventdata  reserved - to be defined in a future version of MATLAB
168      % handles    structure with handles and user data (see GUIDATA)
169      %------------一次移动平均法--------------------------------
170 -    N=3;%平均移动期数
171 -    X=handles.current_data;%原始装车数
172 -    len=length(X);
173 -    X1=zeros(len,1);
174 -    for t=N:len
175 -        X1(t+1)=(X(t)+X(t-1)+X(t-2))/N;%求平均
176 -    end
177 -    axes(handles.axes2)%指定新的画布位置-第2个轴处绘图
178 -    plot(1:len,X,'-+',4:len+1,X1(4:end),'-o')
179 -    legend('原始值','预测值','location','best')
180 -    handles.data_error=X(N+1:end)-X1(N+1:end-1);
181 -    guidata(hObject,handles);
182      %-----The end of-----一次移动平均法--------------------------------
```

图 8-25 移动平均法

最后，为 pushbutton2 添加回调函数代码，即实现“计算预测相对误差，并绘制误差图”的功能。具体代码如图 8-26 所示。

```
184      % --- Executes on button press in pushbutton2.
185      function pushbutton2_Callback(hObject, eventdata, handles)
186      % hObject    handle to pushbutton2 (see GCBO)
187      % eventdata  reserved - to be defined in a future version of MATLAB
188      % handles    structure with handles and user data (see GUIDATA)
189
190 -    if isempty(handles.data_error)
191 -        msgbox('请先单击《移动平均法》按钮','提示','warn');%信息提示
192 -    else
193 -        data_error=handles.data_error;
194 -        axes(handles.axes3)%指定在第3个轴处绘图
195 -        bar(data_error)
196 -    end
```

图 8-26 误差计算及绘图

运行该 GUI 后，单击选择“银川南”货运站，单击“移动平均法”按钮，接着单击“相

对误差”按钮，出现如图8-27的运行结果。

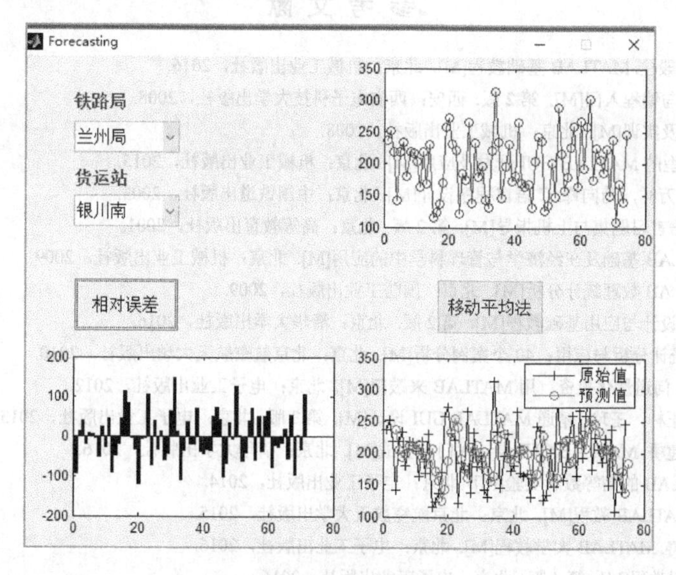

图8-27 运行结果

8.6 课外延伸

在此推荐一些书籍或者资料。

① http://www.mathworks.com/support/2014a/matlab/8.3/demos/creating-a-gui-with-guide.html（使用GUIDE创建GUI的视频资料）。

② https://cn.mathworks.com/videos/how-to-change-properties-in-guide-from-a-button-press-97501.html（改变GUIDE中的属性的视频资料）。

③ https://cn.mathworks.com/videos/reading-excel-data-into-matlab-with-a-gui-part-1-98224.html（创建GUI读取Excel数据——之一）。

④ https://cn.mathworks.com/videos/reading-excel-data-into-matlab-with-a-gui-part-4-97484.html（创建GUI读取Excel数据——之二）。

⑤ https://cn.mathworks.com/videos/reading-excel-data-into-matlab-with-a-gui-part-3-98226.html（创建GUI读取Excel数据——之三）。

⑥ https://cn.mathworks.com/videos/reading-excel-data-into-matlab-with-a-gui-part-4-97484.html（创建GUI读取Excel数据——之四）。

8.7 习题

① 什么是GUI？MATLAB提供了哪些途径设计GUI？各有什么优缺点？

② 设计一个绘制正弦函数、余弦函数图形的GUI，请使用双位按钮实现。

③ 制作一个具有简单计算器功能（加、减、乘、除）的GUI。

④ 请继续完善实例“基于GUI的铁路货运站装车数预测及分析”的功能。

参考文献

[1] 杨德平，赵维加，管殿柱. MATLAB 基础教程[M]. 北京：机械工业出版社，2016.
[2] 张威. MATLAB 基础与编程入门[M]. 第 2 版. 西安：西安电子科技大学出版社，2008.
[3] 曹弋. MATLAB 教程及实训[M]. 北京：机械工业出版社，2008.
[4] 杨德平. 经济预测模型的 MATLAB GUI 开发及应用[M]. 北京：机械工业出版社，2015.
[5] 郑丽英，李玉龙，李万祥，荀向锋. C 语言程序设计[M]. 北京：中国铁道出版社，2003.
[6] 谭浩强，张基温. C 语言习题集与上机指导[M]. 第 2 版. 北京：高等教育出版社，2001.
[7] 王翼，王歆明. MATLAB 基础及在经济学与管理科学中的应用[M]. 北京：机械工业出版社，2009.
[8] 周品，赵新芬. MATLAB 数理统计分析[M]. 北京：国防工业出版社，2009.
[9] 张岳. MATLAB 程序设计与应用基础教程[M]. 第 2 版. 北京：清华大学出版社，2016.
[10] 谢中华. MATLAB 统计分析与应用：40 个案例分析[M]. 北京：北京航空航天大学出版社，2010.
[11] 金斯伯格，王正林. 问道量化投资：用 MATLAB 来敲门[M]. 北京：电子工业出版社，2012.
[12] 陈垚，毛涛涛，王正林，王玲. 精通 MATLAB GUI 设计[M]. 第 3 版. 北京：电子工业出版社，2013.
[13] 余胜威，吴婷，罗建桥. MATLAB GUI 设计入门与实战[M]. 北京：清华大学出版社，2016.
[14] 黄亚群. 基于 MATLAB 的高等数学实验[M]. 北京：电子工业出版社，2014.
[15] 张志涌，杨祖樱. MATLAB 教程[M]. 北京：北京航空航天大学出版社，2015.
[16] 肖汉光，邹雪，宋涛. MATLAB 大学教程[M]. 北京：电子工业出版社，2016.
[17] 曹弋. MATLAB 实用教程[M]. 第 4 版. 北京：电子工业出版社，2016.
[18] 于润伟，朱晓慧. MATLAB 基础及应用[M]. 第 3 版. 北京：机械工业出版社，2015.
[19] 肖柳青，周石鹏. 随机模拟方法与应用[M]. 北京：北京大学出版社，2014.
[20] 刘帅奇，李会雅，赵杰. MATLAB 程序设计基础与应用[M]. 北京：清华大学出版社，2016.
[21] 黄雍检，陶冶，钱祖平. 最优化方法——MATLAB 应用[M]. 北京：人民邮电出版社，2010.
[22] 谭浩强. C 程序设计[M]. 北京：清华大学出版社，2000.
[23] 谭浩强. C 程序设计题解与上机指导[M]. 第 2 版. 北京：清华大学出版社，2000.
[24] 梁虹，普园媛，梁洁. 信号与线性系统分析——基于 MATLAB 的方法与实现[M]. 北京：高等教育出版社，2011.
[25] 吴祈宗，郑志勇，邓伟. 运筹学与最优化——MATLAB 编程[M]. 北京：机械工业出版社，2010.
[26] 艾冬梅，李艳晴，张丽静，刘琳. MATLAB 与数学实验[M]. 第 2 版. 北京：高等教育出版社，2015.
[27] 龚纯，王正林. 精通 MATLAB 最优化计算[M]. 第 3 版. 北京：电子工业出版社，2014.
[28] 薛定宇，陈阳泉. 高等应用数学问题的 MATLAB 求解[M]. 第 2 版. 北京：清华大学出版社，2010.
[29] 周晓阳. 数学实验与 MATLAB [M]. 武汉：华中科技大学出版社，2002.
[30] 李换琴，朱旭. MATLAB 软件与基础数学实验[M]. 第 2 版. 西安：西安交通大学出版社，2016.
[31] 向万里，王智勇. C 语言程序设计中关于补码的几个问题的探讨[J]，甘肃联合大学学报，2008,22(S1):1-3.
[32] 李柏年，吴礼斌. MATLAB 数据分析方法[M]. 北京：机械工业出版社，2012.